日本漁業の200年

片岡千賀之
小岩　信竹
伊藤　康宏
編著

北斗書房

はじめに

本書は主として近世後期から近現代にかけての日本漁業史を概観することを目指している。日本では、古くから水産物利用が盛んであったことはよく知られているが、近現代においても、漁業は日本社会とりわけ地域社会のなかで重要な位置を占めていた。しかし、漁業のあり方は、明治維新期や戦後改革期をはじめとする社会体制の変革期に大きく変わった。なお、戦前と戦後を隔てる大きな変化の１つは、戦後は植民地・半植民地の水産業を失ったことである。また、社会体制の変革期の合間においても、漁業の仕組みはしばしば変わることがあった。このような漁業の変遷を、近年の研究成果を踏まえてわかりやすく叙述し、漁業に関心を持つ人々に届けたいというのが本書を刊行する目的である。

本書は近世末期から叙述がなされているが、これは近現代漁業の出発点を確認するためであり、近現代を理解する上での最低限の歴史的前提条件に関する内容を記した。また、第二次世界大戦後の漁業について多くのページを充てているが、これは先行する漁業の通史にこの部分の叙述が少なく、近現代全体を通観するためには現代部分を歴史的に位置づける必要があると考えたためである。また、漁業史の十分な理解のためには、漁村の民俗の理解が不可欠であるとの考えから、民俗に関する章を設けている。

本書はまた、通史的な各章に加えて、やや専門的な諸問題について、特論を設けている。これらの特論は、読者が漁業について自ら研究を進めたいと考える際の手引きになるものと考えている。

今日、日本漁業は大きな転換点を迎えている。第二次世界大戦後の漁業制度改革から 70 余年を経て、漁業法や水産業協同組合法の改正が進められている。その背景には日本漁業を取り巻く社会情勢の変化がある。そうした変化には国内的のみならず、国際的な情勢の変化もある。1980 年代においては世界一の漁獲量を誇っていた日本は、2017年のデータではアジアにおいて、中国、インドネシア、インド、ベトナムよりも漁獲量が少なく、アジアでも漁業を行うロシアよりも下位にある(平成30年度『水産白書』)。

一方で今日の日本は水産物の輸入量が多く、2017年の輸入量は国内の漁獲量を超えている（同上)。水産物利用において、輸入貿易は漁業と並ぶ重要な手段となっている。日本漁業のこのような現状が如何にしてもたらされたのか、今後の日本漁業はどこへ向かうのか、このような現代的問題を念頭に置きつつ、近現代の日本漁業史を振り返ってみることは十分意義があると考える。

本書の執筆者は、ここ十年来継続している研究組織である水産史研究会に参加してきたメンバーである。このため、本書は水産史研究会の成果の一つと考えられる。水産史研究会は毎年1回研究会を開いているが、同時に研究成果の公刊も行っている。その1冊が伊藤康宏・片岡千賀之・小岩信竹・中居裕編著『帝国日本の漁業と漁業政策』（北斗書房、2016年）である。同書にも概説部分があるので、そこでの時期区分と本書の時期区分との異同を示しておきたい。

前著においては、明治期より昭和戦前期までの時期を取り扱い、①明治初年より1900年代初頭にいたる維新・模索期、②漁業法成立時より1920年頃までの近代漁業の発展期、③第一次世界大戦後より第二次世界大戦までの再編期に区分した。この分類は山口和雄等先学の研究による時期区分を踏まえたものであったが、漁業をめぐる様々な問題が複雑に絡み合うことがあるため、部分的に時期が入り組むこともあった。また山口等の時期区分とは細部まで厳密に一致しているわけではなかった。本書は前著の時期区分を前提とし、③の時期をさらに区分して、③第一次世界大戦後より昭和恐慌期まで、④昭和恐慌期より第二次世界大戦の終了時までと分けて論じている。また、現代部分である第二次世界大戦後については、⑤戦後改革期、⑥高度経済成長期、⑦200カイリ体制期と時期区分している。これらの近現代の時期区分をもとに各章とし、近代漁業の前提となる近世の章を加え、また漁村の民俗に関する章を加えたのが本書の章別構成である。この意味で、本書の構成は前著を踏まえていることを付記しておきたい。

なお、本書は漁業史の通史であるが、ここで漁業の産業的特徴について記しておきたい。漁業も１つの産業であって、他産業と同様、資本主義発展の道を辿っているが、独自な性格も帯びている。漁業の産業的特質は２点あって、一つは、領海の海面は公有水面であって多くの漁業者が入り会って操業することである。資源は無主物で先取り競争が行われるため、これによる漁業紛争を抑え、資源を保護するために漁業権制度や漁業許可、あるいは漁業規制が設けられている。外洋においては国と国との間で漁業協定、あるいは国際的な海洋制度が形成されてきた。こうした漁業秩序の形成と改編の経過は産業の発展経過と完全に一致しているわけではなく、時期区分の指標になったりする。もう一つは、漁業は天然の生物資源の採取を基本とする産業であり、対象資源は有限であるとともに再生可能資源でもあることである。ところが、採取技術の発達や水産物需要の高まりによって資源の乱獲、減少が起こされ、新漁場の開発に向かうか、利権を巡って漁業者間や国家間対立を招いてきた。持続的な漁業を行うには漁獲規制等が行われるが、相手が野生生物であるだけに計画通りにコントロールできるわけではない。漁業の近現代史は、こうした乱獲、漁獲規制の歴史でもある。

ここで、特論の構成について触れておきたい。特論は各章の時期やテーマに関し、特徴がある論点を取り上げたものである。各章において、捕鯨業（1、3、7)、特徴がある漁業制度（2、9）のほか、水産教育の教材（4)、漁船の戦時動員（5)、公害問題（8)、魚利用の地域性（6)、民俗文化財（10）を論じている。これらは各章の内容とあわせて理解されるべき論点を取り扱っているが、問題により、各章が扱う時期区分を超える内容も含まれている。

最後に本書を通じて、かつて研究業績の少なさが指摘された漁業史の分野で、多様な研究がなされ、多くの論点が提起されていることが理解されることを期待したい。

2022 年 2 月　　編者一同

―目　次―

執筆者一覧（執筆順）

小岩信竹（第１章、特論２、第３章、第５章第２節、第６章、特論８）
・・・東京海洋大学名誉教授

末田智樹（特論１）・・・・・・・・・・・・・・・・・・・・中部大学人文学部教授

伊藤康宏（第２章、特論４）・・・・・・・・・・・島根大学生物資源科学部教授

今川恵（特論３、特論７）
・・・国立研究開発法人水産研究・教育機構　水産技術研究所

片岡千賀之（第４章、第５章第１節、第３～６節、第７章、第８章、特論９）
・・・長崎大学名誉教授

松浦勉（特論５）
・・・日本水産缶詰輸出水産業組合・日本水産缶詰工業協同組合専務理事

橋村修（特論６）・・・・・・・・・・・・・・・東京学芸大学人文社会科学系教授

中野泰（第９章）・・・・・・・・・・・・・・・・・筑波大学人文社会系准教授

林圭史（特論 10）・・・・・・・・・茨城県立歴史館史料学芸部学芸課主任学芸員

第1章

近世漁業の展開

本章は、近世、特に後期の漁業を概観し、近現代日本の漁業が展開する前提条件を明らかにする。近世の漁業については日本国内の各地域について研究が進んでいるので、それらの研究成果を展望することによって課題をはたすことを目指している。本章の主たるねらいは近世後期の漁業の主だった特徴を描くことであるが、そのためには近世全般を取り扱わざるをえないことが多い。近世を通じて漁業の仕組みが一貫していることが多いためである。以下、漁村と漁業、漁場利用と領主支配、魚肥等の水産物の生産と流通、輸出品である俵物の生産と流通の順に見ていきたい。

第1節　近世の漁村と漁業

（1）近世の漁村

近世の社会制度は、領主層や商人、職人が集住する江戸、大坂、京都の三都や城下町の形成を前提として成り立っていたが、三都や城下町では食用の水産物に対する需要が多かった。また近世の鎖国体制のなかで長崎を通じて行われた中国との貿易において、俵物と呼ばれる水産加工品が重要な輸出商品となっていた。さらに、近畿地方を中心に農村で魚肥が用いられ、江戸時代中期以後には農業の発展とともに魚肥の需要が増加し、全国的に普及した。このような食用の水産物や俵物、魚肥の需要の拡大は、漁業を産業として成り立たせ、漁獲物や水産加工品は商品として取引された。このような商品流通を伴う産業としての漁業の発展は江戸時代における漁村の成立や発展を促した。

ところで近世の漁村とは幕府や藩などの領主により漁業をすることを認められた漁民が居住する集落のことであるが、その呼称は地域により差があり、浦と呼ばれたり村と呼ばれたりした。瀬戸内海の諸地域や越前などの漁村は近世において浦と呼ばれたが、東北の諸県や関東地方などでは漁村も村と呼ばれた[1)]。また、伊豆のように数村をまとめて浦という場合もあった。一方、江戸湾内の漁業集落には、村のなかに浦として存在する場合があった。また漁村のなかでは漁業のみならず農業や林業などの様々な生業が行われていることが通常であった。近世においては村や、瀬戸内海の諸地方などにあるような村と同等の浦が年貢納入のほか、領主による支配の単位であったため、村や浦の生業の構造や、同一集落内に居住する漁民と農民の在り方は様々な問題を引き起こした。房総の村で見られた漁民による分村運動はその一つであった[2)]。

近世の漁村には、戦国時代以来の集落が幕藩制に組み込まれた漁村と、近世に新たに形成された漁村があった。前者の例として伊豆内浦、西浦を見ると、同地域は戦国時代において北条氏の支配下にあったが、その後徳川氏の支配下に入った。徳川氏は代官を派遣して検地を行い、村高を決定した[3)]。この地域はさらに、北条氏の支配時代から徴収されていた漁業関係の各種小物成が徴収されるようになった[4)]。西浦に所在する久料村の漁業についての山口徹の研究によれば、同村は農業、林業とともに漁業を行っていた村であった[5)]。伊豆内浦、西浦においては、初夏から夏にかけて、カツオ、マグロなどの回遊魚を捕獲するために、建切網漁と呼ばれる大規模な漁業がおこなわれ、久料村でもこの漁法が実施された。同村では、大規模な網による漁業を行う折には近隣の町である沼津まで入札の触れをまわし、集まった商人が入札してカツオを売買した[6)]。安政年間には江戸の商人が内浦、西浦などにカツオの買い付けにきた。このように久料村をはじめとする内浦、西浦の漁業は漁獲物の商人への販売を前提にした漁業であった。

長門国豊浦郡では古代以来から漁業がおこなわれていた。近世において同郡は萩藩と長府藩に分かれて支配されたが、近世初期の慶長期（1596 ～ 1615 年）

以前においての漁業は、地先水面のナマコ、アワビ、ワカメなどの捕採が主であった[7)]。しかし、寛永年間（1624～1644年）にタイの葛網が使用され、慶安年間（1648～1652年）にはこの網による漁業について、漁場の使用方法や漁獲物の分配方法を各浦々の漁業者が協議した[8)]。またブリの網漁業や延縄漁業、大敷網漁業など、各種の漁法が展開した。このように、江戸時代を通じて漁業技術の発展が見られ、明治期に繋がった。

近世に入ってから漁村が形成された例として江戸湾内の漁村がある。武蔵国荏原郡大井村に属する御林浦の文書によれば、1647（正保4）年に駿河国の漁夫が一族とも居住し、また1651（慶安4）年に芝金杉より移った漁夫があり、以後繁栄した[9)]。なお、江戸湾の漁業集落については、近世初期より佃島が江戸湾漁業の許可を得たことをはじめとし、芝金杉浦、本芝浦が元浦と称されて御菜、御肴を幕府に献上したが、以後、品川浦、大井町御林浦、羽田浦、生麦浦、新宿浦、神奈川浦が御肴献上に加わり、御菜八カ浦と呼ばれた。なお、新宿浦は子安浦とも呼ばれた。また、江戸湾内の他の漁村も幕府に魚を献上することがあった。御菜八ケ浦は、他の江戸湾内の漁村を含めた漁業全般について、指示監督することもあった[10)]。

近世には漁民の移動も多く、近畿の諸地域の漁民が各地へ出漁した。特に魚肥生産の原料であるイワシを求めて関東地方を含む各地域へ出漁した。この過程で関西の先進的な漁業技術が全国各地に広められた。房総の九十九里浜に地曳網をはじめとするイワシの網漁業技術が伝えられ、江戸時代を通じて近畿の漁民の出漁が続けられた。また出漁先での漁村の形成も進んだ[11)]。九州の対馬藩は泉佐野の漁民が入漁し、地元の住人の漁業を制限していた。泉佐野の漁民は対馬でイワシを漁獲し、藩に運上金を支払っていた。但し、近世後期になると対馬藩も地元漁民の漁業を認めた。このため、地元の漁民と他国からの入漁者が対立することもあった[12)]。なお、長門国豊浦郡の漁民も近世には対馬に出漁していた。

（2）近世の漁業

近世において、どのような漁具を用いてどのような魚種を漁獲していたのかについて、讃岐国寒川郡志度村の例を見ると表 1-1 のようになっている。志度村は高松藩に属していた瀬戸内海の漁村であるが、地曳網や手繰網など、各種の網類を使用して、瀬戸内海の各種の魚類を漁獲している。

表 1-1　讃岐国寒川郡志度村使用漁具

漁具名	魚　種	認可年代
中高網	ホウボウ、ボラ、セイ、コノシロ	宝永まで
地曳網	イワシ、アジ、タチウオ	宝永まで
手繰網	アジ、タコ、タナゴ	宝永〜慶応
ゴチ網	タイ	享和、文政
流シ網	サワラ	文政、天保
鮗桝立網	コノシロ、イカ、小魚	天保、元治
生海鼠網	生ナマコ	宝永
穴子縄	アナゴ	天保
玉筋魚網	イカナゴ	宝永まで
沖手繰網	ハモ、コチ、小魚	天保
大蛸縄	大ダコ	文政
立　網	カレイ等	宝永、文政
鰆鯖追立網	サワラ、サバ	天保、慶応
サヨリ釣リ縄	サヨリ	元治、慶応
鱶　縄	フカ	享和、文政

（出典）農林省水産局編 (1939)
注）字句を一部改めた。

近世には漁民は領主の認可を得て漁具を使用することがあったが、表 1-1 に見るように志度村では、宝永までの近世中期までに藩に認可された漁具がある一方で、以後、幕末にかけて認可された漁具があった。特に近世末期には、対象魚種に合わせて各種の網類など、工夫を凝らした漁具が開発されていた。他の例として駿河国庵原郡蒲原町を見ると、近世（幕府領、後、府中藩）の漁業として次の記載がある。

大地曳網・・・カツオ、マグロ
中地曳網・・・タイ、アジ、ブリ、ソウダガツオ、雑魚
小地曳網・・・シラス
大揚操網・・・マグロ、カツオ
鰤置網・・・・ブリ [13)]

これらの漁具を使用する漁業のうち、大揚操網漁業は漁船による漁業であった。このような網漁業のほかに、駿河国では近世期にアワビ漁やテングサ採取などがあった[14)]。

以上の漁村に見た漁業以外に、近世においてはイワシ、サケ、マス、ニシンなどを漁獲する漁業が全国各地でおこなわれた。こうした近世の漁業は技術的にも発展したが、一方で技術発展を抑制する条件もあった。江戸湾の漁業では、特定の漁業を認め、新規の漁法は浦々の協議をしなければ実施することができなかった[15)]。1816（文化 13）年の議定一札には「新規漁猟ノ儀ハ前々ヨリ御停止ニ候條弥以披仰渡ノ趣相猥ノ義無之様取計可申候」[16)]とあり、新規漁業の制限のことが記されている。

また讃岐国の例でも、藩の認可の上で漁具が使用された。このように、江戸時代において領主の認可や浦々の協議に制約され、新規技術による漁業を自由に行うことはできなかった。このような制限は、江戸時代において漁業資源の維持についての認識が深まっていたことも意味する。

第２節　漁場利用と領主支配

（1）領主支配と漁民の負担

近世において各藩などの領主が、漁民に対して独自の負担を課していた。紀伊国東牟婁郡では、藩政時には各浦は二分口税、床銭、水主米を藩に支払っていた。このうち、二分口税は漁獲高の 20％を納入するものである[17)]。次に床銭は漁船に課す税であった。また水主米は浦ごとに一定の米を納入するものであった。紀伊国内での漁村に対する課税は他の郡もほぼ同様であった[18)]。

次に出雲国楯縫郡では、近世に、大敷網、四ツ張網を除くほか、漁民は自由に漁業をおこなった。漁民の負担は大敷網と四ツ張網について小物成を上納し、その他の漁業税として水夫米を上納した。同郡鰐淵村の各大字も使用する網につき、銀を支払ったほか、浦役銀や水夫米を納入した[19)]。

長門国豊浦郡についても漁民の負担の詳細がわかるが、豊浦藩領と萩藩領では若干の違いがあるものの、ほとんど同じであり、豊浦藩領では漁民の宅地に対する御料地銀、利用する海面の広さに応じて課す海石（海上石）、漁具に対する網代銀ほかがあり、萩藩領では宅地に対する浦石、漁業者の戸数割である門役銀、漁具に対する網代銀などが課された。また両藩領ともに、夫役も課された[20)]。また、両藩領ともに、干しアワビ、煎りナマコ、フカヒレは上納を命じられ、勝手な販売はできなかった。

以上のように、各地域では漁民の負担のあり方が異なっていた。これらをまとめた山口和雄によれば、漁民の負担は大別すると海高永、水主役、海役、川役、御采魚、海成米、場銭、船役、網役、分一税、漁猟運上に分けられる[21)]。このうち、海高永は海石、海上石とも呼ばれ、漁獲高を他の貢租とともに高と結びつけたものである。海高が課されたのは、安房、上総、下総、長門であり、その他に存否が不明の地域がある。

次に水主役は、元々は漁夫の労働力を徴発したもので、その後米納や銀納に変化した場合もあった。海役は海上における賦役であるとされ、浦役は陸上の賦役であるが、地域によっては両者が混用されることがある。海役は賦役であったが、米や銀で徴収することもあり、海役米、海役銀となることがあった。この負担の徴収は各地で行われた。川役も海役と同様の税である。なお、加賀藩の船役は海役と同様の性格を持つとされる。また、御菜魚（肴）は江戸湾の御菜八ケ浦などに見られ、領主に対する魚の献上という賦役であった。これらの負担は、浦に課せられ、その浦は漁業を行うことができ、これらを負担しない村は海に面していても漁業をおこなうことができなかった[22)]。

これらの負担以外の、船役、網役、分一税、漁猟運上は、個々の漁業経営者に課せられ、見返りとして領主によって漁業の営業を認められたが、浦運上として納税する場合もみられ、藩や地域によって異なっていた。また、対馬藩のように江戸時代の初期以来地元民には漁業を許さず、他国の漁民に操業を許し、上納金を徴収する場合もあった。このように、漁民の負担には地域による多様性があった。

（2）漁場の利用形態

江戸時代の漁業制度の基本は「山野海川入会」として1741（寛保1）年に作成された『律令要略』にある規則である。その内容は以下のようになっている。

一　魚猟入会場は、国境之無差別

一　入海は両頬の中央限之魚猟場たる例あり

一　村並之猟場は、村境を沖へ見通し猟場之境たり

一　磯猟は地附根附次第也、沖は入会

一　藻草に役銭無之、魚猟場之無差別地元次第刈之

但、役銭も無之新規之漁猟、藻草之於障に成は禁之

一　漁猟場之障に於成は藻草刈取候儀禁之

（以下、略）[23)]

水産局による規則の解説には、「海石あるいは浦役永を納之は他村之猟場たりとも入会例多し」[24)] とあり、海石などを納めて漁村と認められれば他村の漁場に入会が可能な例が多いこと、海石などを納めず漁村と認められない場合は、居村の前の海でも漁業が禁止されている例が多いことが書かれている。但し、藻草の刈取りは上記の文中にあるように地元の村に認められていた。

また、沿岸漁業については制約があるものの、沖合での漁業については入会とされており、入漁は自由となっている。地先海面が海岸からどの程度までかは地域によって慣行により決まっており、駿河国については海岸から7～8町とされ、紀伊国では海岸より20～30町乃至2里内外のところにある暗礁を目途に、それ以内を自領と称して他の侵入を許さないことになっていた[25)]。

漁業の種類および漁民による漁業の経営形態と領主への負担の担い方は密接な関係があった。伊豆内浦、西浦の建切網漁は2艘の網船、4～5艘の小舟を使用し、塞ぎ網を張り各種の網を使用して漁獲する漁業であり、峯と呼ばれる指揮者のもとに総勢20名ほどの漁夫が働く漁業であった。

建切網漁の経営は津元と呼ばれる有力漁民が網子と呼ばれる漁夫を組織しておこなわれた。伊豆内浦、西浦には長浜村のような津元が主体となる村のほか、生

産手段が村有で名主が津元となる久料村の例もあった[26]。なお、網子は建切網漁の時期以外はタイ網や小釣漁をおこなっていた。このように、伊豆内浦、西浦の漁村の漁場利用は名主が津元になる例があるものの、多くは生産手段を所有する有力者である津元中心におこなわれていた。

次に、領主と漁民との間に請負人が入り、運上金を上納し、漁業の権利を得ている例として、後藤雅知により、房総の金谷浜町、萩生浜町の惣百姓が 1663（寛文 5）年に出した嘆願書が紹介されている。その内容は、それまで一人の商人が浦請し、漁獲物を独占的に購入していたが、漁民にとって安価で迷惑であるので、大勢の商人に売りたいというものであり、以後、百姓請が生まれると指摘されている[27]。後藤はこのほか、房総の浦請負人の経営の例を示している。

また高橋美貴は、盛岡藩において近世前期に運上金の上納と引き換えに、水産物の独占的な集荷権を与える漁場請負制を実施していたことを紹介している。運上を請負ったのは海川運上請負人であり、実際の漁業は瀬主と呼ばれる有力者が名子主的な経営をしていた。しかし、名子主経営が動揺すると漁場請負制も解体したが、18 世紀後半以降、漁場請負制が復活し、瀬主が請負人になった[28]。また、高橋は越後国岩船郡村上町のサケ漁でも漁場請負制があったことを指摘している[29]。

漁民による漁場利用については、かつて羽原又吉や原暉三により、漁場は浦方漁民が平等に使用するという漁場総有説が唱えられた[30]。二野瓶徳夫はこれを批判し、総百姓共有漁場説を打ち出した。その具体例として提示されたのは、丹後伊根浦の漁株制や能登内浦地方のブリ台網漁業をもとにする地録網録制と呼ばれる漁場利用の仕組みであった[31]。二野瓶によりこれらの事例は先進地の事例であり東北地方の事例は後進地の事例であるとされた。しかし、二野瓶の見解に対しては、後進地とされる地域での長百姓による経営には半ば賃労働者化した漁夫を使用する漁業経営もあったとし、中世的形態の残香とはいえないという指摘があった[32]。近世初期において後進的とされた地域も近世後期には商品経済化が進み、その条件のなかで漁場支配や漁場利用がおこなわれるようになる。領主と漁民の負担と漁場利用の関係は、領主と漁民の間に村や、商人などの請負人、有力漁民が介在して多様性を帯びる。商人請、浦請などは、そのような多様性の例である。

第3節　魚肥生産と水産物流通

（1）干鰯の生産と流通

近畿地方では近世初期から木綿栽培が盛んであり、魚肥としてイワシが用いられた。近世中期以降には全国的に干鰯の利用が進み、綿作、藍などの商品作物栽培に用いられるほか、稲作にも使用された。この結果、大坂をはじめ、江戸、浦賀などに干鰯問屋ができ、干鰯、イワシ粕の取引が盛んになった。

近世初期には摂津、紀伊、丹後などの畿内周辺地域で干鰯の原料となるイワシ漁業が盛んであったが、イワシ漁業は次第に房総や東北、また四国、九州などに広がっていった。荒居英次によれば、岸和田藩領の岡田浦は陸方の岡田村から分郷した漁村であり、大阪湾に面して漁業が盛んであったが、地元の漁場が飽和状態となり村外に出漁した。出漁先は関東の房総や相模および九州であり、特に九十九里浜などの房総が多かった[33)]。

岡田浦からの出稼ぎ漁業者は、房総で八手網、地曳網、まかせ網を使用し、イワシを漁獲して販売したが、こられのイワシは干鰯に加工されて全国的に流通した。岡田浦から関東への出漁は元禄期まで盛んであったが、1703（元禄16）年に房総を津波が襲い、岡田浦からの出稼ぎ漁民は死者11名を出したほか、船、網、納屋が損害を受けた。この後、岡田浦からの出稼ぎ漁民は減少する一方、房総に土着する漁民も多くなった[34)]。

岡田浦は零細な漁民が多かったが、関東への出漁には多額の資金が必要であった。このような資金を漁民が自前で準備することは難しく、大坂や堺の干鰯商人、岡田浦の村内の商業資本、漁民の同族の出資があった。村内の商業資本としては干鰯商人などがあったが、その中には房総に干鰯を取り扱う店を持っている例もあった[35)]。近畿地方の漁民が房総などの関東地方に出漁した例は岡田浦に限らず、摂津、河内、和泉（いずれも現、大阪府）、紀伊（現、和歌山県）などの漁民が富津村、天津村、不入斗村や館山、九十九里、銚子などの漁村に出漁した[36)]。

近世中期以降には房総地域の漁村で戸数が増加し、地元の漁民による漁業が発展した。これらの漁村では地曳網、八手網、二艘張網などによるイワシ漁業が盛んであり、それらの網漁業も大規模になった。特に地曳網は大規模化し、漁船2艘、漁夫50人を必要とする漁業であった。

干鰯の産地は日本全国に存在し、中国、四国、九州各地などの西国諸地域、相模、房総、常陸の関東から、陸前、陸中などの奥羽にいたる東国地域、出雲、因幡から越中、越後までの北国地域で広く干鰯が製造された。このため、干鰯を取り扱う商人も全国に展開していた。西国、北国の干鰯については、大坂、兵庫の問屋が集荷した。このうち、大坂の干鰯問屋は近世初期以来天満町に集まり、漸次周辺の地域に拡大し、仲間組織を作っていた。1841（天保12）年には仲間組合の廃止が命じられたが、1844（天保15）年に住吉講として復活した[37)]。

関東地方で製造された干鰯は近世初期以来、浦賀の干鰯問屋によって取り扱われることが多かった。浦賀の干鰯問屋は1642（寛永19）年に問屋株仲間が認められた[38)]。この浦賀の干鰯問屋は近畿地方の漁民の関東への出漁によって生産された干鰯を取り扱っていたが、近畿漁民の出稼ぎ出漁が減少すると取扱高が減少し、衰退した。これに代わって隆盛となったのが江戸の干鰯問屋であった。江戸の干鰯問屋は銚子場、永代場、元場、江川場の4カ所に集まっていた。これらの場所はいずれも深川近辺で河岸に面していた。幕末期になると、魚肥を利用する農村で干鰯問屋を介さない、産地からの直接の購入が出現し、江戸の干鰯問屋は衰退していった[39)]。

（2）ニシン肥の生産と流通

近世中期以降農業が発達して干鰯の需要が増加するにつれ、その価格が上昇したため、干鰯に代わる商品が求められるようになった。その条件に合致したのがニシン肥であった。ニシン肥は享保年間に近畿地方の綿作などに使用されるようになった[40)]。しかし、ニシン肥が本格的に近畿地方で使用されるようになったのは寛政年間であった。ニシン肥の主要な産地は北海道であったが、田島佳也によれば、従来干鰯市場の中心であった大坂靭干鰯市場にニシン肥が参入するようになったのが寛政年間であり、ニシン肥を取り扱う松前物問屋が成立し、大坂靭干鰯市場がニシン肥の集散市場になった[41]。また、この時期にニシン肥のなかでも肥料として高品質であるニシン〆粕が製造されるようになり、ニシン〆粕が北海道から近畿地方をはじめ、西日本各地で広く利用されるようになった。このようなニシン〆粕をはじめとする北海道の産物は北前船で輸送された[42]。

ニシン肥の主な産地であった近世の北海道は松前藩と蝦夷地から成っていた。米作が乏しく、藩士に米を給することができない松前藩は、藩士に対しアイヌとの交易権を与えた。藩士に与えられた交易の権利は地域ごとに細分されており、交易の地点は場所と呼ばれた。藩士に与えられた権利は場所請負人に委任され、場所請負人は藩士に運上金を上納した。場所請負人は蝦夷地の場所を経営したが、その内容はアイヌとの交易に加えて漁業経営があった。各地の場所での漁業のうち、最も盛んであったのがニシン漁業であり、幕末期の蝦夷地の産物のうち、ニシン、ニシン粕(ニシン〆粕とニシン粕)が占める地位は他を圧していた[43]。ニシン、ニシン粕に次ぐ蝦夷地の産物はコンブ、秋味サケ、イワシ粕となっていた(表1- 2)。

松前藩は蝦夷地を支配していたが、近世後期には幕府が北方警備のために蝦夷地の支配を回復しようとし、1799（寛政11）年に東蝦夷地を幕府の支配地とし、また1804（文化4）年に松前藩は陸奥国梁川に移封され、旧松前領を幕府が支配した。この間、一時、幕府は東蝦夷地の場所請負制を廃止し幕府が直接漁場を管理したが、1809（文化9）年に幕府の直轄を改めて請負人の入札を行った。一時場所請負制を廃止した理由は、アイヌを酷使するなどのことがあったた

表1- 2　蝦夷地慶応期産額（両）

品　名	金　額
ニシン・ニシン粕	1,592,225
コンブ	207,415
秋味サケ	200,662
イワシ粕	95,960
マス・塩マス	43,100
煎ナマコ	27,537
新タラ・干しタラ	23,625
魚油	14,423
鹿皮・鹿角	14,129
その他	9,836
計	2,228,912

（出典）田島佳也 (2014)

注）両以下切り捨て。
そのため、原表と計に差がある。

め、積弊を一掃するためであった[44]。

松前藩は1831（天保2）年に北海道に復封されたが、1855（安政2）年に福山、江差を含む一部を除き、大部分の領地が幕府領となり、松前藩は梁川、尾花沢に領地を与えられた。これは北方警備のためと、翌年の箱館開港に備えたためであった。この時期に幕府は旧松前藩時代と同様に場所請負制度を維持した[45]。

第4節　水産物市場の展開と俵物貿易

（1）水産物市場の発展

近世の大坂は日本における商品移出入の中心地であったが、水産物についても移入額が多かった。18世紀前半の水産物移入額は表1-3のようになっていた。これを見ると1714（正徳4）、1736（元文1）の両年とも、干鰯が最大の移入品であったが、干鰯や他の水産物を含めて移入額は両年にかけて減少している。

大坂の水産物取引は生魚市場と塩干魚市場で取り扱われたが、雑喉場とその周辺地域が生魚、靭とその周辺地域が塩干魚を取り扱っていた。雑喉場は1772（明和9）年に初年度銀30貫目、次年度から永世銀、銀9貫目を支払うことで生魚を扱う株仲間の設立が認められた。株仲間に入ったのは雑喉場町の他、石津町、山田町、江戸堀などの商人であった。免許のための運動資金は金250両であった[46]。一方、靭も株仲間の出願をしていたが、1774（安永3）年に三町塩魚問屋仲間に塩魚干魚鰹節問屋株が許可された。三町とは新靭町、新天満町、海部堀町のことであり、海部堀川が開削されてその一部が永代浜と呼ばれ、諸魚干鰯の荷揚場となった。また、三町一帯が靭と呼ばれた。

表1-3　大坂移入水産物（銀、貫、匁）

品目	1714（正徳4）	1736（元文1）
干　鰯	17,760.289	3,492.945
塩　魚	4,156.139	1,134.502
生　魚	3,475.1	2,409.9
鰹　節	2,178.095	596.456
干　魚	1,243.988	784.669
塩タコ	7.35	-

（出典）大阪府漁業史編さん協議会(1997)

1841（天保12）年に幕府は株仲間を禁止した。これは水野忠邦による改革の一環であった。このため、大坂でも新規商人の営業が可能になったが、商慣習に不慣れであったため､集荷が十分ではなかった。水野が失脚すると幕府は1851（嘉永4）年に株仲間再興令を出し、株仲間が復活した。

江戸においては日本橋魚市場が発展した。伊東弥之助によれば、日本橋魚市場の起源は江戸時代初期にあり、天正年中に摂津、佃村、大和田村の漁夫が移住し、幕府に納付する魚の残余を販売したのが始まりとされ、以後発展したが、市場所在地においては居宅があり、店先の売り場があった[47)]。この居宅前の売り場が板舟と呼ばれ、板舟を使用する権利が居宅から独立して独自の権利となった。板舟の居宅からの分離は江戸時代初期から存在したが、文書に登場するのは寛保の時期であり、魚市場の拡大とともに売り場が増加したことが原因であった。この板舟の権利は近代にいたるまで存続した。

板舟の権利は魚問屋、魚仲買にのみ利用が認められていた。このうち、日本橋魚市場の魚問屋は本小田原町組、本船町組、本船町横店組、按針町組の4組が有力であった。日本橋の4組魚問屋は房総の漁村の魚を冬、春の時期に限り独占的に入荷させる仕組みを持っており、一割船とよばれる船によって運搬した[48)]。魚問屋と漁村の間には小買商人がおり、魚問屋は小買商人を把握していた。また、夏には日本橋4組魚問屋以外の芝金杉町組と本芝組の問屋も集荷ができた。

これらの問屋組織は、株仲間の禁止、再興の過程を経て、嘉永年間には芝金杉町組を含め、4組から7組に増加した。また、安永年間には、一時期ではあるが9組が存在した[49)]。また株仲間の禁止期には、深川、築地の魚商人が房総からの集荷を始め、問屋再興期には問屋結成の願いを出した。この件は深川、築地の魚商人が既存の問屋組織に加入することで解決した[50)]。

（2）俵物の生産と流通

近世は鎖国の時代と言われるが、実際には長崎を通じてオランダや中国と貿易を行っていたほか、薩摩藩が琉球を介して中国と貿易をすることがあり、また蝦夷地経由で各種の外国産製品が日本に入ることもあった。このうち、長崎での中国貿易は輸入品として生糸などがあり、輸出品としては銅や海産物があった。輸出された海産物には、干アワビ、煎りナマコ、フカヒレ、コンブなどがあり、これらは俵物と呼ばれた。

対中国貿易において輸入品の対価として支払う輸出品として、長崎に来航する中国商人は銅を求めたが、十分な銅の集荷ができないこともあり、長崎を通ずる貿易を掌握していた幕府は銅に代わる輸出用の商品として俵物を用いようとした。中国商人も俵物を評価した。このようにして輸出用商品としての俵物の地位が安定すると、幕府は俵物の流通を統制しようとした。

幕府による俵物の流通統制は時期によって変化した。幕府による俵物の統制にはいくつかの画期があり、手法が変化した。最初の画期は 1744（延享元）年であった。この年に幕府は一手請方問屋とよばれる 8 名の問屋を選び、これらの問屋に長崎における俵物の取引を引き受けさせた。なお、これらの問屋を選んだ幕府の組織は長崎会所であった。8 人の問屋は長門屋、帯屋、品川、住吉屋、近江屋、播磨屋、岸、入来屋であり、それぞれ地域を分けて俵物を集荷していた[51)]。一手請方問屋には、その後、増減があった。これらの一手請方問屋は俵物の集荷や新たな産地である新浦の開拓のため、1763（宝暦 13）年から 1764（明和元）年にかけて、全国を手分けして廻った。

次の画期は 1785（天明 5）年であり、それまで 8 人の問屋に任せていた俵物の集荷の仕組みを改め、長崎俵物役所が直接、独占的に俵物を集荷するようになった。このような長崎俵物役所による独占的な集荷がおこなわれたのは、幕府による俵物集荷の強化のためであった。それ以前の問屋による集荷では価格は相対で決められたが、長崎俵物役所による集荷では価格は同役所が決定し、固定化された。また、長崎俵物役所による独占的集荷の開始以前において、一手請方問屋の経営状態は悪化し、赤字が累積していた[52)]。長崎俵物役所による独占体制は、俵物の密売の禁止を伴っていたが、実際には密売が存在した。特に薩摩藩は密売品を、琉球を通じて中国に輸出した[53)]。

このような長崎俵物役所による俵物の流通統制は地方にも大きな影響を与えた。弘前（津軽）藩を例にとれば、西津軽郡につき、次のような紹介がある。

・・・旧藩中ハ西津軽郡小泊村鮑漁ヲ大ニ保護シ、恒ニ五十名ノ漁夫ヲ置キ、漁期中漁夫一名米一俵ヲ給ス。又漁夫一名アリテ之ヲ指揮セリ。而シテ鮑仕立方アリ帯刀ヲ許シ、二人口ヲ扶持シテ献上鮑ヲ製セシム。漁期ハ夏土用ヨリ九月中ニ限リ、其他ヲ禁漁シ、漁期中ト雖トモ五十名ノ外漁業ヲ許サス。故ニ鮑大ニ蕃殖スト[54]・・・

また、東津軽郡につき、次の紹介がある。

東津軽郡、煎海鼠ハ人民互ニ売買ヲ許サス。長崎俵物ト唱ヘ、毎年二月長崎ヨリ役人来テ之ヲ買上ケ、一斤二十個ト定メ、四匁又ハ三匁八分ノ価ヲ出セリ。立会役人トシテ江戸ヨリ普請役派出ス。津軽ヨリハ町年寄立会ヘリ。而シテ支配人並ニ下扱ナルモノ数名ヲ置キ、前金ヲ領収シテ諸事斡旋シタリト云フ[55]。

これらの記事により、弘前藩において、アワビ、煎りナマコについて、藩が率先して収獲や販売を督励していた様子がわかる。また、漁業全般について、弘前藩は以下のような体制があった。

津軽藩中漁夫頭ナルモノ二名アリ。毎年十五俵ヲ扶持シ、沿海漁業ヲ管理セシメタリ。然レトモ実際管理上ヨリ之ヲ設ケタルニアラス。功労ニヨリ本人ノ望ニ依リ之ヲ置キタルモノナリ[56]。

これによれば、弘前藩は漁夫頭を置き、扶持米を与えたが、漁民の自主的な漁業統制の体制を藩が認めたとなっている。これは、弘前藩においてニシンやコンブの漁業などに、漁民相互の申し合わせがあったことを指している。なお、天明期以後、弘前藩の俵物生産が停滞し、青森の問屋が苦境にあったことが明らかにされている[57]。荒居英次によれば、幕末期の弘前藩の俵物生産は安価で買われたこともあり、利益は上がらず年貢に等しいものであった[58]。

幕末の開港以後、長崎俵物役所による俵物売買の独占に対し、イギリスなどの諸外国からの批判が続いた。その争点は中国商人に認められていた俵物取引の特権を他の国にも与えることと、北海道産の俵物取引の中心地である箱館からの輸出を許可することであった。箱館には箱館奉行がいたが、箱館奉行は1859（安政6）年に、箱館から諸外国に俵物を売ることを幕府に提言するなど、長崎俵物役所から独立する意図を示した。しかしこの提言は長崎奉行の反対があり、実現しなかった。しかし、この後も諸外国の圧力が続き、1865（慶応元年）に幕府は煎りナマコ、干アワビ、フカヒレの統制を廃止した。

1）山本秀夫は高松藩、丸亀藩の浦につき、その諸相を解明している。山本秀夫 (2011)。
2）後藤雅知 (2001)。後藤は漁業権がある村落を海付村落と呼び、岡方と浜方が併存する村の岡浜争論を論じている。また、近世の漁村の多様性を論じた山口徹は、海に面した村を海村と呼んでいる。山口徹 (1998) 参照。さらに、中村只吾は伊豆の村々を、漁村を含めて沿岸村落と呼んでいる。中村只吾 (2013)。
3）沼津市史編さん委員会 (2007)。
4）同前、p.75。
5）山口徹 (1992)。
6）同前、p.123。
7）農林省水産局 (1935)、p.4。
8）同前、p5。
9）農林省水産局 (1934)、p.55。
10）同前によれば、御菜八カ浦は江戸湾内のサワラ網漁について、湾内の漁村をまとめ、担当の浦が目印焼印札を渡した。p.39。
11）荒居英次 (1970)。
12）同前、p.24 など。
13）前掲、農林省水産局 (1934)、p.64。
14）同前、pp.69 ～ 70。
15）同前、pp.45 ～ 46。
16）同前、p.51。
17）同前、p.215。実際には隠蔽があり、東牟婁郡の二分口税は 10％位ではないかとされている。
18）同前、pp.215 ～ 216。
19）同前、p.419。
20）前掲、農林省水産局（1934）、pp.576 ～ 578。
21）山口和雄（1948）、p.13。
22）このことは旧藩時代の漁業制度を調査した農林省水産局の報告書によっても確認されている。農林省水産局（1931）、p.2。
23）石井良助（1959）、P.311。
24）農林省水産局（1931）、p.2。
25）同前、pp.2 ～ 3。なお、1 里＝約 4km ＝ 36 町、1 町は 109m である。
26）同前、p.182。
27）後藤、前掲書、pp.69 ～ 70。

28）高橋美貴 (1995)、pp.27 ～ 44。
29）高橋美貴 (2002)。
30）羽原又吉 (1938)、原暉三 (1934)。
31）二野瓶徳夫 (1962)。
32）山口和雄 (1963)、二野瓶氏の著作に対する批判として、伊藤康宏 (1992) も見よ。
33）荒居英次 (1963)。
34）同前、pp.38 ～ 57。
35）同前、p.44。
36）同前、p.472。
37）戸谷敏之 (1943)、pp.38 ～ 39。
38）古田悦造 (1987)、p.94。
39）同前、pp.102 ～ 103。
40）David Howell（河西英通・河西富美子訳）(2007)、57 頁。なお、原著は、*Capitalism from within: Economy, Society, and the State in a Japanese Fishery*, Berkeley, University of California Press, 1995 である。
41）田島佳也 (2014)、pp.467 ～ 468。
42）中西聡 (1998)。
43）同前、p.160。
44）羽原又吉 (1957)、pp.171 ～ 172。但し、一部表現を改めた。
45）同前。
46）酒井亮介 (2008)、pp.86 ～ 87。
47）伊東弥之助 (1935)。吉田伸之 (1999) も見よ。なお、板船と板舟の記載があるが、本稿は板舟を使用した。
48）後藤 (2001)、pp.44 ～ 52。
49）吉田 (1999)、p.224。
50）後藤 (2001)、p.56。
51）小川国治 (1973)、pp.26 ～ 27。
52）同前、pp.40 ～ 41。
53）同前、pp.56 ～ 57。
54）『漁業記事　青森県ノ部』筆者、発行年不明、弘前大学附属図書館所蔵。表紙に「青森県漁業志」の張り紙がある。句読点は引用者、以下同じ。
55）同前。
56）同前。
57）荒居英次 (1963)。
58）同前。

参考文献

荒居英次「津軽藩における俵物の生産・集荷」『社会経済史学』29 - 4,5、1963 年
荒居英次『近世日本漁村史の研究』(新生社、1963 年)
荒居英次『近世の漁村』(吉川弘文館、1970 年)
荒居英次『近世海産物経済史の研究─中国向け輸出貿易と海産物─』(吉川弘文館、1975 年)
安藤正人『江戸時代の漁場争い ─ 松江藩郡奉行所文書から─』(臨川書店、1999 年)
石井　孝 「幕末開港後に於ける貿易独占機構の崩壊─特に俵物を中心として─」『社会経済史学』11-10、1942 年
石井良助校定、編『近世法制史料叢書 2 御当家令條・律令要略』(復刻版、創文社、1959 年)
伊藤康宏『地域漁業史の研究─海洋資源の利用と管理─』(農山漁村文化協会、1992 年)
伊藤康宏「史学・経済史学の研究動向」『年報村落社会研究』35、1999 年
伊東弥之助「日本橋魚市場の板船権について─板船株譲渡証文よりみたる─」『社会経済史学』5 - 8、1935 年
岩本由輝『近世漁村共同体の変遷過程 : 商品経済の進展と村落共同体』(御茶の水書房、1977 年)
大阪府漁業史編さん協議会『大阪府漁業史』(同、1997 年)
小川国治『江戸幕府輸出海産物の研究─俵物の生産と集荷機構─』(吉川弘文館、1973 年)
『漁業記事　青森県ノ部』筆者、発行年不明、弘前大学附属図書館所蔵
岡田孝雄『近世若狭湾の海村と地域社会』(若狭路文化研究会、2009 年)
鎌谷かおる「日本近世における山野河海の生業と所有－琵琶湖の漁業権を事例に－」『ヒストリア』229、2011 年
後藤雅知『近世漁業社会構造の研究』(山川出版社、2001 年)
後藤雅知・吉田伸之編『水産の社会史』(山川出版社、2002 年)
酒井亮介『雑喉場魚市場史』(成山堂、2008 年)
定兼学『近世の生活文化史』(清文堂、1999 年)
高橋美貴『近世漁業社会史の研究─近代前期漁業政策の展開と成り立ち─』(清文堂出版、1995 年)
高橋美貴「近世における漁場請負制と漁業構造─越後国岩船郡村上町鮭川を事例として─」、後藤雅知・吉田伸之編『水産の社会史』(山川出版社、2002 年) 所収
高橋美貴『近世・近代の水産資源と生業─保全と繁殖の時代─』(吉川弘文館、2013 年)
斎藤善之・高橋美貴編『近世南三陸の海村社会と海商』(清文堂、2010 年)
新宅勇『萩藩近世漁村の研究』(私家版、1979 年)
高山慶子「江戸日本橋魚問屋と深川の魚商人」『宇都宮大学教育学部紀要』63、2013 年
田島佳也『近世北海道漁業と海産物流通』(清文堂、2014 年)
辻信一『漁業法制史－漁業の持続可能性を求めて－　上巻』(信山社、2021 年)
出口宏幸『江戸内海猟師町と役負担』(岩田書院 、2011 年)
戸谷敏之「近世商業仲間の独占について－大阪干鰯仲間記録を資料とせる－」『社会経済史学』13 - 4、1943 年
中西聡『近世・近代日本の市場構造─「松前鯡」肥料取引の研究─』(東京大学出版会、1998 年)
中村只吾「近世後期～明治前半期の沿岸村落における生業秩序」『北陸史学』61、2013 年

二野瓶徳夫『漁業構造の史的展開』(御茶の水書房、1962年)
沼津市史編さん委員会『沼津市史通史別編漁村』(沼津市、2007年)
日本農書全集編集委員会編『日本農書全集 第58巻　漁業1』(農山漁村文化協会、1995年)
日本農書全集編集委員会編『日本農書全集 第59巻　漁業2』(農山漁村文化協会、1997年)
農林省水産局『漁業権制度ニ関スル資料』(同、1931年)
農林省水産局編『旧藩時代の漁業制度調査資料 第一編』(農業と水産社、1934年)
農林省水産局編『旧藩時代の漁業制度調査資料 第二編豊浦郡水産史料』(農業と水産社、1935年)
ハウエル・デビッド『ニシンの近代史―北海道漁業と日本資本主義―』(河西英通・河西富美子訳)(岩田書店、2007年)
橋村修『漁場利用の社会史ー 近世西南九州における水産資源の捕採とテリトリ―』(人文書院、2009年)
羽原又吉『日本近代漁業史上巻』(岩波書店、1957年)
羽原又吉「明治維新期を中心とする水産業の変遷過程と漁業法との関係並に其後の推移(1)」『社会経済史学』8 - 2、1938年
羽原又吉『日本漁業經濟史　上巻』(岩波書店、1952年)
羽原又吉『日本漁業經濟史　中巻一』(岩波書店、1953年)
羽原又吉『日本漁業經濟史　中巻二』(岩波書店、1954年)
羽原又吉『日本漁業經濟史　下巻』(岩波書店、1955年)
原暉三『日本漁業権制度概論』(杉山書店、1934年)
細井計『近世の漁村と海産物流通』(河出書房新社、1994年)
古田悦造「江戸干鰯問屋の魚肥流通における地域構造」『東京学芸大学紀要 第3部門 社会科学』39、1987年
古田悦造『近世魚肥流通の地域的展開』(古今書院、1996年)
盛本昌広『中近世山野河海と資源管理』(岩田書院、2009年)
山口和雄「二野瓶徳夫著『漁業構造の史的展開』」『社会経済史学』29 - 1、1963年
山口和雄『日本漁業経済史研究』(北隆館、1948年)
山口徹「豆州西浦組久料村の漁業生産」『商経論叢』28 - 1、1992年
山口徹『近世海村の構造』(吉川弘文館、1998年)
山口徹『近世漁民の生業と生活』(吉川弘文館、1999年)
山口徹『海の生活誌―半島と島の暮らし』(吉川弘文館、2003年)
山口徹『沿岸漁業の歴史』(成山堂書店、2007年)
山本秀夫『近世瀬戸内「浦」社会の研究』(清文堂、2011年)
吉田伸之『巨大城下町江戸の分節構造』(山川出版社、1999年)
渡辺尚志『海に生きた百姓たち―海村の江戸時代―』(草思社、2019年)

特論 1

近世捕鯨業

日本における捕鯨の起源は、鯨が捕獲されていたことを示す壁画や鯨類の骨などの遺跡から縄文・弥生期の先史時代にさかのぼれる。古代・中世期において鯨の捕獲については、流れ鯨や寄鯨を食していた古記録が残されている。近世初頭には漁村を基盤とした漁撈組織が形成され、日本列島の両沿岸部を回遊する鯨を捕獲するようになった。この漁撈組織は鯨方・鯨組（以下、鯨組とする）と呼ばれ、とくに太平洋沿岸では房州・紀州・土佐の３地方と、日本海沿岸では北浦（長州）・西海の２地方において成立した。最初に、房州・紀州・土佐・北浦の４地方の鯨組における特徴について整理する。次に、西海地方の鯨組の成立・展開過程に関して平戸藩生月島の益冨組経営の特性を中心に述べる。最後に、関西以西の紀州・土佐・北浦・西海の４地方を対比しつつ、近世中後期の日本捕鯨業の特色について鮮明にする[1)]。

江戸時代の鯨組による捕鯨業は関西以西の漁村（浦）で組織的に展開されたことが知られているが、関東地方では唯一、房総半島の安房勝山藩勝山浦を本拠地として開始された。房州では、紀州からの渡来者とも言われる醍醐新兵衛が明暦期（1655～58）から宝永期（1704～11）にかけて鯨組を組織し、幕末期まで鯨組主として経営を展開した。醍醐組でみられた捕鯨業は、関西以西の４地方における捕獲鯨の種類と捕鯨法と比較して大きく違っていた。紀州・土佐・北浦・西海地方では、勢美鯨（セミクジラ）と座頭鯨（ザトウクジラ）を主漁としていたのに対して、房州では海底深く潜水する槌鯨（ツチクジラ）を捕獲の対象としていた。そのため漁期が６月から８月までと短く、４地方と比べて年間の捕獲数も少なかった。醍醐組では、４地方のように網掛突取法への転換がみられなく、明治初頭まで突取法に終始したために網漁は発達しなかった[2)]。

紀州地方の捕鯨業は、1606年（慶長11）から1618年（元和4）頃にかけて、熊野灘沿岸の太地浦において漁撈組織的に成立した。太地浦の和田一族が中心となって堺商人や尾張漁師との共同で突取法を発明し、初めて鯨組を組織した漁村であった。紀州では、太地浦のみならず古座浦や三輪崎浦を含めて、紀州藩が資金面を融通したことで継続することができた。17 世紀後半に和田一族は船で鯨を網代に追い込み、鯨の自由を網で奪って銛で突き取る網掛突取法を創案した。鯨組主の和田角右衛門は太地角右衛門と改めて、太地浦ではその一族を中心に幕末期まで存続した。太地浦で発明された捕鯨の新技術は土佐や西海、あるいは房州の 3 地方へ伝播し、紀州捕鯨業は近世捕鯨業における技術開発の重要な起点となった[3)]。

土佐地方の突取法による捕鯨業は、1624 年（寛永元）に安芸郡津呂浦において、土佐藩の命を受けた大庄屋の多田五郎右衛門によって始められた。主要な捕鯨漁場は室戸・足摺の両岬であり、津呂組と浮津組の 2 つの鯨組が活動した。土佐藩は、両組に対して資金貸与や鯨組主の待遇面以外に、漁場の占有権からも保護した。しかしながら両組は、幕末期まで順調に運営されたわけではなかった。津呂組の鯨組主は安永期（1772 ～ 81）以後、何度も交代が行われ、近世後期から藩直轄の御手組経営となった。浮津組においても、御手組となった時期が多々みられた[4)]。

北浦地方の捕鯨業は、1672 年（寛文 12）に瀬戸崎浦、翌 1673 年（延宝元）に通浦、さらに 1698 年（元禄 11）に川尻浦において開始された。瀬戸崎浦と通浦では鯨組を興した頃に萩藩からの資金貸与の後押しがあり、鯨組経営が軌道に乗れた。瀬戸崎・通・川尻浦の 3 つの漁村では、萩藩より様々な支援が行われ、御手組に近い経営形態であった。このため 3 漁村とその周辺では、不漁による漁村同士の漁場争いが頻繁に生じていた。3 漁村以外では、肥中・和久浦の萩藩と長府藩の島戸浦・角島にまたがった捕鯨漁場において複数の漁村による共同経営が展開された。

これら漁場には、九州鯨組と呼称された西海地方の鯨組が頻繁に入漁し、北浦地方の鯨組経営を左右するほどの影響を与えた。例えば、享保・宝暦期（1716 ～ 1764）の島戸・肥中浦には平戸町人、寛政期（1789 ～ 1801）の同浦には大村藩の深澤組が出漁した。そのうえ、文化期（1804 ～ 1818）では平戸藩の益冨・手嶋・土肥組が通・瀬戸崎浦、天保期（1830 ～ 1844）では唐津藩の生嶋組などが須佐浦と見島浦へ出漁した。このように西海地方の巨大鯨組と中小鯨組が出漁し、幕末の安政期（1854 ～ 1860）にも萩藩の藩政改革のもとで行われ、北浦地域の漁場が拡大した。すなわち、西海地方では浦請制による漁場利用がみられた。それが次第に拡大し、北浦地方でも地先権的な捕鯨業から浦請制へ変容する時期が存在した[5)]。

以上の 4 地方は、漁村の生業を土台とした漁撈組織的な鯨組および藩の資金的援助を受けた御手組を編成して、各藩領内で捕鯨業に従事した点に大きな特徴があった。

西海地方において鯨組は1626年(寛永3)に成立をみたが、4地方の鯨組とは組織的・資本的な背景が異なっていた。

西海地方の鯨組の成立基盤には、平戸オランダ貿易で成功をおさめ、莫大な資金を擁していた平戸藩の初期特権商人を主力とした平戸町人の存在があった[6)]。豊富な資金を有した平戸町人は、17世紀前半に紀州の太地浦から突取法の伝播による捕鯨技術を吸収しつつ鯨組を組織して展開した。17世紀後半に平戸町人を中核とした西海地方の鯨組は、再び太地浦から伝えられた網掛突取法を手掛けて、その技術は西海地方において急速に普及した。この時期の西海地方では問屋商人による資金援助が盛んで、関西以西では多くの捕鯨漁場を有する突出した西海捕鯨業地域を形成するに至った。

その西海捕鯨業地域における大村藩では深澤組、平戸藩では井元組や小田組、土肥組、五島藩では江口組と山田組、唐津藩では中尾組などの巨大鯨組を生み出した。これらのなかで代表的な鯨組が、1725年(享保10)に平戸藩生月島を本拠地として創業した益冨組であった[7)]。益冨組は、益冨又左衛門家を組主とする日本一の捕獲高を誇った鯨組であった。益冨組経営の特性は、平戸藩内の捕鯨漁場を専有しつつ平戸藩外の捕鯨漁場へ進出し、鯨の大量捕獲に成功したことであった。益冨組は、近世初中期に盛んであった平戸藩内の捕鯨漁場と労働力を徐々に吸収しながら、生産活動の範囲を平戸藩外に求め、冬・春両組の捕獲量を平均的に増大させることで経営安定を目指した。益冨組は、19世紀中頃にかけて藩を越えた捕鯨業経営=「藩際経営」によって、鯨商品を特産物とする地方豪商的な性格を持った巨大鯨組へと発展した[8)]。

経営発展をみせた背景には、益冨組が平戸藩への運上銀上納を通じ、米の売買を仲介した藩際交易のなかで廻船商人としての役割を果たしていたことがあった。なおかつ、益冨組は平戸藩のみならず藩を越えて大村藩と五島藩の捕鯨漁場で活動するなかで、莫大な運上銀や取揚鯨の一部を上納し、両藩と現地の漁村を潤した。益冨組は、取揚鯨を解体して精製した膨大な鯨油を福岡・熊本の両藩に対して販売した。近世後期になるにつれ西南諸藩の領国体制が自立性を高めるなか、益冨組はその権力構造と密接に結びつくことに成功した。これら諸藩との生産・流通関係が益冨組の藩際経営の基盤となり、近世後期において平戸藩の御用商人および地方豪商として益冨組独自の西海捕鯨業地域を成立させた。

西海地方を除く紀州・土佐・北浦の3地方の捕鯨業は、20万石以上の大藩の領域内で営まれ、各藩は国産奨励策によって多額の資金を漁村へ融通した。3地方の捕鯨業始動の時期において漁村主体の漁撈組織的な鯨組は成立したが、疲弊から次第に藩直営による捕鯨業へと変容したために御手組を主軸とするようになった。関西以西の4地方を対比してみると、3地方と西海地方との藩領国体制による地域差が、鯨組の展開過程に著しく反映していた。西海地方の地方豪商を中核とした巨大鯨組の成立と発展状況の過程は紀州・北浦・土佐の大藩の3地方と大きく懸け離れていた。

近世初中期に紀州地方の和田(太地)一族によって開発された捕鯨技術が土佐・西海・房州の各地方へと伝播したことは、近世捕鯨業の成立にとって最初の大きな役目を果たした。その後、近世中後期に一大地域産業として発展するうえで、西海・北浦地方を中心とする日本海沿岸地域が重要な役割を果たしていた。とくに、西海地方では中期以降より専門的な高度な鯨組組織による展開がみえ、益冨組のように全国長者番付にも名を連ねる地方豪商的な巨大鯨組が誕生した。西海地方の中小諸藩は、巨大鯨組による藩を越えた自由な捕鯨業経営を多額の運上銀獲得と引き替えに促していた。

西海地方の捕鯨業は、西日本の大坂・下関の中央・地方市場における流通システムのなかで、地域の中核的漁業としての捕鯨産業へと進化した。捕獲された鯨から生産された鯨油は、18世紀以降西日本の農村を中心に除蝗用の農薬として大いに使用された。それにより西海地方の捕鯨業は、幕末期まで中小諸藩の地域経済の基幹的産業として隆盛を極めた。近世後期には西海地方の鯨組が、松江藩や金沢藩、仙台藩の沿岸部ならびに幕府による蝦夷地沿岸域における捕鯨業開発までの広がりに影響を与えた。

西海地方の鯨組は近世初中期から殊に勢美鯨を集中的に捕獲し、その鯨油販売に成功した資金を背景に巨大鯨組が出現した経緯があった[9)]。しかし巨大鯨組による勢美鯨の捕獲頭数は、弘化・嘉永・安政期（1844～60）に近づくと、欧米船による日本近海での積極的な捕鯨操業の影響で減少した。一方で、近世中後期において益冨組を始めとした巨大鯨組が勢美鯨を大量に捕獲したことも重なり、日本海沿岸部を回遊する勢美鯨が完全に枯渇し、巨大鯨組が自滅に至った。

明治中期以降は船・捕獲技術の向上で、より遠方の鯨を捕獲できるようになると、朝鮮半島周辺の鯨を捕獲する東アジア捕鯨業へと発展した。この発展要因には、近世中後期に栄えた日本海沿岸地域の捕鯨漁場において巨大鯨組が展開していた漁村が、新たな捕鯨業基地として、また労働力確保の地域として活用されたことがあった[10)]。近代期をむかえ資本主義時代の幕開けとなったことが、その後の北洋捕鯨・南氷洋捕鯨として戦後以降高度成長期までに世界的産業へと発展させた。この発展には、近世中後期の西海地方における巨大鯨組による捕鯨業の興隆が根底の一つとなっていた。

1）福本和夫（1960）、pp.40 ～ 51、秋道智彌（1994）、pp.116 ～ 119、山下渉登（2004）、pp.10 ～ 37、日本とクジラ展実行委員会（2011）、pp.52 ～ 84、pp.212 ～ 221 などを参照。

2）鋸南町史編纂委員会（1969）、pp.53 ～ 55、pp.678 ～ 680、pp.940 ～ 954、吉原友吉 (1976)、pp.18 ～ 31、pp.83 ～ 85 など。

3）熊野太地浦捕鯨史編纂委員会（1965）、浜中栄吉（1979）、pp.424 ～ 443、和歌山県史編さん委員会（1990）、pp.452 ～ 460、pp.710 ～ 716、太地五郎作（1997）、pp.29 ～ 86、太地亮（2001）、串本町（2008）など。

4）伊豆川浅吉（1973）、吉岡高吉（1973）、（財）高知県文化財団・歴史民俗資料館（1992）、古賀康士 (2014)、pp.1 ～ 12 など。

5）羽原又吉（1952）、pp.196 ～ 623、多田穂波（1968）、徳見光三（1971）、多田穂波（1978）、新宅勇（1979）、pp.150 ～ 175、長門市史編集委員会（1979）、pp.259 ～ 284、pp.1013 ～ 1022、長門市史編集委員会（1981）、pp.360 ～ 396、河野良輔（2005）、山口県（2008）、p.88、pp.606 ～ 656、末田智樹 (2016)、pp.1 ～ 26、末田智樹 (2017)、pp.31 ～ 46、末田智樹 (2018a)、pp.67 ～ 78、末田智樹 (2018b)、pp.101 ～ 111、末田智樹（2019）、pp.4 ～ 19、末田智樹（2020）、pp.128 ～ 154、末田智樹（2021）、pp.122 ～ 158 など。

6) 秀村選三・藤本隆士（1976）、立平進（1995）、鳥巣京一（1990）、末田智樹（2004）、中園成生（2006）、古賀康士 (2010)、pp.83 ～ 106 など。

7) 秀村選三（1997）、pp.1 ～ 17、藤本隆士 (1975)、pp.543 ～ 559、藤本隆士 (1976)、pp.121 ～ 134 など。西海捕鯨業および益冨組の研究に関しては、秀村と藤本による多くの先駆的論考がある。

8）末田智樹 (2009)、pp.49 ～ 72、末田智樹 (2013)、pp.117 ～ 131 など。

9）末田智樹 (2015a)、pp.226 ～ 236、末田智樹 (2015b)、pp.108 ～ 124 など。

10）この問題を今後深めるには、森田勝昭（1994）、小島孝夫（2009）、中園成生（2019）が参考になる。 とくに中園は、日本捕鯨業史を知るうえで最新のコンパクトな基本文献として挙げておきたい。ぜひ一読されることをお勧めする。

参考文献

秋道智彌『クジラとヒトの民族誌』（東京大学出版会、1994 年）

伊豆川浅吉「土佐捕鯨史　上・下巻」、日本常民文化研究所編『日本常民生活資料叢書　第 23 巻　中国・四国篇（4）』（三一書房、1973 年）

鋸南町史編纂委員会編『鋸南町史』（鋸南町、1969 年）
串本町史編さん委員会編『古座町史料　捕鯨編』（串本町、2008 年）
熊野太地浦捕鯨史編纂委員会編『鯨に挑む町－熊野の太地－』（平凡社、1965 年）
河野良輔『長州・北浦捕鯨のあらまし』（長門大津くじら食文化を継承する会、2005 年）
古賀康士「西海捕鯨業における地域と金融－幕末期壱岐・鯨組小納屋の会計分析を中心に－」、『九州大学総合研究博物館研究報告』第 8 号、2010 年
古賀康士「幕末維新期土佐藩における藩営捕鯨業－開成館捕鯨局の経営と労働組織－」、『土佐山内家宝物資料館研究紀要』12 号、2014 年
古賀康士「西海捕鯨業における巨大鯨組の経営と組織－壱岐勝本浦土肥組を中心に－」、『地域漁業研究』第 56 巻第 2 号、2016 年
古賀康士「西海捕鯨業における漁場秩序と地域社会－五島列島黒藻瀬をめぐる争論を事例として－」、『九州史学』第 183 号、2019 年
小島孝夫編『クジラと日本人の物語－沿岸捕鯨再考－』（東京書店、2009 年）
（財）高知県文化財団・歴史民俗資料館編『（特別展）鯨の郷・土佐－くじらをめぐる文化史－』（高知県立歴史民俗資料館、1992 年）
新宅勇『萩藩近世漁村の研究』（私家本、1979 年）
末田智樹『藩際捕鯨業の展開－西海捕鯨と益冨組－』（御茶の水書房、2004 年）
末田智樹「近世日本における捕鯨漁場の地域的集中の形成過程－西海捕鯨業地域の特殊性の分析－」、『岡山大学経済学会雑誌』第 40 巻 4 号、2009 年
末田智樹「西海捕鯨業地域における益冨又左衛門組の拡大過程」、神奈川大学『国際常民文化研究叢書－日本列島周辺海域における水産史に関する総合的研究－』第 2 巻、2013 年
末田智樹「寛政初中期平戸藩領益冨組の取揚鯨と運上銀」、神奈川大学『国際常民文化研究機構年報』第 5 号、2015 年 a
末田智樹「天明期益冨組の経営発展における捕獲鯨と漁場と運上銀の関係性」、『中部大学人文学部研究論集』第 33 号、2015 年 b
末田智樹「長州捕鯨業と九州鯨組との関係についての一考察－寛政 2・3 年大村藩深澤与六郎組入漁から探る－」、『神奈川大学日本常民文化研究所　年報 2014』、2016 年
末田智樹「文化期、通・瀬戸崎両浦への九州鯨組の入漁事情」、『山口県地方史研究』第 117 号、2017 年
末田智樹「天保期、長門国須佐浦への九州鯨組の入漁背景とその条件」、『山口県地方史研究』第 119 号、2018 年 a
末田智樹「天保期、長門国見島浦への九州鯨組の入漁背景とその条件」、『地域漁業研究』第 58 巻 2 号、2018 年 b
末田智樹「近世西日本近海における鯨組の出漁と漁場利用の変化」、『歴史地理学』第 61 巻第 1 号、2019 年
末田智樹「安政期萩藩見島における御手組の編成と九州鯨組の役割」、『中部大学人文学部研究論集』第 44 号、2020 年
末田智樹「海獣漁業」、阿部猛・河合功・谷本雅之・浅井良夫『郷土史体系　生産・流通（上）－農業・林業・水産業－』（朝倉書店、2020 年）

末田智樹「安政期萩藩須佐浦における御手組の編成と九州鯨組の役割」、『中部大学人文学部研究論集』第 45 号、2021 年
太地五郎作述「熊野太地浦捕鯨乃話」、谷川健一編者『鯨・イルカの民俗（日本民俗文化資料集成18)』（三一書房、1997 年）
太地亮『太地角右衛門と鯨方』（私家本、2001 年）
立平進『西海のくじら捕り－西海捕鯨の歴史と鯨絵巻－』（長崎県労働金庫、1995 年）
多田穂波『見島とクジラ』（見島と鯨編纂会、1968 年）
多田穂波『明治期山口県捕鯨史の研究－網代式捕鯨とその他の鯨とり－』（マツノ書店、1978 年）
徳見光三『長州捕鯨考（再版）』（長門地方史料研究所、1971 年）
鳥巣京一『西海捕鯨の史的研究』（九州大学出版会、1999 年）
中園成生『改訂版　くじら取りの系譜－概説日本捕鯨史－』（長崎新聞社、2006 年）
中園成生・安永浩『鯨取り絵物語』（弦書房、2009 年）
中園成生『日本捕鯨史【概説】』（古小烏舎、2019 年）
中園成生編『古式捕鯨シンポジウム事業報告書』（古式捕鯨シンポジウム実行委員会・一般社団法人日本鯨類研究所、2021 年）
長門市史編集委員会編『長門市史　民俗編』（長門市、1979 年）
長門市史編集委員会編『長門市史　歴史編』（長門市、1981 年）
日本とクジラ展実行委員会編『日本とクジラ（福岡市博物館平成 23 年度特別企画展）』（福岡市博物館、2011 年）
羽原又吉『日本漁業経済史　上巻』（岩波書店、1952 年）
浜中栄吉編『太地町史』（太地町、1979 年）
秀村選三・藤本隆士「西海捕鯨業」、原田伴彦編『江戸時代図誌　西海道 1　第 22 巻』（筑摩書房、1976 年）
秀村選三「近世西海捕鯨業における生月島益冨組の創業」、久留米大学『比較文化研究』第 19 輯、1997 年
福本和夫『日本捕鯨史話－鯨組マニュファクチュアの史的考察を中心に－』（法政大学出版局、1960 年）
藤本隆士「近世西海捕鯨業経営と同族団（1）」、福岡大学『商学論叢』19 巻 4 号、1975 年
藤本隆士「近世西海捕鯨業経営と同族団（2）」、福岡大学『商学論叢』20 巻 1 号、1976 年
藤本隆士『近世西海捕鯨業の史的展開－平戸藩鯨組主益冨家の研究－』（九州大学出版会、2017 年）
森田勝昭『鯨と捕鯨の文化史』（名古屋大学出版、1994 年）
山口県編『山口県史　史料編　近世 4』（山口県、2008 年）
山下渉登『捕鯨Ⅰ』（法政大学出版局、2004 年）
吉岡高吉「土佐室戸浮津組捕鯨実録」・アチック・ミューゼアム編「土佐室戸浮津組捕鯨史料」、日本常民文化研究所編『日本常民生活資料叢書　第 22 巻　中国・四国篇（3）』（三一書房、1973 年）
吉原友吉「房南捕鯨」、『東京水産大学論集』11 号、1976 年
和歌山県史編さん委員会編『和歌山県史　近世』（和歌山県、1990 年）

第2章

近代漁業の形成

本章は、1875年前後の漁業制度変革から1901年の明治旧漁業法制定前までの四半世紀を対象とし、①漁業制度の変革と水産行政機構の整備、②沿岸漁業・浅海養殖業の変容、③大日本水産会の設立と水産調査報告、④準則漁業組合の設立と活動、⑤内水面における滋賀県の漁政と漁業・増殖事業を取り上げ、形成期の近代日本漁業の歴史的特徴を概観する。

第1節　漁業制度の変革と水産行政機構の整備

前章で見たとおり近世の漁業は、食料と農業用肥料の需要拡大とともに全国各地で多様な形態で社会的分業として展開した。そして全国津々浦々では幕藩体制の統治形態と相まって漁業の「小物成」が種々、課せられていた。明治政府は近代移行過程でこれらを近代的かつ統一的に再編することを初期漁政の課題とした。一方、当時の日本漁業は、近世の低位な生産力水準に規定され、沿岸漁場の狭隘と「乱獲」問題、さらに海況変化による水産資源変動等が重なり、漁業生産の停滞と漁村の困窮化に直面していた。この問題を解決するために漁業振興策として漁業・漁船の技術改良が主課題に位置付けられていた。まず全体を鳥瞰する観点から表2-1、略年表を挙げておく。

表 2-1　明治前期の日本漁業制度史略年表

西暦	全　　国
1873 年	ウィーン万博参加（田中芳男、關澤明清ら水産技術習得・養魚と製網機械の新知識吸収）
1875 年	雑税廃止布告（太政官布告第 23 号）
	海面官有宣言（太政官布告第 195 号）・海面借区制布告（太政官達第 215 号）
1876 年	海面借区制布告「但書」取消（太政官達第 74 号、旧慣尊重・府県税・漁業税の納付）
	フィラデルフィア万博参加（サケ人工孵化法、缶詰製造法、魚油精製法伝習）
1880 年	ベルリン万国漁業博覧会（松原新之助参加、水産物出品）
1881 年	水族蕃殖保護布達（内務省達乙第 2 号）、農商務省勧農局水産課設置
1882 年	大日本水産会設立（水産事業の改良進歩を目的）
1883 年	第 1 回水産博覧会開催（東京、水産知識の普及・啓発）
1985 年	農商務省水産局設置（1890 年廃止、1897 年再設置）
1886 年	漁業組合準則公布
1887 年	河原田盛美（大日本水産会員・水産博覧会審査委員）山陰・北陸巡回指導・講演
1889 年	水産伝習所開設（官立水産講習所 1897 年設立）「水産調査予察報告」刊行開始
1890 年	第 3 回内国勧業博覧会開催（水産部門設置）
1893 年	水産調査所・水産調査委員会の設置、村田保、第 1 次漁業法案作成
1894 年	「水産事項特別調査　全」刊行
1901 年	旧漁業法公布

（出典）松本巌編著（1977）、農林水産省百年史編纂委員会編（1979）

（1）漁業制度の変革

明治政府が統一的な漁業制度の変革に着手するのは地租改正事業開始 2 年後の 1875 年（明治 8）2 月の太政官布告第 23 号「雑税の廃止」からである。これを契機に各府県で新しい動きが見られる。たとえば山口県では同年 3 月に「山口県達」が発布され、雑税の廃止と取り締まりのための免許鑑札（鰯網・鰤網・鮪網・繰網漁等の漁業を指定）が発行された。つづいて同年 12 月、政府は「海面官有の布告」（太政官布告第 195 号）を行い、さらに漁場の「海面借区制」（太政官達第 205 号）を採用した。これら一連の布告・達は旧来の漁場利用関係を一旦、消滅させ、行政の許可によって再び期限付きの「漁業権」を発生させた点が歴史的な意義であった。しかしこれによって新規漁業の出願が全国各地で殺到し、漁業秩序に混乱を来した。そこで山口県をはじめ複数県から「旧慣尊重」が上申された。たとえば1876年3月、関口山口県令から大久保内務卿宛に「海面借区の旧慣尊重」が上申され、同年4月には大久保内務卿から「水面ヲ区画シ専用致シ候分ハ追テ一般之規則相達候迄当分慣行之儘据置可申事」といった肯定的な回答が山口県に寄せられた。そして同年7月に「太政官達第74号」で「但書取消候条、以来各地方ニ於テ適宜府県税ヲ賦シ、営業取締ハ可成従来ノ慣習ニ従ヒ処分可致」旨が通達された。その後、山口県は同年8月に「各浦の漁業区画図面提出の通達」を出し、「今般営業ノ儀ハ従来ノ慣習ニ従ヒ為取調、県税収入可致旨公布相成候ニ付、左ノ雛形ヲ以ツテ詳蜜取調図面相添」えるように指示した[1)]。

各府県ではこれら一連の布告に基づいて府県漁政が遂行されたとみられるが、島根県では1875年に独自に漁場の取り調べが行われた。すなわち島根県が発令した乙第173号「河海湖沼漁業場云々御達シ之趣」等の文書で、これに対して各浦区の戸長・副戸長から島根県令に報告され、県はこの「漁業場取調」結果をもとに翌1876年に「漁業場区」台帳を作成したとみられる（写真2-1「明治9年漁業場区」台帳）。この台帳はいわば海の「土地台帳」にあたり、「漁業権」台帳作成の全国的な先駆けと言える。この台帳は郡別・村浦別に借区場所・位置（字）、期節（漁期）、漁名（漁業種類）、方位・距離、反別面積、縦横間数、年期、拝借人名を一覧表の形式で整理され、その後の変更は欄外等に朱書で訂正された。なお、この台帳に登録された漁業は位置固定的に漁場利用された鰯網（地曳網）、大敷網、鰍（いなだ）網、鯔（ぼら）網、鮪漁等が対象となっていた[2)]。

写真2-1　「明治9年漁業場区」台帳

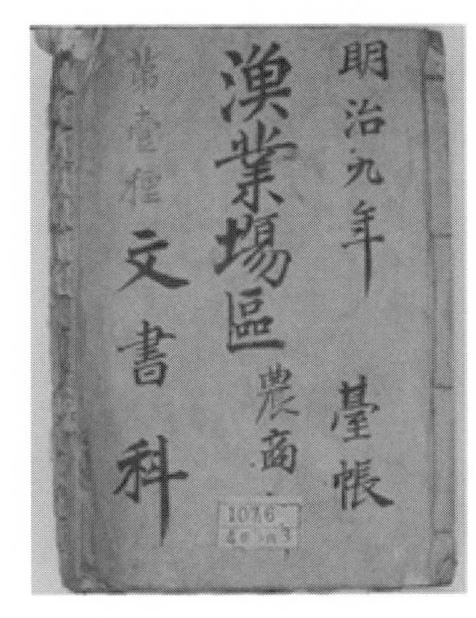

（出典）島根県公文書センター蔵

（2）水産資源保護と府県の漁業税制

沿岸漁業問題対策として国と府県において水産資源の保護措置が取られた。まず、1879 年 2 月に勧農課の織田完之が大久保内務卿宛てに「水産営業勘査之儀伺」（水産慣例取調）を上申した。さらに 1881 年 1 月に内務省達乙第 2 号「水産ノ盛殖ヲ謀ル件」の公布、1882 年 3 月に農商務省達第 5 号（アワビ資源保護と潜水器械使用制限）の公布、1886 年 6 月に農商務省訓令第 9 号で各府県に対して魚介藻の水産資源保護措置を要請した。一方、各道県の内水面漁業資源保護措置では 1878 年 12 月の開拓使布達甲第 43 号「札幌郡内諸川のサケ・マス漁禁止と資源保護」、1880 年 9 月の新潟県布達第 201 号「鮭漁業取締規則」等が公布された。また、1880 年 12 月の徳島県布達甲第 144 号「アユの資源保護」（禁漁期設定）、1883 年 9 月の静岡県布達甲第 77 号公布でアユ・ウナギの稚魚の捕獲制限・禁漁期が設定され、その後、福島、埼玉、三重、広島、山口、大分、佐賀の 7 県においても同様の「水産資源保護」が布達された [3)]。

三井田恒博（2006）は漁業税制の確立について福岡県を事例に詳しく取り上げている。同書によると、福岡県は 1875 年 6 月に第 194 号「県税則」を布達し、漁業税を設定した。1877 年 8 月に「甲第 116 号」を公布し、漁業を対象とした「県税則付録」を定め、漁業出願の手続きと漁業税の基準を規定した。1878 年の地方税規則の公布によって漁業税採藻税は地方税のなかの雑種税に含められたが、1880 年 4 月の政府「第 17 号」布告によって地方税雑種税から分離新設された漁業税は府県会の決議を経て設定する旨の手続きに変更された。これに対して福岡県は 1879 年に漁業実態調査を行い、1880 年 10 月、体系的な「漁業税規則」を制定し、漁業実態に沿った漁業税が徴税されるようになった。なお、三井田前掲書はこれ以降の「漁業税目」が福岡県会の審議を経て改訂される過程を具体的に取り上げている [4)]。

（3）水産業振興策と行政機構の変遷

明治政府は初期の段階から欧米開催の万国博覧会への積極的な参加と水産事情

の視察を通して欧米の水産技術の習得と普及を図った。たとえば関沢明清らの水産官僚を 1876 年に開催された米国フィラデルフィア万国博覧会に派遣し、そして欧米のサケ人工孵化法、サケ・マス缶詰製法を習得・普及させている。一方、国内では水産博覧会（第 1 回は 1883 年開催）や内国勧業博覧会（第 1 回開催は 1877 年、第 3 回から水産単独の部門を設置）を開催し、それらを通して在来の優良技術の把握と普及を図っていった。さらに農商務省は 1886 年に水産巡回教師制度を発足させ、優良技術の普及指導に巡回教師を当たらせた。中野泰（2016）によると、1886 年 9 月の水野正連（依頼先機関：大日本水産会、巡回先：新潟県、以下同じ）の巡回指導を嚆矢とし、河原田盛美（大日本水産会・農商務省、石川県・岩手県・京都府・静岡県・島根県）、山本由方（農商務省、青森県・福井県）、鏑木余三男（大日本水産会、新潟県・鹿児島県）、金田帰逸（農商務省、山形県・秋田県）、山本勝次（農商務省、石川県・山形県・岡山県）、五十嵐高誠（大日本水産会、新潟県）、椛川温（農商務省、福井県）、松原新之助（大日本水産会、新潟県）、奥健蔵（農商務省、岡山県）等が担当した[5)]。

国の水産行政が組織的に確立するのが 1877 年 12 月の内務省勧農課水産係の設置を嚆矢とする。その後、1881 年 4 月に農商務省の設置に併せて農務局水産課（調整・漁撈・採藻・蕃殖の 4 係）が創設され、翌年に試製係が追加配置され、さらに 1885 年 2 月に水産局が新設改組され、漁撈・試業・庶務の 3 課と水産陳列所が設置された。その後は、行政整理再編と社会経済情勢のなかで水産局の廃止（農務局水産課に縮小）と再設置の変遷を辿った[6)]。

第 2 節　沿岸漁業・浅海養殖業の変容

（1）沿岸漁業の変容

二野瓶徳夫（1999）によると、明治期の漁業生産は停滞状況にあったとみている。その内実は狭い沿岸漁場に局限され、非能率的な漁業技術による生産は衰退の方向をとり、一方、それを克服して漁場の沖合化と能率化に向かっていた漁業技術による生産は発展しつつあったとして、新旧の動きを取り上げている。同上書ではまず代表例に挙げられるのが近世中期以降、「マニュファクチュア」生産が確立していた九十九里のイワシ地曳網漁業で、山口和雄（1937）に依拠しながら衰退問題（イワシ生産の不安定性と減少傾向、網主の減少）を取り上げている。それに対して明治中期以降、地曳網と対立しながら同じイワシを対象とした改良揚繰網漁業は同地において開発され、高能率な沖合漁業として発展する動きを取り上げている[7)]。このほか、アメリカで開発され、1881年に關澤明清によって紹介された米国式巾着網漁業は北海道庁技師・伊藤一隆や岩手県漁業者・大越作右衛門らによって導入・普及が図られた状況を取り上げている。さらに打瀬網漁業は在来の小規模かつ高能率な漁業で、それゆえに強い規制（抑制策）が取られていたが、その後は徐々に西日本の府県を中心に普及していった。先行していた愛知県では1891年12月の愛知県庁調べによると打瀬網漁船総数1,875隻、同漁夫5,772人（専兼両者合わせて）で、愛知県漁民総数20,287人の30％弱が打瀬網漁業に携わっていたとしている。流網漁業、イワシ流網・刺網も打瀬網漁業と同様に小規模・高能率な漁業のため強い規制を受けていたが、明治前

表 2-2　明治の漁網・製網業の沿革

年代	項　　目
1873年	ウィーン万博に佐野常民等を派遣し、製網機械等を持ち帰る
1877年	福島の伊治地政孝、編網機械を考案
1880年	『中外水産雑誌』にアメリカ製「編網機図説」が掲載
1883年	東京の伊知地政純、編網機を製作
1885年	鹿児島の小田信一、編網機を製作
1886年	福島（東京）の国友則重、縦網編網機の特許取得
1889年	大阪撚糸株式会社、漁網用綿撚糸の製造開始
1892年	三重の三重紡績会社、漁網用綿撚糸の製造開始
1893年	三重の伊藤勘作（網勘製網会社）、編網機械考案・成功
1893年	大阪の石井孝太郎が第1回関西九州聯合水産共進会に綿糸漁網糸出品
1897年	第2回水産博覧会に東京・大阪・三重・静岡・石川・富山・広島の2府5県から漁網用綿撚糸を出品
1901年	『大日本水産会報』第224号に「内外の編網機械」掲載

（出典）桜田勝徳（1980）、松本巌編著 (1977)

期の千葉・神奈川・大分において行政訴訟裁判等の争論を経ながら普及していった様子を示している。大敷網・大謀網漁業は近世において西南系大敷網漁業、北陸系台網漁業、東北系大謀網漁業、そして北海道の建網漁業の 4 系統が各地で比較的大規模な定置網漁業として展開していったが、19 世紀後半には藁縄製の大敷網はブリやマグロ等の漁獲に限界を抱えていた。1892 年に身網に麻苧を使用し、大規模な構造で在来型を改良した日高式鰤大敷網が宮崎県で考案されると、高い漁獲能力を発揮し、まず高知県に伝播され、全国に普及・改良されていった[8)]。

このように発展した網漁業の基盤は綿紡績工業と漁網製造業の発展によって安価で強靭な綿糸網が登場したことによる。これについて二野瓶前掲書は桜田勝徳（1980）他に依拠しながら解説している (表 2-2 参照)[9)]。

以上の網漁業の動きに対して釣・延縄漁業では沖合性のカツオ釣、マグロ延縄漁業を取り上げ、東日本の静岡・千葉を事例に無動力のままの漁船の大型化（一部改良型）と沖合化が図られたとしている。ちなみに静岡県漁業取締所（1894）[10)] には那賀郡江奈村の動きが紹介されている。同書によると、近世末の「弘化年間石田重左衛門氏鰹漁ノ為メ下田港ノ船工ニ托シテ船幅七尺五寸余ナルモノヲ製造シテ豆州南端石廊崎ヨリ神子元島利島間海上ニ漁業ヲ企テ」以来、「伊豆諸島ノ間ニ鰹漁ヲ専ニスルコトヲ企テ此頃ヨリ近傍ノ漁業者競フテ船ノ構造ヲ堅牢ニシ（中略）魚群ノ所在ヲ探見シ其獲タル所ノ利益蓋シ少小(ママ)ニ非ラザルナリ」とある。さらに「明治十六年伊豆国沿海漁業者ト三宅島漁業トノ間ニ於ケル通漁規約初メテ成ル仝二十一年満期ヲ以テ多少ノ増訂ヲ加ヘテ更ニ条約スル所アリ」とし、1888 年 12 月に江奈村と三宅島の漁業者総代の間でカツオ漁に関する相互入会とカツオの陸揚げの規定書が交わされていた。

（2）浅海養殖業の変容

つぎに浅海養殖業の変容をとりあげる。当時、これは「水産増殖業」とも称され、水面または陸上の施設で水産動植物を集約的に飼養し、販売する経済行為をさす。近世では無給餌型のノリとカキの増養殖技術が江戸湾と広島湾でそれぞれ自然発生的に定着・普及していった。20 世紀に入ると、国や道府県の水産試験場が漁業者と一体となって種苗と育成の増殖技術の改良・普及を図り、ノリやカキの増養殖の技術革新、さらに真珠養殖技術の確立によって水産養殖業は地域産業として成立・展開していった。このような増養殖技術の発展をベースとした養殖業は1901年制定の明治旧漁業法に規定された区画漁業権（ノリやカキように竹木等を沈設もしくは篊建てで行う第1種等の3つに分類）を養殖漁家が取得し、それを行使して営まれた。1908年12月時点の区画漁業権免許数は全国で4,471件、道府県別では広島1,725件、北海道412件、和歌山400件、神奈川293件、福岡223件他であった[11)]。以下、代表的な養殖品種・ノリの養殖業を取り上げる。

ノリ養殖は近世以来、江戸湾、とりわけ大森・品川・羽田の地先を主産地とし、浅草でノリの加工・取引が行われるといった地域的分業が見られた。養殖法はノリ場に樹枝あるいは木製の柵ひびを立て、自然に胞子が付着・成長し、培養する方式が近世に確立し、1920年代半ばまで続いた。その後はノリひびが木から竹に変わり、動力船も使用され、さらに1927年に海藻学者の岡村金太郎（水産講習所教授）の指導のもとで東京椰子製網株式会社によって網ひびが考案された。1930年代後半には固定ひびから浮ひび（水平ひび）に改良され、水平網ひびが導入され、生産力が飛躍的に向上した。近代以降は産地も全国に広がっていったが、とりわけ東京内湾の東京から千葉、神奈川周辺の地先に主産地が展開していった。1891年の農商務省調査によると、同年のノリ生産額は合計294,065円で、そのうち東京130,428円、広島43,447円、神奈川37,386円で、この3府県で計211,261円、全体の71.8%を占めていた[12)]。ちなみに1889年の農商務省調査から東京のノリ生産状況を見ておくと、採取・製造家数1,988戸、従業船数3,566艘、ノリ場坪数870,392坪、ノリ生産高1,2168,000帖・346,240円であった[13)]。

第3節　大日本水産会と水産調査報告

(1) 大日本水産会と大日本水産会報告

大日本水産会は、ベルリン万国漁業博覧会に出席した松原新之助らが中心となり、ドイツ水産協会をモデルに水産の学理研究を通して水産事業の発展を企図して1882年1月に創立された。組織構成は会頭、幹事長、幹事、議員、会員（学芸委員、通信委員）からなる。学芸委員（創立時は26名）は漁業律、漁撈、漁具、製造、販売、蕃殖、博物、統計、理化学、気象学等の水産調査を行い、本会の集会等で報告した。一方、地方在住の通信委員（発足2年目に15名配置）は地方の水産状況を報告し、これら成果は1882年3月に創刊された同会の『大日本水産会報告』に発表された。また松原新之助編『大日本水産会第一回年報』は大日本水産会報告の号外として1888年8月に刊行された。内容は、下啓助「第一　本会ノ沿革」、染川清「第二　本邦水産ノ状況」、柏原忠吉編「第三　本邦漁業ノ状況」、山本由方・河原田盛美「第四　本邦水産物製造業ノ状況」、關澤明清「第五　本邦水産物養殖ノ状況」小島兼美「第六　本邦水産物貿易ノ状況」、松原新之助「第七　本邦水産学術上ノ事項」で構成されている。以下では柏原報告から当時の漁業の現状把握と課題、認識をみておく。

柏原は序で当時の漁業について「僅かに地先近海漁業の小区域に彷徨して未た沿海遠洋の漁業を行うの境域に達せす、而して業務の如き概ね祖先来慣用の労働的漁法を墨守し進て改良進歩を計らんとするの念なし」とし、本論では「漁業の状況に関する事項」と「漁業の盛衰に関する事項」の2つの項目を取り上げている。まず前者については「第一　往事漁業」（「九十九里地方地曳網沿革の概略」等を列挙）と「第二　現今の漁業」（河原田学芸委員報告「山陰北陸両道水産実況」等の報告題を列挙）を紹介している。そして後者（原因把握と対策）については「第一　漁獲の豊凶に応ずる方法に関する事項」では「（1）漁獲豊凶の原因」（天為として潮流等の変動によるもの、人為として地先沿海における漁業者急増と漁具漁法の精巧さ）を挙げ、そして「（２）漁獲の豊凶予知方法」（漁夫の経験の収集と学術上の検証等）を行うこととしている。さらに「第二　漁獲を増進する方法に関する事項」では「（１）従来の漁業改良を図る事」（従来の漁業改良企図と漁業上の便益増進）と「（２）将来漁業進歩を図る法」（学者と実業者との調和による遠海遠洋漁業の奨励発達）を挙げている[14]。

(2) 河原田盛美「山陰の水産巡回報告」

前述の柏原が「現今の漁業」の事例に挙げていた「山陰北陸両道水産ノ実況」は学芸委員・河原田盛美が 1887 年５月から９月にかけての約５ヶ月間、島根県と石川県を巡回指導した際の両県の水産概況を『大日本水産会報告』に報告したものである。以下、島根県の箇所を中心に抜粋・要約し、特徴を見ておきたい。

「島根県下ハ地形適好漁業モ幾分カ他ノ府県ニ優レリ且ツ近時県庁ノ奨励甚タ厚ク民間ノ有志亦改良振興ニ熱心シ已ニ遠ク千葉県下ヨリ八手網ヲ移シ、山口県下ヨリ漁船其他各種ノ漁具ヲ移サントスルカ如キ漁業ノ改良ハ勿論尚ホ大ニ其製造ヲ改良シ、販路ヲ開通シ繁殖ヲ図ル等ノ挙アルヲ以テ数年ヲ出テスシテ水産有名ノ地方トナルヘキハ疑ヲ容レサル所ナリ」と。すなわち島根県は優れた漁業条件を活かして、県庁と民間有志との連携で熱心に先進地千葉県の八手網と山口県の優良漁船の導入を図り、かつ販路を開拓・拡大している。よって数年後には有数の水産県となるであろうとしている。一方、「島根県ニテハ産物ハ近来大坂長崎神戸馬関等ヘモ輸送シ追々清国輸出ノ道モ開クルト雖トモ、石川富山福井等ノ水産物ハ其製内地向ニシテ海外ヘノ輸出甚タ少ナシ実ニ遺憾ナリトス、抑モ此両道ニ於テ収益ノ大ナルモノハ鰮、鯣、鯖、鰤、鱰、鯛ニシテ清国輸出品ハ鯣、乾鮑、海参、乾鰕、淡菜等ナリ」と。すなわち島根の水産物は大阪・神戸、長崎・馬関へ移出し、さらに清国への輸出も開拓しているが、石川等の北陸三県の水産物は国内向けで輸出が少ないのは遺憾としている。山陰・北陸ではイワシ・スルメ・サバ・ブリ・シイラ・タイの漁獲高が大きいが、清国の輸出品はスルメ・乾しアワビ・乾しエビ・イガイ等で、両者にギャップがあるとしている。他方「此鰮漁ハ地曳網及ヒ大敷網（一名台網）ニテ捕獲スルモノナルカ近来各地共ニ不漁ナリト云ヘリ、余其原因ヲ探究スルニ蓋シ天為ト人為トニ出タルモノノ如シ、其天為ニ出タルモノトハ地勢即チ漁場ノ変更ト海水即チ潮流ノ変更トノ二者ニ原因シ、人為ニ出テタルモノトハ魚付森林ノ濫伐、海藻ノ濫採、魚餌ノ捕獲及ヒ魚苗ノ濫捕ノ四者ニ原因セシヲ云フナリ（中略）此不漁タル鰮魚ノ海上ヲ游流セサルニアラス唯タ地曳網及台網ニテ捕獲シ能ハサルノミ故ニ本年石見国ニテハ八手網ヲ新設シテ其捕獲ヲ計リ（中略）此八手網ノ如キ沖捕網ヲ用ユルトキハ一時ハ捕獲ヲミル（後略）」と。すなわち沿岸地先で来遊するイワシを漁獲する地曳網と大敷網漁業は近年、各地とも不漁である。その原因としてまず自然要因では漁場と海流の変遷の２つと社会要因では森林の乱伐、海藻の乱採、魚餌の捕獲、魚苗の乱捕の４つとし、石見地方にみられる沖捕りの八手網の利用が一時的な不漁対策として有効であるとしている。そして山陰・北陸両道の振興策として有望な漁業ではフカ漁、イルカ猟、沖網漁増設（定置網・地曳網の削減）の３点を、生産手段の改良では漁具改良と漁船改良の２点を、また生産基盤の整備では漁港改良、小灯台建設、救助船の配備巡回、水産調査場の設置、産卵成長のための禁漁区設置、水族蕃殖のための海藻の濫採禁止、魚児濫捕禁止、水産製造改良（鯣、乾鮑、海参、乾鱈、塩鯖、塩鰯、塩鰤）の８点と漁村教育等を挙げている。

この河原田の巡回は島根県の水産業に大きな影響を及ぼした。すなわち、同年９月に河原田を審査委員長とした邇摩・安濃両郡私立第２回水産共進会が開催され、島根県下７郡から出品された水産物は「品位において第一回共進会に比すれば著しく進歩を現せり」となり、そして翌10月に両郡スルメ製造同業組合が結成された。なお、この行程中に邇摩郡宅野村で河原田は「島根県下鯣帖」(1887年７月）を作成している。さらに翌1888年４月には隠岐の漁業関係者が中心となって周吉(すき)郡西郷町で開催された隠岐国私立水産共進会に河原田を審査官として招聘した。河原田は同会について「今回ノ出品ハ、昨年小官ガ製造教示ノ為メ巡回セシ時ニ比スレハ改良品少カラス。亦創製品モ数多之アリ。著シキ進歩ヲ顕シタリ。」[16)] と高く評価している。なお1890年に開催された第３回内国勧業博覧会において隠岐の周吉穏地(おち)両郡水産製造物同業組合から出品された「二番尾叺鯣輸出荷造包」は１等進歩賞を受賞し、この他島根県の複数の同業組合から出品された「鰑製造品」も２等賞以下を受賞している[17)]。

(3) 体系的な学理研究としての「水産調査予察報告」

農商務省は1889年～1893年に『水産調査予察報告』を刊行している。現在、同資料をデジタル公開している水産研究・教育機構中央水産研究所図書資料館によると、1888年に水産業の発展のために学理研究に基づく水産調査を農商務省水産局が全国５海区に区分して予察調査と本調査を計画し、予察調査を先行して綿密に実施したとある[18)]。調査の項目は、海岸の地勢、海底の地形、地質、潮流、環境から漁獲される魚の種類、生態、漁場、漁獲方法、利用方法など多岐に渡っている。設定された５海区は西南海区（九州四国以南）、内海区（瀬戸内海）、東海区（本州太平洋側）、北海区（本州日本海側）、東北海区（北海道以北）で、以下では「北海区」（第４巻）に区分された島根県の概況を参考例として見ておく。同調査は1891年８月１日より11月３日にかけて農商務省技手・金田帰逸が担当した。島根県の海域を雲石海と隠岐海に区分し、地形・漁場、盛んな漁業、主な漁獲物と漁具漁法そして製造法を報告している。そのなかで主な漁獲物は、いわし、たい、ぶり、さわら、さば、あじ、あご、ふか、しいら、かつお、しび、ふぐ、いかけ、たら、にしん、さより、ぼら、このしろ、おほいを、かれい、いか、たこ、えび、あかがい、あわび、いたやがい、なまこ、うっぷるいのりを挙げている。以下、生産高が最大であったイワシ漁業についてみておく[19)]。

〇いわし

いわしニハかたくち、まいわし、うるめ（どうめ）、きぼ(ママ)なご等アリ、就中かたくちヲ多シトス、かたくちハ旧暦五月ヨリ七月ノ間ヲ漁期トシ、 まいわしノ小ナルヲひらご又ごまめ、ちうばト称シ、五月ヨリ十月ノ間ニ漁獲ス、しらすモ又まいわしノ稚児ニシテ八十八夜頃西ヨリ来リ入梅前後ニハ復タ西ス此時季ニハ凡ソ二寸許ニ成長ス（後略）

漁具ハ概シテ地曳網、刺網、四ツ張等ヲ用フ、地曳網ハ打回シノ長サ百尋、高サ嚢際ニテ七八尋トス、概ネ水深五六尋ノ処ニ於テ使用ス、刺網ハ丈ケ九尋ヨリ八尋ニ横十尋ヲ七尋ニ縫接シタルモノヲ一張トシ之ヲ七八張連綴シテ用ウ、網眼ハかたくちニハ一尺ニ三十四節、ちうはニハ二十五節ニナス、概シテ浮刺網ヲ用ウレトモ或ハ底刺網トナスコトアリ、（中略）多クハ昼間又ハ月夜ニ使用スルコトヲ常トス、煮干、素干、塩いわし等ニ製ス。

(4) 水産初の全国統計『水産事項特別調査』

水産事項特別調査は、農商務省が1892年に初めて実施した全国的な水産統計調査で、統計用語の統一や収集した統計データの豊富さ等が高く評価されている。調査の背景は、1890年に水産局が廃止され、農務局の一課に縮小再編されたが、その前後には前述した1888年に「水産調査予察報告」の開始、1889年に水産伝習所開設、1893年に水産調査所が設置された。調査は農商務省が府県を通じて調査を行い、調査結果を集計し、1894年に刊行されたのが、『水産事項特別調査』（上下２巻、一冊合本）である。上巻は第一款　水産業者、第二款　漁場及水産業ニ関スル土地、第三款　漁船漁具、第四款　漁獲及製造、第五款　販売、第六款　水産業経済、附録　兵庫県淡路国調査摘要、下巻は第七款　漁場及採藻場他の構成。第一款　水産業者は漁業、採藻業、製造業の３者に区分し、それぞれ専業・兼業、さらに漁業と採藻業については漁船漁具主（経営主）・水夫（傭われ）に分類し、調査している。全国の水産業者戸数を見ると、漁業専業が218,049戸、同兼業が332,194戸、採藻業専業が7,909戸、同兼業が143,458戸、製造業専業が19,005戸、同兼業が186,517戸、合計が907,132戸であった。なお鹹水漁業では経営主が859,259人、傭われが732,115人で、前者の多くは自営の漁船漁家と見られる[20)]。以下、旧村の水産事項特別調査の控えが確認できる島根県旧秋鹿郡秋鹿村（現在、松江市秋鹿町）を見ておく[21)]。まず水産業戸数・人口は169戸・722人、そのうち漁業専業が79戸（鹹水45戸、淡水34戸）・316人（鹹水203人、淡水113名）、採藻業兼業が45戸・203人、水産物製造業兼業が45戸・50人であった。主な網漁業は沖曳網３統、大敷網３統、魬(はまち)刺網２統で、これらの資金（調達）は「漁業家資金貸借期限ノ長短」「其一資金ヲ要スルハ重ニ春期大敷網敷設ノ為メニ要スルヲ以テ近町村ノ資産家ニ就キ普通ノ方法ヲ以テ借入レ大敷網ヨリ得ル処ノ(ママ)魚獲物ノ代金ヲ以テ之レヲ返却ス、其期限ハ四ヶ月ニシテ利子ハ概ネ月一割ナリ」であった。すなわち、大敷網の敷設に際して近隣の資産家から資金を借り入れ、漁獲物代金で以て返済していた。漁獲実績では海産魚介類はイワシ 2,400 円、ブリ 400 円、サバ 1,400 円、タイ 120 円、アジ 300 円、イカ 180 円他で、淡水産魚類（宍道湖）はフナ 139 円、コイ 114 円、セイゴ 176 円他で、合計 6,133 円。この内、生売りが 5,783 円、製造原料向けが 350 円（水産製品販売額 405 円）であった。ちなみに魚介類の取引については「漁獲物并ニ製造物売買ノ慣習及其実況」「其一海水産漁獲物ノ多ハ生魚売ニシテ漁船ノ陸ニ着クヤ直チニ当郡恵曇村ノ魚仲買人来リ浜ニテ売却スル例ナリ偶々、揖屋・安来・平田等ノ魚仲買人来リ買取ルアリ（ママ）、或ハ松江市ニ移出シ魚商人ニ売却シ或ハ近府ノ各需用者ニ売却スル等時季及ヒ漁獲ノ多少ニ依テ異ナレリ」「代金ハ何レモ現品ト引換ノ慣習ナリ而シテ製造品原料ハ各魚（ママ）業者ニ於テ製造ヲ加ヘ和布・荒布・海苔ハ松江市ニ売出シ其他鯣石花菜ノ如キハ隣県境地方ノ魚仲買人来リテ買取ル例ナリ、代金ハ生魚売買ニ仝（おな）シ」とある。すなわち漁獲物の大半は生売りで、かつ現金で浜に買付に来た近隣の恵曇村の仲買人に売り渡していた。

第 4 節　漁業組合準則の発布と準則漁業組合

（1）漁業組合準則の発布

1886 年 5 月、農商務省から漁業施策の新方針、省令第 7 号「漁業組合準則」が発布された。同準則は、漁業調整役を漁業組合（以下では明治漁業法下の漁業組合と区別する意味で準則漁業組合、または準則組合と略称す）に担わせようとした。条文は全 9 条からなる。このうち主な条文を要約すると、第 3 条（組合の種類）、第 1 類の捕魚採藻等の同一漁業の組合（いわゆる業種組合）と第 2 類の沿岸地区における各種漁業の組合について、第 5 条（組合規約条項）、1. 組合の名称及事務所の位置、2. 組合の目的、3. 役員の選挙法及権限、4. 会議、5. 加入者及退会者、6. 違約者処分の方法、7. 費用の徴収及賦課法、8. 捕魚採藻の時期、9.漁具漁法及採藻の制限、10.漁場区域等について規定。これを受けて各府県では漁業組合準則を布達したが、山口県では同年に甲第63号「漁業組合準則」を布達し、準則漁業組合の結成を各郡に勧奨した。これによって豊浦郡では神田漁業組合（島戸等5浦）、小串漁業組合（小串浦等2浦）、西海漁業組合（室津浦等八浦・島）、豊浦漁業組合（赤間関等4浦）の4つの組合が複数の浦を単位に設立され、資源保護（捕魚採藻の期間制定）と紛争調整を担った[22)]。その後、1895年に県令第58号「水産業取締規則」が制定され、漁業を営む者と水産加工・流通業を営む者を組合員とする水産業組合に再編され、県下に13組合が結成された[23)]。

（2）多様な準則漁業組合

小岩信竹(2010)[24)]によると、準則漁業組合は地域性・多様性を有し、「明治漁業法に基づく漁業組合への過渡的存在というよりは、むしろ地域に密着した漁業者団体としての性格を備えていた」としている。以下では小岩の研究成果を踏まえて農商務省農務局編（1893）所収の準則「漁業組合」に依拠して明治中期の同組合を概観したい[25)]。

同資料は、道府県別に準則漁業組合を一覧表に取りまとめている。調査項目は、組合名称、事務所ノ位置、区域、組合員数、年間経費、創立（認可）年月からなる。1892年6月現在で漁業組合総数543、組合員総数430,573人、組合経費77,211円で、広域の準則組合として東京内湾漁業組合、東京湾漁業組合聯合会、三重愛知漁業組合聯合会、三重和歌山漁業組合聯合会、愛知県沿海漁業組合、広島県漁業組合、近江水産組合があった。また組合数の多い道府県は北海道110、鹿児島56で、組合単位が2か村以上が246組合、1か村以内が207組合（1村の区域を単位とした準則組合が中心）、区分不明が90組合であった。未掲載の岡山県を除く中国4県では鳥取は20組合で、うち村単位の組合が10、1郡・複数村単位が8、内水面単位の組合が2、島根は10組合で、郡単位8、内水面単位1、鳥取との聯合1、広島は1聯合組合（本所1ヶ所、出張所6ヶ所）、山口は44組合で、1村以内を単位とした組合が28、複数村単位とした組合 10、郡を単位とした組合が 6 であった。準則漁業組合の分類では第 1 類・同一漁業の業種組合は 20 組合で、大半は第 2 類の準則組合であった。また漁業組合準則発布前に同業組合として結成されていたのが北海道 83（準則組合 110、以下同じ）、宮城 2（11）、東京 1（3）、富山 1（4）、山口 1（44）、香川 1（6）、福岡 5（5）他であった。

最後に島根県の事例を見ておく。同県では 1886 年 8 月に県令第 4 号「漁業組合規則」が発せられ、「明治二十年三月までに組合規約を設くるべし」旨を関係者に指示している。これを受けて県内では邇摩安濃両郡漁業組合の結成を皮切りに 1892 年までに郡単位を基本とした広域の 9 漁業組合と鳥取との聯合の会見島根郡聯合外海漁業組合の計 10 組合が結成された（写真 2-2「漁業組合　明治 20 年～ 27 年」）。このうち宍道湖では漁業関係者が 1887 年 11 月に宍道湖とそれに連なる河川のある松江市、島根郡 5 ヶ村，秋鹿郡 7 ヶ村、意宇郡 7 ヶ村、出雲郡 3 ヶ村、楯縫郡 5 ヶ村からなる広域の宍道湖漁業組合を設立した。組合は、漁業上の弊害矯正と利益増進のため、養魚区や漁獲サイズ規制、漁具の使用制限・禁止、漁期規制・禁漁期等の設定、「魚招林」の保護・新設のほかを規約に挙げていた。この漁業上の規約は水産資源の保護・育成といった資源増殖の前段階を意味し、かつ具体的な漁業管理・規制を特徴としていた。これらの目的達成と組合活動を実行していくために取締 1 名、役員数名、書記 1 名の執行部と 16 区の地区制（世話係 1 名を各地に配置）とする組織体制がとられた。組合の具体的な活動について島根県庁文書の「漁業組合事績報告書」(1890 年 7 月～ 12 月）によると、とくに能率的な漁具である丈高網と手繰網を禁止した結果、漁獲量が昨年に比べて倍増し、組合員も 1,620 名に増加とある[26]。

写真 2-2
「漁業組合　明治 20 年～ 27 年」

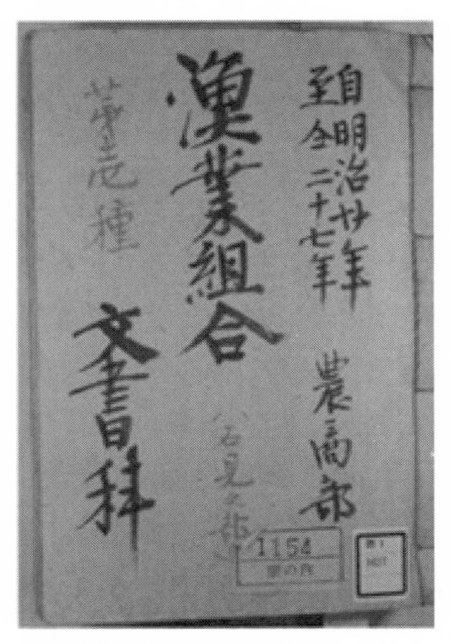

（出典）島根県公文書センター蔵

第 5 節　滋賀県漁政と琵琶湖の漁業

（1）滋賀県漁政の確立

近江国は廃藩置県の過程で琵琶湖の漁業秩序が混乱し、水産資源が厳しい状況にあったと見られている。『滋賀県史』によると、「維新後頓に旧慣打破、殺生禁断解除、魞簗の如き定置漁業は新規の許可の外既設の分も其の規模を拡大し、漁具の制限も廃れて自由に稼ぎうる結果、採収を競ひ漁法も亦次第に精細を極めた。為に十二年頃は魚族の減少著しく（後略）」[27] とある。

このような明治初年の状況のなかで滋賀県は全国に先駆けて漁業制度を変革していく。表 2-3 は 1875 年以前の滋賀県漁政の動きを示している。これは国が最初に統一的な漁政方針を打ち出した 1875 年 2 月「雑税の廃止」と 12 月「海面官有宣言」・「海面借区制布告」（本章第 1 節参照）以前の規則である。以下、滋賀県漁政の動きをみておく。

まず 1872 年 4 月、治水の観点から差し留めた簗について運上冥加上納の実績のある場合は許可する旨の布達が最初に出された。つづいて同年 8 月に農業肥料用の藻草取に関する布達が出されるが、これは、村の地先 10 間（約 18 メートル）は村持ちの「総有利用」で、それ以外は持ち船 1 艘につき「藻草取免許鑑札」1 枚の取得ならびに鑑札税（不詳）上納を願い出る旨を布達した内容である。1873 年には魞関係 1 件、藻草取関係 6 件が松田道之滋賀県令名で町村宛に布達されてい

表 2-3　1875 年前の滋賀県漁政の動き

西 暦	滋 賀 県
1872 年	4 月「差留中ノ簗差許之件」
	8 月「藻草取ノ件」
1873 年	1 月「湖中魞出願ノ件」
	7 月～ 11 月「藻草取」関係 6 件
1874 年	1 月「春魞制限書」等魞漁関係 4 件
	6 月「諸魚漁取調ノ件」
	6 月「湖川諸漁猟藻草取規則幷税則」

（出典）滋賀県県政史料室「滋賀県文書」、国立研究開発法人水産研究・教育機構中央水産研究所図書資料館ならびに神奈川大学日本常民文化研究所の両機関所蔵「滋賀県漁業制度資料筆写稿本」

る。そのなかで同年1月の「湖中魞出願ノ件」は湖中の新旧魞漁を希望するものは箇所・間数等詳細図面と合わせて町村戸長の奥印の上、2月10日までに出願の旨の布達であった。7月以降では藻草取の鑑札1枚に付き税金10銭の納税の旨等が布達された。つづいて1874年は魞漁関係計4件の他、6月に「諸魚漁取調ノ件」と「湖川諸魚猟藻草取規則幷税則」の2件が布達された。前者は町村に対して初めての漁業の実態調査（漁業種類毎に員数・場所・稼人等を取調報告）を実施する旨の布達で、後者は最初の統一的な漁業規則・税則であった。これは、1880年代に布告された各府県の「漁業取締規則・税則」の嚆矢に位置付けられる[28)]。

（2）滋賀県の水産資源の保護・増殖の動き

滋賀県は、1878年に琵琶湖のマス類増殖を主目的に県営の施設としていち早く養魚試験場を坂田郡枝折村に設立した。一方、翌年、琵琶湖の水産資源に対しては漁獲圧の強い魞と簗の規制強化の方針を出した。魞漁は「酷密ヲ極ムルモノシテ大ニ魚苗ノ養成ヲ害」するため、1880年から敷設の件数を毎年削減し、1884年には魞漁業を全廃する方針、すなわち「魞逓減法」が1879年7月に出された（甲第75号）。他方、簗漁についても同様の趣旨から甲第91号「簗隔年免許法」を布達し、滋賀県内の21河川を2つに分け、1879年と翌80年を起点にして1年交替で簗漁免許を付与した。このような県の厳しい規制方針に対して漁業者から反対の動きが起こると同時に漁業者による水産資源保護と種苗放流の取り組みが湖西の高島郡を中心に見られた[29)]。その結果、滋賀県は1881年12月に「近来水産保護ノ術稍進歩ノ兆相顕シ候ニ付テハ自今魚苗ヲ放流スルカ又ハ移殖蕃殖ノ為メ母魚ヲ要スルモノハ其方法及目的ニ由リ前布達ニ拘ハラス魞簗共特別免許スルコトアルヘシ」とした甲第210号「簗漁魞漁業特別免許」を布達した。

この後、1883年11月に水産保護例[30)]が布達されるが、これは前節で見た1886年発布の漁業組合準則を先取りした内容であった。すなわち水産保護・漁業取締・調整の機関として漁業者に「水産区」を結成させた（同保護例「第一

条　凡漁業ヲ営ム者ハ一郡又ハ数町村ノ聯合区ヲ以テ適宜水産区ヲ定メ協議ノ上漁具ノ改良漁法ノ制限等ヲ水産保護ニ要用スル取締規約ヲ議定シ県庁ノ認可ヲ受クヘシ」)。さらに魞漁業者に対しては水産資源保護の規定と種苗放流を義務付けた(「第三条　魞漁ヲ営マント欲スルモノハ左ノ各項ニヨリ収利ト保護ノ権衡ヲ評量シ予テ認可ヲ受ケ置クヘシ　第一　漁具ヲ改良シ又ハ漁期及ヒ漁場ヲ定メ以テ魚苗ヲ養成ヲ謀ルコト 第二 魞漁ノ収穫(ママ)ニ対シ適宜ノ方法ヲ以魚鮴(べい)放流シ水族ノ減耗ヲ補フコト」)。ちなみに高島郡では1885年に高島郡水産区が設立申請され、認可された。さらに漁業者から滋賀県域の漁業団体の設置運動が起こり、これによって1888年1月に滋賀県水産組合規則が公布され、同年4月に近江水産組合が設立認可された。これ以降、琵琶湖では民間の水産団体であった近江水産組合が水産資源の保護・増殖と漁業取締・調整を主に担った。

(3) 20世紀初めの琵琶湖漁業

最後に『明治42年　滋賀県水産統計要覧』から1909年当時の琵琶湖漁業を概観しておく。まず、「漁獲物総覧」から記載のある漁獲金額のみを見ておくと、合計488,369円、うち魚類396,627円、貝藻類他91,742円、魚種別ではフナ60,520円(12%)、コイ47,794円(10%)、コアユ45,131円(9%)、ヒウオ29,203円(6%)、アメウオ(ビワマス)28,959円(6%)、マス28,232円(6%)、エビ33,091円(7%)、貝類(シジミ)26,975円(6%)他であった。一方、漁法別漁獲金額は表2-4のとおりで、その割合は魞類32%、簗類9%、地曳網13%、沖曳網7%、小糸網7%、その他30%であった。つぎに「漁業人員漁場等」をみると、漁業人員は合計6,778人で、うち本業1,927人、副業4,851人、漁業組合は9組合、郡別では高島3組合、蒲生2

表2-4　漁法別漁獲金額一覧　単位：円

漁法別	魚類	貝藻他	合計	比率
魞類	136,408	20,981	157,389	32%
簗類	43,065	—	43,065	9%
地曳網	62,263	33	62,296	13%
沖曳網	25,462	8,876	34,338	7%
小糸網	36,043	—	36,043	7%
流し釣	7,375	79	7,454	2%
その他	86,012	61,772	147,784	30%
計	396,628	91,741	488,369	100%

(出典)『明治42年　滋賀県水産統計要覧』(滋賀県、1910年)

組合、栗太・愛知・犬上・伊香各1組合が結成されていた。定置漁業権は魞・簗・張網の3つの漁業で、このうち湖面に敷設された魞場は公有水面431件、郡別では高島90件、野洲81件、東浅井53件他で、私有水面528件、郡別では東浅井126件、高島88件、栗太71件他であった。一方、河川に設置された簗場は合計40件、郡別では高島9件、伊香8件、野洲5件他であった。また張網場は4件（神崎3件、蒲生1件）と限られていた。養殖の権利となる区画漁業権漁場は5件（郡別では伊香2件、栗太・愛知・犬上各1件）であった。慣行水面専用漁業権漁場は蒲生の沖島漁業組合有1件のみであった。この他の主要な漁業では地曳・沖曳網が合計271件（郡別では高島96件、滋賀75件、東浅井35件他）、小糸網が合計186件（郡別では高島110件、滋賀29件、阪田25件他）であった。漁船は総数2,818隻で、郡別では高島925隻、神崎633隻、愛知384隻、滋賀241隻、東浅井195隻他であった。

1）伊藤康宏（2016a）、pp.373～375。

2）伊藤康宏（2020）、pp.71～72。

3）高橋美貴（2013）は明治漁政が欧米と共通の水産資源繁殖政策を共通の理念であったと見ているが、これは明治前期の内水面及び沿海の水産資源に限定したものと見られる。

4）三井田恒博（2006)、pp.388～390。

5）中野泰（2016)、pp.253～277。

6）「農林水産省百年史」編纂委員会（1979)、pp.468～470。

7）二野瓶徳夫（1999)、pp.58～71。ちなみに山口徹（1998、pp.15～26）によると、九十九里における1888年～1896年の間に開業した改良揚繰網業者42人の開業前の職業は〆粕製造業者（34名）が中心で、地曳網業者からの転業は皆無としている。

8）農商務省技手・渡邉為吉（1901）は、19世紀末の「近年宮崎県、高知県ニ敷設セル麻製大敷網ハ盛ンニぶりヲ捕獲セリ依是観之、宮城県ノ大網モ之ヲ麻製ニ改メナハ必スぶりヲ捕獲シ得ルヤ必ナリ（中略）近年ノ報告ニ依レハ高知県、三重県等ニハ新タニ漁場ヲ開ラキ宮崎県ノブリ大敷網ニ倣ヒ新調ヲ敷設セルニ漁獲高頗ル多ク往年ノ貧浦ハ変シテ富裕ナル漁村ト化スルニ至レリ」（pp.4～5）と報告している。

9）二野瓶徳夫（1999)、pp.118～135。桜田勝徳（1980)、pp.294～319。

10）静岡県漁業組合取締所（1894)、pp.153～154。ちなみに農商務省水産局員の河原田盛美が水産巡回教師として静岡県で行った講演では「遠洋漁業ヲ急務トシ地方税費ヲ以テ長門ヨリ長縄漁船教師并ニ船大工ヲ雇入」ることを推奨していた（『水産改良説　第二回』1890年、p.1）。

11）農商務省水産局（1910)、pp.217～219。

12）農商務省水産局（1894)、pp.272～274。

13)農商務省水産局(1892)、pp.259 ～ 260。なお、広島県のカキ養殖業については箕作佳吉(1894)参照のこと。

14) 柏原忠吉(1888)、pp.22 ～ 37。

15) 河原田盛美(1887)、pp.17 ～ 18。

16) 池田哲夫(1992)、pp.25 ～ 26。

17) 大日本水産会(1890)、p.1。

18) 水産研究・教育機構図書資料デジタルアーカイブズ「水産調査予察報告」httPP://nrifs.fra.affrc.go.jPP/book/D_archives/A051_S1.html(2020.2)。

19) 農商務省農務局 (1893)、pp.58 ～ 60。

20) 農商務省農務局(1894) pp.1 ～ 7。

21) 伊藤康宏 (2020)、pp.77 ～ 79、「明治二十六年一月　水産上調査書　秋鹿村役場」(松江市蔵)。

22) 楠美一陽(1980)、p.1046。

23) 伊藤康宏(2016a)、p.375。

24) 小岩信竹(2010)、pp.123 ～ 148。なお、山口県の内訳(区域単位の基準)が異なっている。

25) 農商務省農務局 (1893)『水産業諸組合要領』、pp.1 ～ 46。

26) 伊藤康宏(2020)、pp.76、「漁業組合」(明治 20 年～明治 27 年)島根県公文書センター蔵。

27) 滋賀県(1928)、p.28。

28) 佐野静代(2017)は同規則・税則を「エリに関する旧慣の破壊と乱獲を本格化させた」(pp.221 ～ 222)と見ているが、ここでは漁業秩序の制度化・統一化を図った滋賀県漁政の先進性を確認しておきたい。

29)1879 年 1 月「知内川漁業者組合」、1881 年 10 月「高島郡水産蕃殖会」、1882 年「北船木養魚場」、1982 年 9 月「知内村共立養魚場」が順次、設立された(滋賀県市町村沿革史編さん委員会(1962)、pp.376 ～ 383、伊藤(1984)p.121)。

30) 滋賀県「明治十六年本県甲号達」(滋賀県県政史料室)。

参考文献

河原田盛美「山陰北陸両道水産ノ実況」『大日本水産会報告』第 69 号、1887 年 11 月

柏原忠吉編「本邦漁業ノ状況」松原新之助編『大日本水産会第一回年報』大日本水産会、1888 年

河原田盛美講述『水産改良説　第二編』静岡県、1890 年

大日本水産会編『大日本水産会報告号外(第三回内国勧業博覧会受賞人名)』1890 年

農商務省農務局編『水産調査予察報告　第三巻第一冊第九区』1892 年

農商務省農務局編『水産調査予察報告　第四巻第一冊第二区』1893 年

農商務省農務局編『水産業諸組合要領』1893 年

箕作佳吉「広島県下安芸国養鶏事業概況」農商務省編『水産調査予察報告第二巻第一冊』1894 年

農商務省農務局編『水産事項特別調査』1894 年、復刻版『明治前期産業発達史資料別冊 42(1-4)』明治文献資料刊行会、1969 年

静岡県漁業組合取締所編『静岡県水産誌巻三』1894 年、復刻版、静岡県図書館協会、1984 年

渡邉為吉「大網、大敷網、台網漁業調査報告」農商務省水産局編『水産調査報告　第十一巻第一冊』

1901年
農商務省水産局編『水産統計年鑑』1910年
滋賀県編『滋賀県沿革誌』1911年
滋賀県編『滋賀県史　第四巻』1928年
山口和雄編『九十九里旧地曳網漁業』(アチックミューゼム、1937年)
滋賀県市町村沿革史編さん委員会編『滋賀県市町村沿革史　第六巻』1962年
水産業協同組合制度史編『水産業協同組合制度史　第四巻』1971年
松本巌編著『解説　日本近代漁業年表』(水産社、1977年)
「農林水産省百年史」編纂委員会編『農林水産省百年史 上巻』(農林統計協会、1979年)
農林水産省統計情報部・農林統計研究会編『水産統計調査史　水産業累年統計　第四巻』(農林統計協会、1979年)
楠美一陽『豊浦郡水産史』(マツノ書店、1980年)
桜田勝徳『桜田勝徳著作集　第三巻』(名著出版、1980年)
二野瓶徳夫『明治漁業開拓史』(平凡社、1981年)
小沼勇『漁業政策百年』(農山漁村文化協会、1988年)
山口徹『近世海村の構造』(吉川弘文館、1998年)
二野瓶徳夫『日本漁業近代史』(平凡社、1999年)
三井田恒博編著『近代福岡県漁業史』(海鳥社、2006年)
児島俊平『山陰漁業史話』(石見郷土研究懇話会、2011年)
伊藤康宏編著『山陰の魚漁図解』(今井出版、2011年)
中野広『近代日本の海洋調査のあゆみと水産振興』(恒星社厚生閣、2011年)
高橋美貴『近世・近代の水産資源と生業　保全と繁殖の時代』(吉川弘文館、2013年)
佐野静代『中近世の生業と里湖の環境史』(吉川弘文館、2017年)
福永真弓『サケをつくる人びと　水産増殖と資源再生』(東京大学出版会、2019年)
伊藤康宏「漁場相論ー簗の漁業史」鳥越皓之・嘉田由紀子編『水と人の環境史』(御茶ノ水書房、1984年)
池田哲夫「資料紹介　明治二一年開催隠岐国私立水産共進会ー河原田メモよりー」『隠岐の文化財』第9号、1992年
小岩信竹「近代における漁業組合の諸相－青森県の事例－」『国際常民文化研究機構年報』第2号、2010年
伊藤康宏「沿岸漁業のコモンズと浦・漁業組合」秋道智彌編『日本のコモンズ思想』(岩波書店、2014年)
伊藤康宏「近代宍道湖の水産資源の利用と管理の変遷」島根大学「斐伊川百科」編集委員会編『フィールドで学ぶ斐伊川百科』(今井書店、2015年)
伊藤康宏a「漁業の再編と発展」山口県『山口県史　通史編　近代』(山口県、2016年)
伊藤康宏b「近代漁業への模索」伊藤康宏・片岡千賀之・小岩信竹・中居裕編『帝国日本の漁業と漁業政策』(北斗書房、2016年)
小岩信竹「近代漁業の成立と展開」前掲『帝国日本の漁業と漁業政策』
中野泰「明治の博覧会と水産業改良 - 水産巡回教師を中心として」前掲『帝国日本の漁業と漁業政策』
伊藤康宏「漁業場区と水産業振興」松江市『松江市史　通史編　近現代』(松江市、2020年)

特論 2

場所請負制の解体

(1) 場所請負制の発生と展開

場所請負制は近世の北海道に存在した漁業制度であり、その出発は江戸時代初期の慶長年間にあるとされ、松前藩が上級の家臣団に北海道沿岸の海岸を区分して分配したことである。こうした分配地は場所と呼ばれた。場所の中には藩の直轄地もあった。場所を与えられた家臣たちは知行主であり、場所持ちあるいは支配所持ちと呼ばれた。知行主の権利は場所の所在地によって異なっていた。松前近辺の和人地では現物による漁業税の所得がその権利であり、アイヌの居住地であった蝦夷地ではアイヌとの交易によって得られる収益の独占権がその権利であった。こうした権利を行使するにあたっては、知行主は本州の商人から入手した商品を蝦夷地に運び、地元の産品を入手して販売することにより利益を得たが、こうした業務を商人に委託することも多くなった。それらの商人は北陸や近江などから来た商人が多かった。こうした商人は場所請負人と呼ばれ、このような制度を場所請負制という[1)]。

場所請負商人たちは請け負った場所において商品取引を行っただけではなく、漁業経営を行った。特に蝦夷地においてニシンやサケ・マスの漁業を経営した。そしてまた松前近辺の松前地においても海産干場を利用する権利を持つ商人が出現し、蝦夷地の場所請負と同様の漁場支配を行う例も存在した[2)]。中西聡によれば、場所請負人は３種類の類型に分けられる。それらは (1) 近江に本拠を持ち、両浜組を形成した類型、(2) 内地に本拠を持つ新興商人類型、(3) 地場商人類型の３つである。これらの場所請負人は漁業と交易の独占権を持っていたが、既に幕末期においては、商品の輸送手段が発達し、漁業者が場所請負人以外に商品を販売する事例も出現して、交易の独占権は部分的に崩壊していた。しかし、漁業の独占権は維持されていた[3)]。

栖原家を中心に場所請負制の解体過程を研究した田中修によると、その解体過程は、(1)1869 年の場所請負制の廃止から 1876 年の漁場持ちの廃止まで、(2)1877 年の漁場の新規割当から松方デフレの収束まで、(3)1890 年以降の近代的商業資本の北海道進出以降の３期に分けられるという。以下、順次その過程を見ていきたい。

1869 年時点での場所請負人は表特論 2-1 のとおりである。これを見ると、規模の差が大きく、また大規模で大量の運上金を支払っている請負人と零細な請負人がいる。

表　特論 2-1　1869 年時点での場所請負人

請負場所	運上金（両）	請負人
東部		
蛇田（礼文島を除く）	66	佐野孫右衛門
礼文島	20	同上
有珠	119	加賀屋権十郎
江刺、室蘭	26	種田徳之丞
幌別	54	同上
白老	271	野口屋又蔵
勇払	1,573	榊富右衛門
沙流	369	同上
新冠	200	浜田屋佐治兵衛
三石	933	小林屋重吉
静内、浦河、様似	3,882	佐野専左衛門
幌泉	4,617	杉浦嘉七
十勝	2,100	同上
釧路	2,889	佐野孫右衛門
厚岸	4,386	榊富右衛門
根室（但し西別以南）	3,118	藤野喜兵衛
国後島	1,071	同上
択捉島	2,895	伊達林右衛門、栖原半六
紗那	163	同上
色丹島	250	升屋重三郎
西部		
久遠	53	石橋屋松兵衛
奥尻	53	荒屋新右衛門
太櫓	86	浜屋与三右衛門
瀬棚	118	古畑屋伝十郎
島牧（スツキとも）	877	小川屋九郎右衛門
寿都	583	山崎屋新八
歌棄	973	佐藤栄右衛門
磯谷	1,169	同上
岩内	1,975	佐藤仁左衛門
古宇	2,031	田付新右衛門

積丹	1,666	岩田金蔵
美国	1,415	同上
古平	3,814	種田徳之丞
余市	2,869	竹屋長左衛門
忍路	2,159	西川准兵衛
高島	1,548	同上
厚田	2,353	浜屋与三右衛門
浜益	1,597	中川屋勇助
増毛	6,967	伊達林右衛門
留萌、苫前、天塩	6,752	栖原平六
利尻、礼文	1,414	藤野喜兵衛
宗谷	1,184	同上
サンナイ（宗谷の内）	78	同上
網走	186	同上
標津、斜里、紋別	3,000	山田寿兵衛

（出典）北海道庁 (1937)
注）運上金は、両以下を切り捨てた。

伊達林右衛門、栖原平六、杉浦嘉七、榊富右衛門らが大規模な場所請負人であった。なお、伊達家と栖原家は表に見るように、択捉島の漁場を共同経営していたがこのほか、樺太にも共同経営の漁場があったが、運上金は不明となっている[4)]。またこの後、栖原家は伊達家より択捉島の漁場の権利等を取得していく。

(2) 明治維新後の場所請負制廃止

明治維新の後、明治政府は開拓使を設置して北海道の行政を担わせたが、開拓使は1869年９月に場所請負制を廃止すると宣言し、請負人を漁場から撤退させることにした。しかし、場所請負人は毎年のニシン漁などに際し、仕入れの準備や漁民の指揮など各種の業務を行っていた。なお、開拓使は場所請負人を排除した後は、漁業に必要な物資の仕込みや漁場の管理などを官庁が行うことにしたが、これは官捌（かんさばき）と呼ばれた。一部の場所請負人は開拓使長官にどのようにすべきか問い合わせを行った。これに対する回答は前年通りにすべきというものであり、一律の場所請負人の排除は困難であった[5)]。こうした経過の後、1869年11月に旧場所請負人のうち、漁業を継続したいものは漁場持ちと呼び、これまでと同様の業務を行ってよいということになった。この結果、場所請負制は廃止されたものの、漁場持ちが生まれ、従前と変わらない体制が続いた。

全国的に地租改正が進展するなかで、北海道においても近代的な土地所有関係の導入が進んでいった。1872 年に北海道土地売貸規則が公布され、土地の私有が認められ、また売買が許された。また同年に北海道地所規則が公布され、漁浜昆布場（漁業用地）についても永住人については私有地とし、寄留人については拝借地とし、いずれも 5 年間は無税とするなどが定められた [6)]。

こうした試行錯誤が続き、旧来の場所請負人に依存する体制が続いたが、問題も発生した。1873 年には爾志郡の漁民が開拓使の漁業政策に反対する強訴や打ち壊しを起こした。これは檜山騒動と呼ばれる。その原因は、福山、江刺等の渡島 4 郡が 1871 年以降、青森県の管轄となっていたが、1872 年に開拓使の直轄地に変更になったところ、海産税が課され、従来の青森県時代の鰊税の 2 倍に増額されたことなどに漁民が不満を持ったことである。この騒動は函館や青森から軍隊を派遣するなどして鎮圧された [7)]。

旧来の体制の変革を目指した開拓使は、1876 年に漁場持ちを廃止することにした。また、漁業用地である漁浜昆布場の使用についても改革が行われた。なお、漁浜昆布場の多くも漁場持ち、即ち旧場所請負人が使用していた。1876 年の布達によると、1872 年 9 月の北海道地所規則公布以後、寄留人が借受けた漁浜昆布場も正確な調査がないので、1877 年以後に営業出願する者に不都合がない限り割渡すということになった。こうした改革の後、旧場所請負人に限らず、多くの漁民が新たに漁場を獲得し経営するようになった。

1877 年に出願者に対して漁浜昆布場の新規割当が始まり、また 1878 年の北海道地券発行条例により、漁浜昆布場は海産干場と呼ばれることになり私有地化が進み、漁場経営が漁民の権利として確定していった。明治維新以後の各種政策の展開により、旧場所請負人も翻弄され、その地位は安定したものではなかった。

(3) 制度廃止後の旧場所請負人の動向

旧場所請負人の明治期以後の動向は、その後も漁場経営を継続した例もあるが、漁業から撤退した例も多い。また漁業を継続した場合も、汽船を購入し、輸送業務を拡大したものも少なくなかった。中西聡によれば、第 1 類型の旧場所請負人（両浜組）は輸送業務を維持しつつ漁業を継続し、第 2 類型（栖原、藤野、伊達家等）は大規模な漁業経営を維持し、第３類型（地場商人）は漁業から撤退したものも多く、また漁場を維持したものもあり、多様に分解した。第３類型で漁業から撤退した旧場所請負人のうち、杉浦家は第百十三国立銀行頭取になり、佐野家は醤油醸造業に進出し、白鳥家は第百四十九国立銀行の株主になるなど、他の業種で活躍した例がある[8)]。

第２類型に含まれる栖原家について見ると、場所請負制の廃止や官捌の実施により、留萌、択捉を除く漁場を失った。しかしその後、漁場持ち制度の成立により、以前の漁場を経営するようになった。さらに1878年の漁場持ち制度廃止のあとに経営の危機に陥ったが、1878年に新規の漁場割当を出願して認められ、大規模な漁場の経営者としての地位が維持された。この権利は以後継続されることになった。また栖原家は藤野家とともに汽船を購入し、また缶詰工場を経営している[9)]。

新規割当以後の旧場所請負人の経営は、新たに漁場経営者となった中小漁民の経営とならんで順調であったが、その原因は豊漁と魚価の高値での推移であった。しかし、松方デフレが始まり、魚価が低落すると漁場経営は苦境に陥った。また北海道においては漁業者に水産税が課され、全道平均で漁獲高の13％に及んでいたため、旧場所請負人のうちで漁場を手放すものが多くなり、1889年時点で漁場を持つ旧場所請負人は11～12家になった[10)]。田中修の研究によれば、このような事態のなかで北海道漁業には次のような傾向が現れてきた[11)]。

(1)　下請け漁民や雇い漁夫の独立化の進展。

(2)　新たな独立漁民に対する仕込みを旧場所請負人に代わり、道内や本州の海産物商や肥料商が担うようになったこと。

(3)　汽船による海上運輸が支配的になり、三井、三菱のような中央の資本や北越、近畿（上方）の資本が進出し、北海道の商権が本州資本に移っていったこと。

(4)　松方デフレによる魚価暴落の影響のため、新たな金融策を講ずる必要に迫られたこと。

このような傾向の進展の結果、栖原家については三井物産からの資金援助が不可欠になり、結局は経営権の委譲に至ることになった。

それでは場所請負制度が解体し、旧場所請負人が変質していくなかで、新しく興隆してきた中小漁業者の様相はどのようなものだったのかを見ておきたい。留萌の漁場に注目すると、ここは松前藩時代においては栖原家が場所請負人になっていた。場所請負制が廃され漁場持ち制度が導入されると、栖原半七が漁場持ちとなった。

1877年に漁場持ちが廃止されると、多くの漁民が漁場経営の出願をして認められた。1887年に留萌の漁民は漁業組合準則に従って漁業組合が設立された。漁業組合の名前は留萌村、三泊村、礼受村漁業組合であり、組合員は建網業者36人、刺網業者36人、その他漁業者92人の合計162人であった。ところで、この地域の漁業者として栖原角兵衛がいた。同人はこの地域に代人を置いたが、ニシン建網20統、サケ建網9統、マス建網4統を持ち、最大の漁業者であった。また祐川石太郎がニシン建網20統、サケ建網1統で大漁業家であったが、その他は中小漁業者であり、組合の役員は大半が中小漁業者であった[12)]。青森県下北出身の佐賀庄四郎はニシン建網3統、サケ建網2統、マス建網2統でこの地域の漁民のなかでは規模が大きな漁民であった。このように、旧場所請負人に中小漁業者が混じり、漁業組合を結成してその権利を主張していった[13)]。栖原家と佐賀家の関係については以下の文書が説明している。

天保年間平之丞父清右衛門始メテ北海道渡島国福山ニ航シ、今年間帰村大ニ北海道漁業ノ従事スベキヲ説キ、弘化元辰年平之丞ヲシテ更ニ手塩国留萌郡礼受村ニ航セシメ、今ヲ去ル四十八年前僅ニ風露ヲ防クノ茅屋ヲ結ヒ、狐狸ヲ友トシ、熊狼ヲ媒トシ辛酸ノ間ニ星霜ヲ送リ、艱苦ノ裡ニ歳月ヲ経過シ、始メ平之丞此ノ地ニ航スルヤ同地ヨリ三十余人ノ人夫ヲ雇入レ、漁業ニ従事セントノ計画ナリシモ、当時栖原沖左衛門氏ノ跋扈旺盛ナルヲ以テ、始メテ内地ヨリ渡航スルモノ漁場ヲ開キ海産ヲ採収シ能ハサルノミナラス、居住尚難シトナス。故ヲ以テ困難日ニ加ハリ、資材ヲ投シテ各地ニ奔走、漸ク松前人田中藤左衛門ニ由リ（同氏栖原家ト縁類ナリ）、僅ニ同氏ノ名義ヲ仮リ（ママ）、因テノ漁場ヲ開クコトヲ得シハ、則チ弘化元辰年ニシテ当礼受村開始ノ宗ナリトス[14)]。

これは佐賀家の祖である佐賀平之丞の履歴の一部であるが、ここに見るように場所請負人栖原家が支配する漁場の一部を栖原の縁者である田中藤左衛門の縁故により経営することが出来るようになったことが知られる。こうして北海道に足がかりを得た出稼ぎ的な漁民が建網経営者として成長していく。近代における北海道漁業の特質はこのようにして形成されていった。

1）村尾元長 (1897)、中西聡 (1998) 等参照。
2）鈴木英一 (1985)、田島佳也 (2014)、pp.399 など。
3）中西聡 (1998)、pp.191。
4）田中修 (1986)、pp.283。
5）村尾元長 (1897)、pp.121。
6）北海道水産部漁業調整課・北海道漁業制度改革記念事業協会編 (1957)、pp.254 〜 255。
7）永井秀夫・大庭幸生編 (1999)、pp.119。
8）中西聡 (1998)、pp.195。
9）田中修 (1986) 及び中西聡 (1998)。
10）田中修 (1986)、pp.346。
11）同前、pp.347 〜 348。
12）留萌水産組合 (1995)。
13）同上。
14）佐賀平之丞『略履歴』（明治 26 年）。青森県下北郡風間浦村下風呂の佐賀家所蔵資料。なお、本稿では、青森県史編さん室所蔵の複製資料を利用している。

参考文献

鈴木英一『北海道町村制度史の研究』(北海道大学図書刊行会、1985 年)
田島佳也『近世北海道漁業と海産物流通』(清文堂、2014 年)
田中修「場所請負制度の解体と三井物産—栖原家の場合を中心として—」同『日本資本主義と北海道』(北海道大学図書刊行会、1986 年) 所収
田端宏「場所請負制度崩壊期に於ける請負人資本の活動—西川家文書の分析—」高倉新一郎監修、海保嶺夫編『北海道の研究３』（清文堂、1983 年）所収
永井秀夫・大庭幸生編『北海道の百年』(山川出版社、1999 年)
中西聡『近世・近代日本の市場構造—「松前鯡」肥料取引の研究—』(東京大学出版会、1998 年)
西野敞雄「地租創定－北海道租税行政史Ⅱ－」『税大論叢』22、1992 年所収
北海道水産部漁業調整課・北海道漁業制度改革記念事業協会編『北海道漁業史』(北海道水産部漁業調整課、1957 年)
北海道庁『新撰北海道史』第三巻（同、1937 年）
村尾元長『北海道漁業志要』(同、1897 年)
留萌水産組合『留萌漁業沿革史』刊行年不明、(留萌市海のふるさと館復刻版、1995 年)
佐賀平之丞『略履歴』（明治 26 年）、青森県下北郡風間浦村下風呂の佐賀家所蔵史料

第 3 章

明治漁業法体制の形成と発展

本章は、明治中後期から大正期にかけての日本漁業を振り返ることを課題としている。この時期には漁業法が制定され、また改正されて、明治漁業法体制が成立した。また水産試験場が整備されて漁業技術の革新が図られた。さらに遠洋漁業奨励法が制定され、海外への漁業進出が盛んになった。また国内でも北海道漁業が発展し、植民地での漁業制度改革も進んだ。以下にその実態を展望していく。

第 1 節　明治漁業法の成立

（1）漁業法の成立過程

明治政府による明治前期の漁業政策は、当初は一定していたとはいえなかったが、1880 年代には沿岸域において漁業者団体を組織して江戸時代以来の慣行を維持させる方向が定まり、地域の漁業秩序を担う組織として漁業組合が作られた[1)]。漁業法成立以前においては、1884（明治 17）年制定の同業組合準則に基づいて設立された漁業組合が北海道に多く存在し、また 1885 年に東京湾漁業組合が設立された事例に見られるように、地域によっては先駆的に漁業組合が作られた。全国的には 1886 年の漁業組合準則の成立以後、漁業組合の結成が進められた。

1901 年の漁業法成立以前のこうした漁業組合設立は、「組合ハ営業ノ障害ヲ矯正シ利益ヲ増進スルヲ目途トスヘシ」（漁業組合準則第２条）[2)] とあるように、漁業に関する諸問題を漁業関係者が自主的に解決することを目指したものであったが、漁業組合設立には地域差があり、漁業組合準則の公布とこれによる漁業組合の設置のみでは漁業紛争に対処することが困難になり、漁業法の成立が求められた。

最初の漁業法に関する法案の作成と帝国議会への上程は、1893 年の第 5 帝国議会に村田保によって行われた。この法案が成立しなかったため、村田は 1895 年の第 8 帝国議会にも法案を上程し、再度不成立となった。これらはその後の政府作成の法案の原型になった。政府案は、第 3 回農商工高等会議で原案作成が審議されたが、審議のための委員会の長は村田であった [3)]。村田らが漁業法の制定を目指した理由は、各地で漁場をめぐる紛争が絶えないので、法制度の整備が必要であること、乱獲の弊害が目立つので、これを防止することなどである。

第一次政府案は 1899 年に第 13 帝国議会に上程されたが、審議の結果貴族院で修正可決されたものの衆議院で否決された。続いて第二次政府案が 1900 年の第 14 帝国議会に上程され、再度貴族院で修正可決されたが衆議院では審議未了となり廃案になった。1901 年の第 15 帝国議会に第三次政府案が上程され可決された。こうして漁業法が成立した。

漁業法案の審議がこれほど難航した理由は、法案が漁業組合中心の漁場利用を考えているのに対して、個々の漁業者の漁場利用が進んでいる北海道などの漁業関係者の反対が強かったこと、漁業権の法的性格や漁場利用の紛争処理に、行政と司法のどの機関があたるのかなどが問題となったことなどであった。

1901 年に成立した漁業法は 36 条よりなり、その特徴を見ると、以下のようになる。

①免許漁業として定置漁業、特別漁業、区画漁業、専用漁業がある。

②専用漁業者は、地先専用漁業者として地元漁業組合があり、またこの法律成立以前の慣行漁業者がある。

③漁業権は、相続、譲渡、共有、貸付ができる。但し、地先専用漁業権の処分は、認可が必要である。

④漁業関係の雇用取締の法律はない。

⑤漁業組合は漁業権を享有・行使できるが、自ら漁業をなすことができない。

⑥水産組合は旧来の漁業組合が行っていた事業の一部を行う。

⑦この法律以前に免許を受けた漁業で、この法律の定置漁業、区画漁業に相当する漁業は、この法律によって免許を受けた漁業とみなす。

⑧この法律以前の慣行による定置漁業、区画漁業、又は慣行専用漁業に相当する漁業は、一定期限内に出願して免許を得られる。

⑨この法律以前の漁業組合は、この法律による水産組合となる。

⑩共有の性質がある入会権者は共同して出願し、慣行専用漁業権を取得できる。共有の性質を有しないもので、専用漁業権の上に一種の地役権的性質の権利を有するものが、入漁権者である。

（2）漁業法の改正と明治漁業法の成立

1901年に制定された漁業法に関し、改正の意見が起こり、1910年に改正された。改正の結果成立した漁業法が明治漁業法と呼ばれる。主な改正点は以下のものである。

①漁業権を物権と見なし、これを担保に資金を借り入れることができるようになった。

②漁業組合が経済事業を実施することができるようになった。

③漁業監督制度が充実された。

④入漁権が条文に取り入れられ、これを物権として認めた。

1910年に改正されて成立した漁業法は全体が73条であり、1901年の漁業法と比べると条文が拡充されており、1910年の漁業法は1901年の漁業法の単なる改正ではなく、漁業制度を充実させる意図を持って作成されたものであった。

なお、免許漁業に関して原簿への登録が明記された（第26条）。これにより登記がなされたと見なされることになり、実際道府県で免許漁業権原簿が作成されて漁業権管理が容易になった。

主務大臣、行政官庁、地方長官による漁業に関する禁止事項や許可事項が増えたことも改正漁業法の特徴である。第35条は汽船トロール漁業と汽船捕鯨業は主務大臣の許可を得て行うことができるとしている。この条文は許可漁業を規定した条文であった。なお、漁業法に合わせて制定された漁業法施行規則には、地方長官の許可により実施できる漁業が定められており、潜水器漁業などがあった（1910年改正、第50条)。禁止事項としては爆発物の使用が条文化（第36条）されるなどがあった。

漁業組合に関しては、法人であることが明示された（第43条)。この点については旧漁業法についても漁業権の享有及び行使について権利を有し義務を負うとあったので、法人であることは自明とされていたのだが、条文に明記された。また改正漁業法では漁業組合の目的に「共同ノ施設ヲ為ス」の文言が入り（第43条)、事業の実施が可能になった。更に、漁業組合聯合会を作ることが可能になり（第44条)、漁業組合や漁業組合聯合会の事業は行政官庁が検査し、必要な命令や処分を行うことになった（第47条)。

水産組合に関する条文も充実し、水産組合聯合会を作ることが可能になり（第53条)、また水産組合や水産組合聯合会が法人であることが明記された（第54条)。水産組合や水産組合聯合会については重要物産同業組合法が準用されるとされたこと（第54条）は旧漁業法と同様である。

その他罰則等の規定も整備され、また旧法との関係も明示されて改正漁業法が発効した。なお、漁業法施行に関する実際の業務は府県の行政組織に負うところが大きかった。改正された漁業法の成立に併せて、関連する法案も整備された。それらは1902年成立（1910年改正）の漁業法施行規則、1909年制定（1911年改正）の汽船「トロール」漁業取締規則、同じく1909年制定（1911年改正）の鯨漁取締規則などである。

1901年成立の漁業法と1910年に改正されて成立した漁業法はいずれも直ちに適用され、全国の行政担当者や漁業者を動かしていった。漁業者のなかには居住する集落が隣り合う集落と漁場紛争を起こしている例もあり、自らの漁業利害に敏感で、政府や府県の政策に直ちに反応し、また請願等を行っていた。そのため漁業組合の設立についても、いち早く行動が取られた。

第2節　漁業の変化と水産試験場による技術革新

（1）漁業の変化

明治漁業法体系が成立する明治中後期から、その後の大正期にかけての時期は日本漁業が伝統的な漁業から近代的な漁業へ転換する時期であった。この変化を見ると、まず、漁獲高の上位魚種はニシン、イワシ類、コンブ類の順となっていたが、ニシンの漁獲高が横ばいから漸減するのに対し、イワシ類の比重が増した。コンブ類の漁獲高はほぼ横ばいであった。カツオ類、イカ類、マス類（海面）、タラ類がこれに次いでいた。なお、上位三魚種に次ぐカツオ類他の漁獲量の順位は年によって変化した（表3-1）。

表3-1　明治後期、大正期、漁獲高上位魚種（単位万トン）

年	総計	ニシン	イワシ類	カツオ類	サケ類	マス類	タラ類	イカ類	コンブ類
1900	157	71	24	4	1	0	3	3	12
1	161	72	24	3	1	0	3	5	15
2	153	70	25	3	1	0	3	4	9
3	165	86	17	3	1	1	3	5	12
4	138	62	18	3	1	0	4	5	8
5	135	55	18	4	1	1	3	4	9
6	130	47	15	4	1	1	4	4	11
7	131	47	18	3	1	1	3	4	10
8	138	50	21	5	2	1	4	3	7
9	141	47	21	5	2	1	4	4	10
10	153	50	19	4	4	2	6	4	11
11	165	46	19	5	4	8	5	4	15
12	186	52	25	5	3	4	6	7	14
13	225	79	27	4	5	8	7	8	16
14	225	75	32	5	4	9	6	9	17
15	225	67	33	10	4	11	7	6	15
16	252	65	36	6	3	11	7	10	29
17	219	42	46	8	4	10	7	8	20
18	222	48	43	7	5	7	6	4	22
19	230	73	40	6	7	7	9	3	12
20	253	75	46	9	5	10	10	7	11
21	228	51	38	8	6	11	11	5	18

（出典）農林省統計情報部・農林統計協会 (1978a)

近代日本の漁業者の人数を長期的に捉えることは困難であるが、官庁統計をもとにした漁労、養殖、製造の総数を見れば、1891年の333.9万人（『水産事項特別調査』の数値）がピークで、以後減少し、1920年代以降に上昇に転ずる[4)]。これは日本経済の変化の反映でもあるが、伝統的な漁業の停滞と近代的な漁業の発展の帰結でもある。

明治中期までの伝統的な漁業には大規模な漁業があった。なかでも房総九十九里浜で盛んであったイワシを漁獲対象とする大地曳網は漁船2隻と漁夫60人が作業する漁業であった。また、天草の地曳網漁業は、前船、脇船、船頭船合計5隻の漁船と56人の漁夫を要した。さらに筑前のイワシ沖曳網漁業は網船2隻、手船2隻と漁夫36人が作業した。これらの房総などの曳網は網主が経営し、漁夫を雇用していた。

以上の曳網に加えて敷網にも大規模なものがあり、八手網は網船2隻と口船を要し、33～43人の漁夫が必要であった。また繰網に分類される沖手繰網や手繰網は漁船1隻と夫々8～10人と2～3人の漁夫を要する漁業であったが、全国で50,000を超える網が存在した。また打瀬網は風力や潮力、人力を利用する繰網による漁業で1隻の漁船と数人の漁夫による漁業であったが、明治中期には全国で20,000を超える網が存在した。手繰網や打瀬網は漁船により漁網を引き回す漁法であり効率的であったが、特に打瀬網は他の沿岸漁業者と衝突することが多く、全国各地で操業時期や漁場の制限、さらには禁止などがなされた。

以上の網漁業のほか、大規模な漁業としてはカツオ釣漁業があった。特に千葉県や静岡県のカツオ釣漁船には生餌を入れる部分が備えられ、効率的であった。

打瀬網漁業のような効率的な網漁業やカツオ釣漁業のような釣漁業を除き、伝統的漁業の多くは明治中期以降、衰退していった。一方で漁具や漁船の技術革新が進み、新たな漁業が登場した。まず、漁網の材料が変化した。明治中期まで、漁網の原料は麻の利用が多かった。明治末期以降、綿糸紡績業の発展とともに木綿による漁網の生産が増加した。木綿製の漁網は麻製の漁網に比べて安価となり、耐久力が強く軽量であり、大規模な漁法に適していた。

明治末年には、興隆する近代的漁業と停滞する伝統的漁業の対立・抗争が鮮明化することもあった。この時期には改良揚繰網の利用が全国的に進んだが、東北地方では三重県出身で、青森県八戸において活躍した長谷川藤次郎が改良した綿糸製の揚繰網が普及した。この揚繰網はイワシ漁業に効果を現したが、1910年に湊漁業組合ほかの八戸近郊の漁業組合が使用し、隣接する市川浜に越境することがあり、紛争が起こった。市川浜では地曳網漁やホッキガイの漁獲がなされていた。

初代の湊漁業組合の組合長であった長谷川藤次郎は1909年に八戸近郊の鮫地区に捕鯨会社の解体場を誘致しようとした。この結果、1911年に東洋捕鯨会社の事業場の設置認可が下りた。これに対し鮫地区の漁民はイワシ漁業への悪影響を恐れ、反対運動を起こした。同年11月に、漁民は暴動を起こし、解体場を焼き討ちし、漁民と会社側の乱闘事件が発生した。漁民はさらに長谷川藤次郎の居宅を打ち壊し、また長谷川の同調者であった政治家の神田重雄の居宅も襲撃した。この騒動は参加者のうち41名が逮捕、起訴され、多くは有罪となったが、その後の明治天皇崩御の恩赦により釈放された。その後1912年に湊村において漁民感謝祭が開かれ、事件関係者が和解した。また東洋捕鯨株式会社の鮫事業場が操業を開始した。捕鯨会社襲撃事件は、近代漁業の急速な発展の悪影響を恐れた漁民の反発が引き起こした事件であった。

近代日本の漁船数を見ると、1907年がピークで431,575隻であり、内443隻が西洋型帆船で、他はすべて日本型船であった[5)]。また発動機付漁船は1906年に出現した静岡県水産試験場の富士丸が最初の事例であり、以後増加していった。なお、静岡県焼津の片山七兵衛は富士丸の試験操業の際に自分が所有する漁船の船頭を乗船させ、発動機付漁船の性能の良さを認識し、1907年に東海遠洋漁業株式会社を設立し、以後焼津漁業の動力化に取り組み、カツオ釣漁業を発展させた。

（2）水産試験場の開設と技術革新

明治後期以降、各地に水産試験場が開設され、漁業の技術革新が進んだ。すでに見た静岡県水産試験場での発動機付漁船富士丸による操業試験はその例である。

全国で最初の水産試験場は1894年に設立された愛知県水産試験場であった。その設立の理由は、打瀬網の禁止の是非の議論であったという。愛知県、三重県、静岡県の3県は協定を結び、打瀬網を禁止することにし、愛知県は1886年に禁止の布告を出した。この禁止は3年間であったが、延長をめぐり賛否両論の対立が激しく、調査の必要性が増した。このことが愛知県水産試験場の設立のきっかけであった[6)]。愛知県水産試験場は内湾で紛争が絶えないので、外海漁場への転換により打開しようとし、当初は韓国沿岸での漁場開発を行い、大正期以降、渥美外海の漁場開発や新たな漁法の導入試験を行った[7)]。全国と海外の水産試験場の開設状況は表3-2のとおりである。

このうち、京都府と富山県は調査・試験と教育を兼ねた組織であった。これらの組織を運営するための指針として1899年に府県水産場規定と府県水産講習所規定が作られ、設立費用や事業費は地方費でまかなうことになった。

なお、府県のみならず、中央レベルでも研究体制が組まれ、1894年に水産調査所の設立が公布され、翌年から試験研究が開始された。また、1897年に水産講習所が水産調査所に付設するとして設置された。これは既存の水産伝習所が組織替えされたものであった。一方、水産調査所は1898年に廃止され、調査業務は水産局内の水産調査課に引き継がれた。こうした措置は1890年に廃止されていた水産局が1897年に再設置されたため、経費を削減するためであった。

府県に設置された水産試験場で1929年までに実施された各種試験は、二野瓶徳夫のまとめによれば、漁労試験についてはマグロ漁業66件、イワシ漁業52件、サバ漁業51件、カツオ漁業52件等、合計773件の試験が行われた。また養殖試験は合計1,015件行われ、うち、546件が鹹水養殖、469件が淡水養殖の試験であった。このほか、製造試験や海洋調査が実施された[8)]。こうした府県の水産試験場の調査活動は、先進技術の導入や新たな漁法の開発などに効果を持った。また、府県の水産試験場のほか、朝鮮、台湾の総督府、樺太庁、南洋庁に置かれた水産試験場も各種試験を行った。

表3-2　水産試験場開設状況

年度	開設数	府県名、海外
1894	1	愛知
98	1	福岡
99	5	京都（水産講習所）、新潟、千葉、三重、宮城
1900	11	長崎、滋賀、青森、秋田、富山（水産講習所）、広島 山口、香川、愛媛、熊本、大分
1	5	島根、鳥取、徳島、高知、北海道
2	3	福島、岡山、和歌山
3	3	静岡、宮城、鹿児島
4	2	茨城、石川
9	1	樺太庁
10	1	岩手
11	1	佐賀
12	1	神奈川
20	1	福井
21	1	朝鮮総督府
24	2	兵庫、山形
25	1	沖縄
28	1	東京
29	1	岐阜（大日本水産会所属）
30	2	群馬、台湾総督府
31	1	南洋庁
36	1	栃木
38	1	大阪
40	1	長野
41	1	富山
51	1	埼玉
52	1	岐阜
72	1	山梨

（出典）福岡県水産試験技術センター（1999）

第３節　遠洋漁業の奨励

（１）遠洋漁業奨励法の制定

千島列島や北海道近海にはラッコやオットセイが生息しており、江戸時代以来これ等を捕獲して利用していた。この狩猟は現地住民や日本人商人に加えて外国船によるものも多かった。このため、開拓使、北海道や明治政府は各種の規制を試みた。1895年には猟虎膃肭獣猟法が帝国議会で成立した。その法案の提案理由書によれば、これまで北海道沿岸ではこうした猟を原則禁止として、許可を得た者だけに狩猟を認めてきたが、調査等の結果、北海道全域を禁漁区とする必要がないので、適当な禁漁区、禁漁時期を定め、それ以外は自由に捕獲してよいことにするというものであった[9)]。そして法案の内容は、ラッコ・オットセイ猟に従事したい者は農商務大臣の免許を受ける必要があるというものであった。これに対応して猟虎膃肭獣猟免許規則も定められた[10)]。こうした措置は北海道近海に来航する外国船に対抗してラッコ・オットセイを捕獲させようとする政府の意図からなされたものであった。

ところで明治期を通じて伝統的な漁船の改良は続けられ、マグロ、カツオ漁業に使用される、生餌を保存できる水槽を備えたヤンノー船のような和船が発達したが、長期の安全な操業ができるようにはならず、動力による漁船の発達が期待され、大正期に入ると静岡県を始めとして全国的に発動機付漁船が開発され、普及していった。日本国内の漁船の改良や漁業技術の革新が模索を続けているなかで、外国の漁船が日本近海で操業することも多くなり、日本国内の港に来港する漁船の数も増加した。その多くはラッコ・オットセイの捕獲を目指す外国船であった。こうした状態を改善するため、水産業の奨励が模索された。帝国議会貴族院では1897年に議員である村田保の発議により、「水産業ノ保護ニ関スル建議案」が提出され可決された。その内容は水産業に対して奨励金を与えるべきだというもので、千島列島の外国船による海獣猟を例に挙げ、遠洋漁業を奨励すべきであるとするものであった[11)]。1897年に帝国議会で遠洋漁業奨励法が可決され、1898年に施行された。

遠洋漁業奨励法の内容は次のようなものであった。まず、第1条で、遠洋漁業奨励のため、毎年国庫より15万円以内を支出することとされた。次に第2条で受給資格者が明示され、「帝国臣民又ハ帝国臣民ノミヲ社員又ハ株主トスル商事会社ニシテ自己ノ所有ニ専属シ帝国船籍ニ登録シタル船舶ヲ以テ勅令ニ於テ指定スル漁猟又ハ漁場ノ漁業ニ従事スル者ニ限リ」出願の資格があるとされた。

出願者のうち、組織確実な者が奨励金を受け取ることができるが、その期間は5年以内とされ、また次の上限が設けられていた（第5条）。

汽船総噸数　毎1噸　1箇年5円
帆船噸数　毎1噸　1箇年5円
乗組総員　毎1人　1箇年10円

さらに、「遠洋漁業ノ監督及遠洋漁業練習生ヲ養成スルノ必要アルトキハ農商務大臣ハ第一条ニ掲クル金額ヨリ十分ノ一以内ヲ支出シ其ノ費用ニ充ツルコトヲ得」（第10条）とあり、遠洋漁業の人材養成についても奨励金を支出できることになっていた。

また、勅令として詳細な規定が設けられ、奨励金を受けることができる海洋哺乳類の捕獲を含めた漁業が定められた。それらは、捕鯨業、ラッコ猟業、オットセイ猟業、フカ漁業、マグロ漁業、カツオ漁業、タラ漁業、サバ漁業、ブリ漁業、スルメイカ漁業、オヒョウ漁業であった。同じ規定により、操業する海域が指定されたが、それらは日本海を含む東アジアの広範な海域のオホーツク海、太平洋であった。また、汽船、帆船の総噸数により乗組員の上限が定められた。また各種漁業につき、装備まで細部にわたって規定が定められた。

奨励金は1897年度分から支出された。当初はオットセイ猟船についても実際に出猟していても艤装検査等をうけることができず、従って奨励金を受けることが出来ないなどの例があった[12)]。1897年の認許船舶は8艘で、オットセイ猟船が7艘、フカ漁船が1艘であった。

農商務省水産局は1902年までの成果をまとめた報告書を刊行したが、それによるとオットセイ猟業は1902年においては24艘の日本の猟船があったが、外国猟船は日本近海からは去り、日本猟船が露領コマンドルスキー島、ローベン島近海に出猟するほどになった。但し1902年においても19艘の外国オットセイ猟船が函館港に入港している。

オットセイ猟以外の業種では成果が上がったとはいえず、捕鯨ではマッコウクジラの捕獲時期が延長できることがわかったこと、朝鮮近海でノルウェー式捕鯨を始めたことが特記される一方で、アメリカを中心とする外国の捕鯨船が函館に入港しているとしている。この他、フカ、カツオ、メヌケ、タラ漁業の漁船が奨励金を申請した。

（2）遠洋漁業奨励法の改正

こうした状態のなかで、遠洋漁業奨励法の改正を求める声もあった。それらの意見は農商務省水産局が集約し、公刊している。こうした声に応え、数度の改正が行われていった。その改正はまず 1899 年に始まり、1905、1909、1910、1914、1918、1923、1925、1932 年に行われた。最初の大幅改正は 1905 年の改正であるがその内容は次のようなものであった。①奨励金の率を高めた。②漁猟業以外に、漁獲物処理運搬業にも奨励金を下付することにした。③新たに漁船を建造し、又は新たに機関を据え付けた者に漁船奨励金を下付することにした。④漁猟職員の制度を設け、補助金を出すことにした。

また、1909、1910 両年の改正により以下の変更が加えられた。①漁船奨励の範囲が拡張された。②漁船に機関を据え付けた者に対する奨励金率を高めた。③冷蔵機関の据え付けに対する奨励金下付の制度を設けた。④漁船船員の養成等の業務を行う行政法人に必要な経費を下付する。⑤ 50 トン未満の小型漁船建造に特別奨励の道を開いた。⑥漁港調査設計の費用を支出できることにした。⑦ 15 万円であった奨励費の年額を 1910 年から 20 万円にした。

1914 年の改正では、①ラインホーラ等の副漁具使用の奨励制度を設けた。②新規漁場の開拓や新規漁法による漁業を奨励するため、特別漁業奨励金の制度を設けた。また、1918 年の改正では①奨励金率を増加した。②普通漁業奨励金を廃止し、特別漁業奨励金のみとした。③優良漁船建造のため、農商務省内で漁船の設計を行うことにした。④海外出漁者や遠洋漁業の利益増進を目的とする公益法人に奨励金を下付する。⑤国庫から支出できる奨励金を 30 万円に増額する。

表 3-3　遠洋漁業奨励費支出額

年	奨励金	業務下付金	その他経費	合　計
1898	680	—	7,682	8,362
1899	16,240	—	6,413	22,653
1900	25,260	—	8,591	33,851
1901	28,035	—	7,179	35,214
1902	22,215	—	8,501	30,716
1903	26,460	—	8,542	35,002
1904	27,400	—	8,333	35,733
1905	38,910	—	8,487	47,397
1906	64,602	—	16,637	81,239
1907	102,008	—	23,049	125,057
1908	123,940	—	24,117	148,057
1909	107,007	—	29,394	136,401
1910	150,906	—	23,810	174,716
1911	165,441	—	34,058	199,499
1912	168,119	—	30,960	199,079
1913	93,045	—	36,805	129,850
1914	78,945	—	48,496	127,441
1915	121,958	—	39,350	161,308
1916	81,790	—	38,773	120,563
1917	87,572	—	41,245	128,817
1918	167,692	59,000	41,746	268,438
1919	80,455	55,000	72,069	207,524
1920	120,782	54,100	126,981	301,863
1921	112,468	56,500	109,619	278,587
1922	110,318	54,400	82,451	247,169
1923	84,792	47,200	71,246	203,238
1924	96,710	35,300	78,694	210,704

（出典）農林省水産局 (1927)

注）単位：円

さらに、1923年の改正で奨励金を予算化し、また鋼製漁船ジーゼル機関の奨励金の率を引き上げ、各種施設等に対して奨励金を与えることにした。また、1925、1932年の改正では大型漁船の建造等を奨励する措置を行った。こうした改正を繰り返すことにより、漁船や漁業技術の進歩に合わせつつ、遠洋漁業奨励のために国庫金の支出が続けられた。なお、1898年から1924年までの支出額は表3-3のとおりである。

(3) 漁業発展の方向

遠洋漁業奨励法による奨励費の支出が増加し、各種漁業の発展が図られたが、その結果として遠洋漁業が著しく進展するということはなかった。明治後期から大正期にかけての漁獲高を、沿岸漁業とそれ以外について見れば図 3-1 のようになっている。この図からも明らかなように、漁獲高の大部分は沿岸漁業によるものであった。しかし、遠洋漁業奨励法の影響もあり、この後の遠洋漁業が発展する基礎がこの時期に作られていった。遠洋漁業奨励法と密接な関わりがある遠洋漁業としては次のようなものがある。それらは、①ラッコ・オットセイ猟業、②汽船捕鯨業、③汽船トロール漁業、④母船式カニ漁業、⑤母船式サケ・マス漁業、⑥機船底曳網漁業である[13)]。

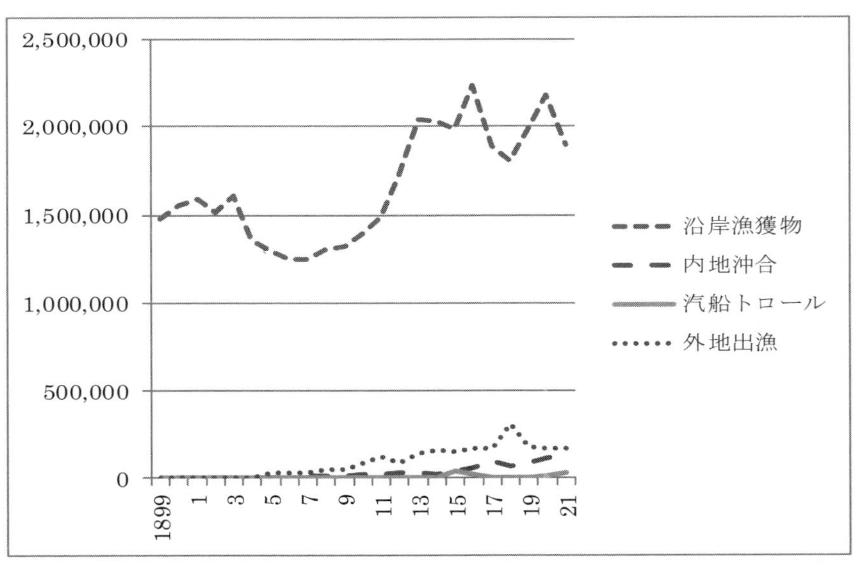

図 3-1 明治後期、大正初期漁獲高(単位 トン)

(出典) 農林省統計情報部・農林統計研究会 (1978a)

このうち、ラッコ・オットセイ猟業は遠洋漁業法推奨制定のきっかけにもなったものであるが、日本船は他の国を圧して収獲を増加させたが資源状態が悪化し、1909年に奨励金の交付が廃止された。また1911年に、アメリカが主唱し、日本、イギリス、アメリカ、ロシアの間で、猟虎及膃肭臍国際保護条約が締結され、ラッコ・オットセイ猟業は休止状態に入った。②の汽船捕鯨業については、日本遠洋漁業会社など、いくつかの捕鯨会社が設立され繁栄したが、1909年に大手4社の捕鯨会社は東洋捕鯨株式会社に合同した。③の汽船トロール漁業は、明治末期から発展した。汽船トロール漁業の嚆矢は鳥取県の奥田亀造が1905年に木造汽船、海光丸による操業である。しかし、この操業は汽船の不備と沿岸漁民の抵抗により終了した 。1906年には、北海道において北水丸が建造され他にも同様の船の建造と操業がなされたが、これらは小型木造船であり、成功しなかった。汽船トロール漁業が経営的に成功した最初の事例は長崎の倉場富三郎による深江丸の操業である。1908年に倉場はイギリスから鋼製トロール汽船を購入し、イギリス人の乗組員を雇用して操業した。その後神戸の田村市郎が鋼製トロール船第一丸を建造し、操業した。これが国産初の鋼製汽船トロール漁船であった。この後、政府は奨励金を下付して汽船トロール業を奨励しようとしたが、沿岸漁業者との対立が激しくなり、1909年に汽船トロール漁業取締規則が制定された。

なお、④と⑤はこの後、北洋漁業として発展するので項を改めて論ずる。また、⑥の機船底曳網漁業は、発動機付漁船の発達とともに盛んになった漁業で、島根県出身の渋谷兼八らが創始者である。発動機付漁船に沖手繰網を装着し、効率的な漁業を行い、後年の以東、以西底曳網漁業へと発展する。

第4節　北海道漁業の発展

（1）北海道漁業の展開

表3-1でも見たように、明治後期から大正期にかけて、ニシン、イワシ、コンブの漁業が盛んであったが、このうち、ニシン、コンブの主産地は北海道であっ

た。また、図 3-1 からも明らかなように、沿岸漁業がこの時期の漁業の大半を占めていた。そこで本節では北海道漁業の展開に注目したい。近代における北海道漁業の展開過程は本州以南の地域と類似する部分と異なる部分があった。類似点としては、明治期以後の政府の施策が北海道と他地域とを区別することなく実施され、同様の漁業制度のもとで漁業が実施されたことがある。一方、差異の主なものは近代における発展の前提となる近世の漁業制度の差異に由来するものであり、また最も重要な漁業であるニシン漁業が本州以南では資源の枯渇のために行われなくなっており、北海道独自の漁業となっていたことがあった。

明治政府は 1891 年に水産事項特別調査を行ったが、それによると、全国では磯漁（沿岸漁業）と沖漁の漁獲高（金額）比率は 69.6 対 30.4 であったが、北海道では 98.2 対 1.7 であり、圧倒的に沿岸漁業の比率が高かった[14)]。沿岸漁業の中でもニシンの比率が高く、1902 年時点で漁獲高の 60.4% を占めていた。

表 3-4　明治・大正期北海道海面漁業漁獲量 (トン)

年	ニシン	サケ類	マス類	イワシ類	コンブ類	その他共計
1894	781,419	11,337	11,739	42,326	102,876	964,139
1895	762,846	8,712	2,102	24,655	88,159	900,123
1896	768,165	6,645	2,677	40,236	97,371	965,723
1897	973,776	12,636	6,173	25,201	137,774	1,233,133
1898	690,004	11,719	4,542	11,087	79,728	867,612
1899	724,151	7,032	3,320	36,355	113,688	942,230
1900	712,950	8,607	3,664	55,089	117,435	983,718
1901	720,930	6,240	3,586	34,023	151,398	998,385
1902	697,807	5,159	3,181	18,808	88,111	881,590
1903	856,745	7,397	5,667	38,340	114,841	1,099,912
1904	621,629	5,961	4,198	29,446	81,551	831,314
1905	548,066	7,466	6,537	26,601	90,968	747,894
1906	462,721	6,886	6,637	11,607	108,750	668,389
1907	468,978	6,737	9,757	22,272	96,910	664,481
1908	498,287	4,838	7,633	46,579	66,332	684,883
1909	445,419	3,495	11,084	38,925	96,421	670,831
1910	473,711	6,674	10,139	3,624	106,752	686,291
1911	442,989	9,595	19,832	6,950	145,871	722,072
1912	500,407	7,784	17,926	7,801	139,734	826,616
1913	774,320	6,200	32,125	13,666	157,429	1,104,172

1914	731,375	7,834	7,024	12,518	162,072	1,079,379
1915	648,792	8,555	13,614	30,206	143,016	1,004,962
1916	630,129	4,833	5,581	38,398	279,862	1,133,501
1917	382,346	6,823	14,088	51,649	193,113	794,653
1918	458,800	8,673	5,923	9,018	217,749	816,835
1919	702,309	12,060	14,229	9,397	115,042	1,005,593
1920	731,084	8,435	6,817	35,821	108,681	1,104,526
1921	495,023	8,371	7,857	21,731	175,637	915,446
1922	479,155	8,398	6,084	43,083	176,649	942,056
1923	451,917	15,953	10,694	109,730	172,817	1,050,160
1924	551,892	7,338	8,757	86,225	163,314	1,096,394
1925	520,169	11,445	10,886	194,041	199,941	1,280,391

（出典）農林省統計情報部・農林統計研究会 (1978b)

北海道の海面漁業漁獲量は、1907年をピークにしてニシンの漁獲量が増減はありつつも低下傾向を見せ始め、コンブの漁獲量が増え、イワシも大正末年に増加する。一方、サケ類、マス類は同様の趨勢をたどる。このような全般的な傾向はありながら、長期的に見ても近代の北海道漁業に占めるニシンの比重は高かった。表3-4は1894年から掲示しているが、明治初年からの漁獲統計によると、ニシンの漁獲量は、1870年代から1890年代にかけて倍増している。そのため、明治前期の北海道漁業は本州以南の漁業と対比してめざましく発展し[15]、多くの出稼ぎ労働者を雇用した。

（2）漁業法の成立と北海道漁業

漁業法制定時には北海道漁業者の意向が帝国議会での審議に反映され、北海道漁業の独自性が際立つ場面があったが、その利害はニシン漁業者の意向に負っていた。1893年に、村田保によって帝国議会に漁業法案が上程されると、北海道では水産有志談話会が北水協会において開催され、意見書をまとめた。村田保提案の漁業法案は北海道漁業に適さないので修正すべきだというものである。修正内容は第6帝国議会に請願することにしたが、その内容は以下のものであった。①個人の漁場専用権を法律において確認し、他の侵害をうけないようにする。②漁場専用権は売買譲渡書入を可能にし、市郡区役所に漁場台帳を備え、売買譲渡書入を登録する。③沿岸漁業と遠洋漁業の区別を判明にする。④新たに専用漁場を設定する場合は左右の専用漁場との間に地方長官が定める距離を置く。⑤漁業のため海浜の使用を許可する。⑥漁業監視人を置き、漁業に関する警察権の一部を執行させる。⑦懲罰を重くする。これらは主に建網漁業者の利害を反映したものである[16]。こうした北海道の漁業者の意見は法案に取り入れられ、北水協会の機関誌が、次のように書くまでになった。

漁業法案は例に依て村田保氏より貴族院へ本月十八日に呈出されたり　先々回に呈出の該案は本道に取ては不都合極まるものなりしが今回のものは比較的に良くなれり[17]

ここで取り上げられている漁業法案は第8帝国議会に村田保が提出した漁業法案であり､改正された点として評価されているのは「水面を区画し」の次に「又は位置を定めて」の文言が入り、北海道の建網に適用可能であること、免許年限を20年に伸ばしたことなどである。建網はニシン、サケ、マスの漁獲に用いられる定置網である。ここで評価されている点は以後の政府案にも生かされていった。このように、近代漁業の制度設計において北海道漁業者の影響力は大きなものがあった。しかしそれは沿岸漁業の漁業権に集中していた。こうした北海道漁業者の沿岸漁業に対する関心の集中は北海道漁業の内容とも関わっていた。

ニシン漁業者が用いた漁具には建網、刺網、曳網があったが、建網は定置網の一種であり、一定の海面を独占的に利用する漁業であった。これに対して刺網は零細漁業者が用いる漁具であった。漁業法成立以前においても漁具の設置は制限されていた。なお､北海道においては漁業法成立以前の漁業組合が多く設立され、定置漁業者等の利害を代表していた[18]。

漁業法成立後、建網は定置漁業権として法的に認定されたが、建網にも進化があった。明治前期の建網は行成網（ゆきなりあみ）であり、1900年前後から角網(かくあみ)が主流になっていった。行成網に対して角網は網に入ったニシンが逃げにくい構造になっており、ニシンの群来が少なくなっても対応できる網であった。角網1統には労働者が20～30人必要であった。また網主の中には1人で10統以上も所有する経営者や1～2統の漁業者もいた。労働者は北海道内だけでは足りず、東北地方などからの出稼ぎ労働者が多く雇用された。

漁獲されたニシンは漁業者によって加工された。上記の雇用労働者にはこうした加工を担う労働者も含まれている。加工品としては鰊粕、鰊鯑粕、胴鰊、白子、笹目、その他の肥料、身欠、鰊鯑（カズノコ）の食料品、工業用鰊油があった。このうち鰊粕が占める比率が高かった。1889年のデータによると、加工品価額総額455万円のうち、鰊粕が293万円を占めていた[19)]。

サケ・マス漁業も北海道では盛んであり、特に明治前期に建網他、各種の漁具を使用した漁業がおこなわれた。しかし明治後期になると、サケを中心に乱獲の影響が出始め、漁獲量は停滞した。

北海道のコンブ生産は江戸時代以来盛んであり、近代に入ってもその名声は高く、国内はもとより中国へ向けての輸出も盛んであった。明治中期以降、釧路、根室、日高、利尻の各地が生産の中心になっていった。また函館近郊の生産地は尾札部を中心に高品質のコンブを生産したが、生産者は零細であった。これに対し釧路、根室地方には大規模な生産者が存在した[20)]。

第5節　海外出漁と植民地の漁業制度整備

（1）日本周辺地域の漁業制度整備

近代日本が植民地化した地域としては日清戦争後の台湾をはじめとして、樺太、朝鮮があるが、各地域ともに漁業発展の様相が異なり、それぞれ独自の展開があった。しかし明治漁業法の仕組みが導入されていった点は共通であった[21)]。また中国の関東州や南洋群島も日本が支配し、日本人を含む漁業者による漁業が行われたが、それらの地域に日本の制度がそのまま導入されることはなかった[22)]。日本と近隣植民地地域の漁業の概要は表3-5のようになっている。

表 3-5 日本及び近隣植民地地域の漁業

	日本	樺太	朝鮮	台湾	世界総計
総漁獲量（トン）	2,053,774	230,490	538,240	40,000	10,396,831
漁業者総数（人）	1,131,199	16,105	455,194	120,916	3,011,558
漁船総数（隻）	356,920	6,781	31342	11,188	871,325

（出典）『内外調査資料』(1930)

注 1）年次は以下の通り。日本、1925 年、樺太、1923 年、朝鮮、1924 年、台湾、1925 年。
2) 日本の漁獲総量は魚類のみ、この他、貝類、甲殻類が 40 万トン、海藻類が 30 万トンある。
3) 樺太の漁獲総量は重要魚類のみである。
4) 台湾の漁獲総量は概数である。

（2）樺太の漁業と漁業制度

日本が植民地支配をした地域のなかで日本人漁業との関わりが最も早かったのは樺太であった。樺太には江戸時代以来、場所請負人である栖原角兵衛、伊達林右衛門などが進出し、漁業を行っており、明治期に入っても漁業を継続していたが、1875 年に千島樺太交換条約が日本とロシアの間で締結され、樺太はロシア領となった[23]。しかしこの後も日本人漁業者の操業は認められたが、ロシアの漁業規制に従わなければならなかった[24]。

日露戦争後、樺太の南半分が日本領となり、以後、日本の制度が導入されていく。日本統治以後、1905 年に樺太漁業仮規則が発布された。これは陸軍省告示15 号として出されたものであり、ニシン、サケ、マスはそれまで漁場に関係があった日本人は所定の料金を納めて漁業ができること、ロシア人経営の漁場や仮規則に合致しない日本人経営の漁場は入札により漁業者を決定し、漁業許可を与えることにしたものである[25]。

この後、1907 年に樺太庁が置かれ、樺太漁業仮規則が廃止されて樺太漁業令が施行された。これにより、漁場の入札制度が維持されることが決定され、また日本の漁業法の一部の条文が樺太に適用されることが示された。漁業法のこれらの条文は漁業権の期間、相続、譲渡等、水産資源に関する条文等であった。但し、定置、区画、専用、特別の各漁業権に関する条文は適用されず、従来の樺太での漁場入札を前提とし、そこで得られた漁業者の権利を漁業法の漁業権として認定し、漁業法の関連部分を適用したものである。1908年に樺太漁業令が改正され、漁業組合の設置が認められた。また漁業法が樺太に全面的に適用されたのは1911年であった。樺太漁業の主要な漁獲物はニシン、マス、サケ、タラ、カレイ、カニ、コンブなどであり、なかでも漁獲高が多かったのはニシン、マスであった（表3-6）が、これは主に建網によって漁獲された。これら以外に捕鯨も盛んで、またオットセイが猟獲された。

表3-6 樺太漁獲高上位魚種（1906年）

魚 種	漁獲高（円）
ニシン	2,001,090
マス	619,450
タラ	237,346
コンブ	150,000
サケ	77,552
カレイ	31,009
クジラ	2,500

（出典）樺太庁 (1908)

（3）朝鮮の漁業と漁業制度

明治初年以来、西日本の漁業者の一部は朝鮮近海にまで出漁し漁業を行った。これは朝鮮通漁と呼ばれた。日本と朝鮮は1876年の日朝修好条規の締結後国交を持っていたが、通漁についても一定の規律が必要であった。このため、1889年に日本朝鮮通漁規則が結ばれた。この通漁規則は、形式的には平等な内容となっていたが実際には朝鮮の漁船が日本近海で漁業をすることは稀であり、実質的に日本漁船の朝鮮近海出漁を認める内容であった。

1908年に大韓帝国の漁業法が制定された。なお、李氏朝鮮国は1897年に大韓帝国と国号を変更した。韓国漁業法は全16条があり、全27条の漁業法施行規則が設けられた。この漁業法は日本の漁業法の影響を強く受けたものであり、漁業権が設定され、財産としての権利として認められたが、漁業組合や専用漁業権の規

表3-7 朝鮮漁獲高上位魚種
（1911年）

魚 種	漁獲高（円）
メンタイ	921,000
マイワシ	790,000
タイ	489,000
グチ	396,000
ニシン	275,000
ヒラメ	587,000
サワラ	451,000
クジラ	418,000
エビ	267,000
サバ	165,000
ボラ	154,000
フノリ	138,000
ニベ	126,000
テングサ	119,000
ワカメ	101,000

（出典）朝鮮総督府 (1937)
注）原典は千円単位の数値。

定はなかった。1910 年に日韓併合が行われた後、1911 年に漁業令が制定された。この漁業令は、漁業組合と水産組合の規定を持っており、専用漁業権も規定された[26]。これにより、朝鮮においても明治漁業法の内容とほぼ同様の法令が施行されることになった。この漁業令は 1929 年に廃止され、朝鮮漁業令が公布された。1911 年の漁業令は全 37 条で簡便なものであったが、1929 年の朝鮮漁業令は附則を含めて全 84 条の詳細なものであった。1923 年には朝鮮水産会令が公布され、朝鮮水産組合の事業が朝鮮水産会に継承された。朝鮮の漁業の主な漁獲物は漁獲金額の順に、メンタイ、マイワシ、タイ、グチなどであった（表 3-7）。

（4）台湾の漁業と漁業制度

台湾で漁業の法制化が実施された最初は 1912 年の台湾漁業規則の制定であった。台湾漁業規則は全 24 条よりなり、これに附則が付いていた。

1924 年に日本の漁業法が台湾にも施行されたが、その施行に際しては、日本の漁業法のなかの一部の条文は台湾には適用されないものとした。適用されない漁業法の条文は水産組合についての条文であり、台湾においては水産組合の設立は認められなかった。一方、漁業法の施行に伴って、1924 年 3 月に台湾漁業組合規則が制定され、漁業組合の設立が認められた。こうして、台湾では漁業法の施行以後、漁業組合は設置されたが、水産組合は設置できないことになった。また台湾での漁業法の施行と同時に水産会法を施行した。これによって台湾では水産会が設置され、機能を強化されて力を持っていくことになった。

これは、台湾に於ける農会の活動を評価してこれに類似する水産会を作るという意図によるものである。なお、日本国内でも水産会法が成立し、その設立が進められていたことも、台湾での水産会設立を促した。こうして台湾の漁業制度は日本の漁業制度を一部修正しつつ受け入れることになった。

台湾周辺は水産資源が豊かであるが、上位の漁獲魚種はキビナゴ、ボラ、イワシなどであった（表 3-8）。漁獲高が急速に伸びるようになったのは近代的な漁業技術が導入される 1910 年代以降である。この時期以降、台湾に発動機付漁船の導入が進み、特にカツオ漁業が発展した。但し、漁港の整備が基隆、高雄、蘇奥に限られていたため、発動機付漁船による漁業は3港に集中していた。1920年代中期以降、機船底曳網漁業が盛んになったが、許可数の制限があった。このほか、カジキマグロの突棒漁業や汽船トロール漁業、捕鯨などが行われた。

表 3-8　台湾漁獲高上位魚種（1907 年）

魚　種	漁獲高（円）
キビナゴ	81,435
ボラ	72,593
イワシ	64,948
タイ	40,446
フカ	34,011
エビ	25,535
セグロイワシ	24,292

（出典）下啓助・妹尾秀実 (1910)

1）小沼勇 (1988)、二野瓶徳夫 (1981) 等参照。
2）羽原又吉 (1957)、p.23。
3）山口和雄 (1965)、pp.13 ～ 18。
4）山口和雄 (1965)、巻末付表。
5）農林省農林経済局統計調査部 (1955)。
6）愛知県水産試験場 (1994)、p.1。
7）同前、p.16。
8）前掲、二野瓶徳夫 (1981)、pp.170 ～ 174。
9）片山房吉 (1983)、復刻版、有明書房、pp.413 ～ 414。
10）同前、pp.414 ～ 416。
11）同前、pp.418 ～ 423。
12）農商務省水産局 (1903)、p.16。
13）農林省水産局（1936）。
14）山口和雄・中井昭 (1960)、p.305。なお、沖合漁獲高は 7,974 千円であり、磯漁漁獲高は 26,235 千円であった。
15）北海道水産部漁業調整課・北海道漁業制度改革記念事業協会編『北海道漁業史』(1957) によると、1873 ～ 1877 年の 1 年平均ニシン漁獲量は 574,870 石であるのに対し、1893 ～ 1897 年の 1 年平均ニシン漁獲量は 1,042,090 石であった。P.320。
16）『北海道水産雑誌』(1984)、pp.291 ～ 292。
17）『北海道水産雑誌』(1985) 年、p.24。
18）同前、p.323。
19）同前、p.327。
20）山口和雄・中井昭 (1960)、pp.324 ～ 325 等。
21）以下の記述については小岩信竹（2016）を参照。
22）中国の関東州は日露戦争後、日本の租借地となり、漁業に関して日本政府は 1906 年に関東州水産組合規則、関東州漁業取締規則、魚市場規則を公布した。この結果、関東州においては水産組合中心の漁業が展開された。しかし 1925 年に関東州漁業規則が発布され、また 1926 年に関東州水産会令が発布され、関東州水産会が設立されて以後の漁業を担うようになった。なお関東州における漁業の主要な漁獲物はタラ、タチウオ、グチ、タイなどであり、これらは中国人の嗜好する魚種であったが、日本人漁業者はタイに加えてサワラやエビの漁獲を目指した。南満州鉄道庶務部調査課 (1925)、関東州水産会 (1936)。

23）岡本信男 (1965)、pp.97 ～ 100。

24）同前、pp.101 ～ 102。

25）樺太庁 (1908)、p.163。

26）社団法人水友会 (1987)、pp.245 ～ 252。

参考文献

愛知県水産試験場『水産試験場創立百周年記念誌』(同、1994 年)

青塚繁志『日本漁業法史』（北斗書房、2000 年）

岡本信男『近代漁業発達史』(水産社、1965 年)

片山房吉『大日本水産史』1937 年、復刻版、(有明書房、1983 年)

樺太庁『樺太要覧』(同、1908 年)

関東州水産会『関東州水産会十年史』(同、1936 年)

小岩信竹「日本と植民地の漁業制度」伊藤康宏、片岡千賀之、小岩信竹、中居裕編著『帝国日本の漁業と漁業政策』(北斗書房、2016 年) 所収

小沼勇『漁業政策百年―その経済史的考察―』(農山漁村文化協会、1988 年)

下啓助・妹尾秀実『台湾水産業視察復命書』(台湾総督府殖産局、1910 年)

社団法人水友会編『現代韓国水産史』(同、1987 年)

杉本善之助『樺太漁制改革沿革史』（樺太漁制改革沿革史刊行会、1935 年）

朝鮮総督府『朝鮮水産統計』（昭和 10 年）(同、1937 年)

『内外調査資料』第 2 年、10、1930 年

日本農業研究所『日本水産行政沿革史稿本』(同、1955 年)

二野瓶徳夫『明治漁業開拓史』(平凡社、1981 年)

二野瓶徳夫『日本漁業近代史』（平凡社、1999 年）

農商務省水産局『遠洋漁業奨励事業報告』(同、1903 年)

農林省統計情報部・農林統計研究会『水産業累年統計』第 2 巻、(農林統計協会、1978 年 a)

農林省統計情報部・農林統計研究会『水産業累年統計』第 3 巻、(農林統計協会、1978 年 b)

農林省水産局編『遠洋漁業奨励成績』(同、1927 年)

農林省水産局「遠洋漁業奨励の成績」『内外調査資料』8-6、1936 年

農林省農林経済局統計調査部『農林省累年統計表』(農林統計協会、1955 年)

羽原又吉『日本近代漁業経済史上巻』(岩波書店、1957 年)

原暉之『日露戦争とサハリン島』(北海道大学出版会、2011 年)

原暉之・天野尚樹『樺太四十年―四〇万人の故郷―』（一般財団法人全国樺太連盟、2017 年）

原暉三『日本漁業権制度史論』（北隆館、1948 年）

福岡県水産試験技術センター『福岡県水産試験研究機関百年史』(同、1999 年)
北海道水産部漁業調整課・北海道漁業制度改革記念事業協会編『北海道漁業史』(同、1957 年)
『北海道水産雑誌』8、1984 年
『北海道水産雑誌』19、1985 年
南満州鉄道庶務部調査課『満州に於ける水産物の需給』(同、1925 年)
山口和雄編『現代日本産業発達史 XIX 水産』(交詢社出版局、1965 年)
山口和雄・中井昭「沿岸漁業と北洋漁業」地方史研究協議会『日本産業史大系 2 北海道地方編』(東京大学出版会、1960 年) 所収

特論　3

近代の捕鯨業

近世の日本においては、九州の西海漁場、高知県、山口県・長門地方、和歌山県南部地方などに大きな捕鯨組織が存在し、網や銛を使用した組織的な捕鯨業を行っていたことが知られている[1)]。しかしながらこうした捕鯨活動は、幕末期には鯨類資源の減少などを理由として全国的に衰退の一途を辿る。折しも 19 世紀アメリカは、帆船に小回りの利くボートを積み込んだ遠洋捕鯨を操業していたが、1820 年にはこうした日本列島・伊豆諸島・ブニン（小笠原）諸島をとりまく海域―「ジャパン・グラウンド」に到達しており、1830 年～ 1860 年までは、太平洋漁場における捕鯨の最盛期であった[2)]。明治初期、こうしたアメリカ式捕鯨の導入が試みられた[3)]が、それらは定着せずに終わり、明治 30 年代以降は、ノルウェー式捕鯨が日本の捕鯨にも導入されることとなった[4)]。ノルウェー式捕鯨の核を成す砲殺法は、「炸裂弾付きの銛を、動力船の船首に搭載した砲から発射して、爆殺と鯨体確保を同時に行う漁法」とされる[5)]。このノルウェー式捕鯨の導入・定着に成功したのが、日本遠洋漁業株式会社（以下日本遠洋漁業と略す）である[6)]。以下に、東洋捕鯨株式会社編「本邦の諾威式捕鯨誌」をはじめとした文献や先行研究を用いながらその展開を述べて行く。

明治期、カイザーリンクを社長としたロシアの捕鯨会社・露国太平洋漁業株式会社がウラジオストクに組織され[7)]、日本海一帯でノルウェー式の捕鯨技術を用いた捕鯨業を盛んに操業した[8)]。このような外国捕鯨船の操業状況に加えて、水産講習所の設置や遠洋漁業奨励法の公布がなされ、水産業が国策として奨励されはじめたことを受けて、山口県では岡十郎や山田桃作らが中心となり、明治 32 年に「日本遠洋漁業株式会社」が設立された。同社は実際に捕鯨活動を開始するにあたり、もともと露国太平洋漁業株式会社に雇用されており契約満了を迎えたノルウェー人砲手ピーターセンと、ノルウェー人水夫 3 名の計 4 名を雇い入れ、技術者を確保した。また、捕鯨船は国内で先述のノルウェー人乗組員の協力も取り入れながら建造し、使用する捕鯨砲、銛、銛綱その他の物資は三井物産会社を経て輸入している。加えて、岡十郎はノルウェーにおいて捕鯨船・捕鯨具製造、また実際の捕鯨操業を視察した[9)]。設立直後は、韓国政府の捕鯨許可を獲得[10]し、蔚山、釜山を基地として朝鮮半島近海にて操業を開始、新たな捕鯨技術の定着に苦戦しながらも、一定の成功をおさめた。しかしながら、捕鯨船・第一長周丸の故障や捕獲頭数の不振に悩まされ、明治34年より海外の捕鯨船をチャーターし、捕鯨船を調達するという方式を取っている（ホーム・リンガー商会より1隻、ノルウェーのレックス社より2隻をチャーター）[11]。その後日本遠洋漁業株式会社は、日露戦争（明治37～38年、1904～1905年）において拿捕された露国太平洋漁業株式会社の捕鯨船の貸下げのために日韓捕鯨株式会社と合併し、1904年（明治37年）には東洋漁業株式会社（以下東洋漁業と略す）となって[12]、捕鯨船の借り受けに成功した。そして1907年（明治39年）以降は、従来より古式捕鯨がなされていた和歌山県や高知県などを含む太平洋沿岸にも漁場を拡大してゆく[13]。

こうした東洋漁業の躍進に触発され、日露戦争後は日本にいくつもの捕鯨会社が乱立し、1908年（明治41年）には日本近海において、12の捕鯨会社・28隻の捕鯨船で競争的に捕鯨がなされる事態となった[14]。このような背景から、1909年（明治42年）、東洋漁業・長崎捕鯨合資会社[15]・大日本捕鯨株式会社[16]・帝国水産株式会社[17]の4社が合併し、新たに東洋捕鯨株式会社（以下東洋捕鯨と略す）が誕生することとなる。この東洋捕鯨は本社を大阪に置き、主に日本の太平洋側と九州地方・朝鮮半島も含めた20か所の事業所・20隻の捕鯨船（外国傭船も含む）で事業を開始したが[18]、さらに紀伊水産株式会社[19]、内外水産株式会社[20]、長門捕鯨株式会社[21]など日露戦争後に乱立した捕鯨会社の吸収合併を進め、捕鯨業は東洋捕鯨の独占状態となったのである。なお、同1909年（明治42年）には、農商務省より鯨漁取締規則が発令され、捕鯨船隻数を30隻以内とする規制が加えられている。このように、東洋捕鯨への統合集中が進む中で、高知県を本拠地とする土佐捕鯨株式会社[22]・大東漁業株式会社[23]は合併に不参加であった。のちに土佐捕鯨株式会社は株式会社林兼商店の傘下となり、大東漁業株式会社を買収し[24]、大洋捕鯨の前身を形成して行く。

一方海外の捕鯨動向を見ると、1900年代初期よりノルウェーやイギリス等が南氷洋へと捕鯨漁場を拡大して行き、それに伴って技術革新も進行した。1920年代半ば以降、ノルウェーにおいては甲板にクジラを引き上げるため船尾に斜路（スリップウェー）をつける方法を導入したので、捕鯨基地から離れた海域であっても、洋上における解体・加工作業と捕鯨操業の同時進行をより効率的に進めることが可能となった[25]。

技術的革新に加えて、ドイツで油の硬化処理法が開発されたことで、鯨油はそれまでの光源用途ではなく、主にマーガリンや固形石鹸、グリセリン（石油製造の副産物）の原料として人気が高まった[26)]。以上のような背景から、南氷洋における母船式捕鯨業は加速度的に成長してゆくのである。

日本の水産会社が南氷洋捕鯨に参入し始めるのは、1930年代初頭からである。1934年（昭和9）、日本産業株式会社は東洋捕鯨を吸収合併のうえ日本捕鯨株式会社を設立し、ノルウェー式捕鯨母船「アンタークチック号」（のちの図南丸）と捕鯨船を購入して、同年、日本初の南氷洋における試験操業を実施した[27)]。また1936年（昭和11）には、林兼商店が大洋捕鯨株式会社（以下大洋捕鯨と略す）を設立するとともに、初の国産捕鯨母船「日新丸」、捕鯨船8隻を建造し、南氷洋捕鯨に進出した[28)]。続いて、スマトラ拓殖株式会社が鮎川捕鯨を買収し、1937年（昭和12）に設立した極洋捕鯨株式会社（以下極洋捕鯨と略す）も、捕鯨母船1隻、捕鯨船9隻を国内にて建造し、1938年（昭和13）より母船「極洋丸」を擁する捕鯨船団で南氷洋捕鯨に進出する[29)]。

1936年（昭和11）、日本捕鯨株式会社は共同漁業株式会社に合併され、1937年（昭和12）には日本水産株式会社の捕鯨部門となった[30)]（以下日本水産と略す）。新たに設立された日本水産は、こうした各社の南氷洋捕鯨への参入を受けて、「第二図南丸」・「第三図南丸」を建造して事業の拡大を図り、加えて大洋捕鯨も「第二日新丸」を新たに造船した。ここで「捕鯨の歴史と資料」から戦前の南氷洋捕鯨船団数と捕鯨実績の変遷を見ると、日本の捕鯨母船は、1934年（昭和9）から1938年（昭和13）までの4年間で、1隻から6隻へと増加、加えて捕鯨実績は1934/35漁期で213頭、1935/36漁期で639頭、1936/37漁期で1965頭、1937/38漁期で5565頭、1938/39漁期で7550頭、1939/40漁期で6971頭、1940/41漁期で9948頭[31)]と、捕獲頭数はわずか7漁期で40倍以上に増大しており、熾烈な拡大競争下にあったことが分かる。また1936年（昭和11）には共同漁業株式会社・大洋捕鯨・極洋捕鯨の3社が出資をし、北洋捕鯨を専門とする「北洋捕鯨株式会社」（以下北洋捕鯨と略す）を設立したが、出漁したのは1940年（昭和15）・1941年（昭和16）のみであった[32)]。

だが第二次世界大戦下の1943年（昭和18）、水産統制令が公布されると、日本水産は日本海洋漁業統制株式会社へ、林兼商店・大洋捕鯨・遠洋捕鯨株式会社は西大洋漁業統制株式会社へと合併した。捕鯨母船や捕鯨船は徴用の対象となり、戦前の南氷洋捕鯨を担った捕鯨母船 6 隻のうち 5 隻が沈没・1 隻が廃船となったのである[33)]。

1）またそれ以外にも、ツチクジラを対象とした突き取り式捕鯨（千葉県・房総半島）や、湾内に鯨類が入った際湾口を網でふさぎ捕獲する漁法、定置網に混獲したものを利用する漁法など、時代や地域によって様々な捕鯨活動が存在していた。中園成生 (2012)、pp.155 ～ 164。

2）大崎晃 (2010)、p.617、同 (2000)、p.90。

3）アメリカで発明されたボンブランスは、幕末に日本近海で操業した西欧の捕鯨船で用いられ、明治期に日本の捕鯨でも導入が試みられた例がある。例えば長崎県・平戸瀬戸において鯨猟会社が捕鯨を行った際に使用されたが、従来の古式捕鯨の技術も継承された、独自色の強い漁法であったとされる。1) 前掲書、p.165。

4）1) 前掲書で中園は、漁法の変遷を中心として、日本捕鯨史の時代区分を試みているが、その中では近代捕鯨業時代を「ノルウェー式砲殺法の導入」以降としている。具体的には、長崎の遠洋捕鯨株式会社がノルウェー式砲殺捕鯨船での試験操業を開始し、また山口県で遠洋漁業株式会社が組織され操業を開始する 1899 年を近代捕鯨業時代の第一画期としている。また渡邊は、戦前の捕鯨技術導入過程に関して、古式捕鯨衰退とアメリカ捕鯨導入の試みの時期である第Ⅰ期（～ 1896 年）、ノルウェー式捕鯨が導入され、日露戦争後各地に広がる第Ⅱ期（1897 年～ 1908 年）、東洋捕鯨株式会社による捕鯨業独占の第Ⅲ期（1909 年～ 1933 年）、母船式捕鯨の開始と大資本による捕鯨会社の系列化が進む第Ⅳ期（1934 年～ 1941 年）、母船式捕鯨の中止と統制会社による捕鯨の時期区分にあたる第Ⅴ期（1942 年～ 1945 年）に分類している。渡邊洋之 (2006)、pp.19 ～ 23。

5）1) 前掲書、p.166　片岡千賀之ほか（2012）p.91 においては、網取り式捕鯨とノルウェー式捕鯨を比較し、前者が待ちの漁業で、鯨類の季節的回遊に左右され捕獲効率もさほど高くないことに対して、後者は漁船や漁具、漁法の進歩により捕獲効率や機動力が高くなり操業域も拡大したという違いを指摘している。

6）これより前にもノルウェー式捕鯨の導入はいくつかの会社により試みられており、例えば明治 30 年には長崎にて遠洋捕鯨株式会社、長崎捕鯨株式会社が設立され、ノルウェー式捕鯨の導入が試みられたが、操業不振等から数年で廃業・解散している。5）片岡千賀之ほか前掲書、p.93　鳥巣京一（1999）、pp.336 ～ 342。

7）設立年は、東洋捕鯨株式会社（1910）、pp.185 ～ 188 によれば明治 24 年（1891 年）設立となっているが、神長英輔（2002）は明治 27 年（1894 年）が妥当ではないかとしている。

8）戸島昭（2016）、p.385。

9）6) 前掲書、p.201 ～ 206。

10）取締役河北勘七は、捕鯨特許を当時の韓国政府に出願し、明治 33 年（1900 年）に「全羅一道を除く慶尚、江原、咸鏡三道、海浜三里以内を特定捕鯨区域とす」など六ヶ条からなる特許を受けた。6) 前掲書、pp.206 ～ 208　大日本水産会 (1982)、p.60。

11）7) 前掲書、pp.216 ～ 227。

12）8) 前掲書、p.388。

13）7) 前掲書、pp.241 ～ 244。

14）7) 前掲書、p.268。

15）長崎捕鯨合資会社：明治 37 年（1904 年）、長崎で設立。当初は韓国傭船で蔚山を根拠地に操業していたが、のちにノルウェーより捕鯨船を購入し、高知県甲浦、長崎県比田勝、五島にも根拠地をおいて操業した。7) 前掲書、pp.239 ～ 240 、10) 前掲書、pp.157 ～ 158。

16）大日本捕鯨株式会社：明治 40 年（1907 年）設立。千葉県銚子・三重県二木島・高知県甲浦・宮崎県細島・佐賀県呼子に事業所をおき、ノルウェーより購入した捕鯨船と国内製造の捕鯨船計 4 隻、解剖船・貯蔵運搬船などをもって操業した。7) 前掲書、pp.257 ～ 260、10) 前掲書、pp.158 ～ 159。

17）帝国水産株式会社：明治 40 年（1907 年）に設立。和歌山県太地、宮城県荻浜、高知県清水を根拠地として、ノルウェーより購入した捕鯨船と国内建造の捕鯨船・帆船の合計 4 隻で捕鯨操業を行った。7) 前掲書、pp.254 ～ 257 、10) 前掲書、p.159。

18）農林水産局 (1935)、pp.7 ～ 9、宇仁（2018）は、東洋捕鯨の設立に加わらなかった捕鯨会社等を含む明治 43 年（1910 年）の事業所数は、すぐに移転したものを除くと 29 ヶ所であったであったことを資料の精査から明らかにしている。

19）紀伊水産株式会社：1907 年（明治 40 年）、和歌山において設立。ノルウェーより捕鯨事業船を購入し、紀州・金華山方面で捕鯨を操業した。7) 前掲書、p.266　10) 前掲書、p.161。

20）内外水産株式会社：1907 年（明治 40 年）、大阪にて設立。ノルウェーより購入した捕鯨事業船を含む 4 隻をもって、紀州沖、土佐沖、金華山沖にて操業した。7) 前掲書、p.263、10) 前掲書、p.160。

21）長門捕鯨株式会社：1907 年（明治 40 年）、山口県長門地方に設立。東洋捕鯨の傭船である捕鯨船を購入し、仙崎付近・対馬沿海で捕鯨を操業した。7) 前掲書、p.267、10) 前掲書、p.161。

22）土佐捕鯨株式会社：前身である土佐捕鯨合名会社は明治 40 年、高知県において設立。1917 年（大正 6 年）に株式会社に再編したが、株の過半数を取得した林兼商店が土佐捕鯨株式会社を傘下に収めた。7) 前掲書、p.265、10) 前掲書、p.161。

23）大東漁業株式会社：1907 年（明治 40 年）に高知県において設立。事業船第一大東丸、第二大東丸と運送船、解剖船を所有し、捕鯨事業を展開した。7）前掲書、p.265。

24）8) 前掲書、p.706。

25）多藤省徳 (1985)、pp.16~17。

26）森田勝昭 (1994)、pp.345 ～ 346。

27）日本水産株式会社 (1961)、p.303。

28）大洋漁業株式会社 (1960)、p.242。

29）極洋捕鯨株式会社 (1968)、pp.140 ～ 145。

30）27) 前掲書、p.298。

31）25) 前掲書、p.163。

32）25) 前掲書、p.29。

33）25) 前掲書、pp.30 ～ 31。

参考文献

板橋守邦 『南氷洋捕鯨史』(中公新書、1987 年)
宇仁義和「戦前 1899―1945 年の近代沿岸捕鯨の事業場と捕鯨船」『下関鯨類研究室報告』№ 6、2018 年
大崎晃「 19 世紀後半期アメリカ式捕鯨の衰退と産業革命― ニューイングランドにおける捕鯨中心地の近代綿工業地への転換―」『地学雑誌』Vol.119 No.4、2010 年
同「 19 世紀アメリカ捕鯨経済誌― ニューイングランドにおける捕鯨業中心地形成の考察」『地学雑誌』Vol.109 No.1、2000 年
同「19 世紀後半期アメリカ捕鯨航海史― ニューイングランドにおける捕鯨マニュファクチュアの考察―」『地学雑誌』Vol.114 No.4、2005 年
大隅清治 『クジラと日本人』(岩波新書、2003 年)
片岡千賀之、亀田和彦「明治期における長崎県の捕鯨業」『長崎大学水産学部研究報告』№ 93、2012 年
神長英輔「北東アジアにおける近代捕鯨業の黎明」『スラヴ研究』№ 49、2002 年
岸本充弘 『関門鯨産業文化史』(海鳥社、2006 年)
極洋捕鯨株式会社『極洋捕鯨 30 年史』(1968 年)
大日本水産会『大日本水産会百年史　前編』(1982 年)
多藤省徳編著『捕鯨の歴史と資料』(1985 年)
大洋漁業株式会社『大洋漁業 80 年史』(1960 年)
東洋捕鯨株式会社編『本邦の諾威式捕鯨誌』（1910 年）
鳥巣京一『西海捕鯨の史的研究』（九州大学出版会、1999 年）
戸島昭「第五節　沿岸捕鯨業の転換」山口県『山口県史　通史編　近代』（2016 年）
中園成生「日本における捕鯨の歴史的概要―漁法を中心に」岸上伸啓編著『捕鯨の文化人類学』（成山堂書店、2012 年）
日本水産株式会社『日本水産 50 年史』(1961 年)
農林水産局『捕鯨業に関する調査』(1935 年)
森田勝昭『鯨と捕鯨の文化史』(名古屋大学出版会、1994 年)
渡邊洋之『捕鯨問題の歴史社会学』（東信堂、2006 年）

第4章

近代漁業の展開

本章が対象とする時期は、第一次大戦後から世界恐慌（昭和恐慌）までの約10年間で、第一次大戦で高揚した水産業もその後の不況の連続によって停滞する部門と前進する部門とに明暗が分かれた。沿岸漁業・養殖業の技術発展、漁船動力化による沖合・遠洋漁業の発展がみられた。水産加工業は欧米向けの缶詰製造が急増し、水産物流通は製氷・冷蔵事業の発達と市場圏の拡大、魚市場の近代化が進行した。

対象とする地域は、内地と外地（植民地及び半植民地の樺太、朝鮮、関東州、台湾、南洋群島）及び条約に基づく露領漁業である。外地の漁業は季節的出漁から移住漁業に重心が移り、内地を主な市場とした。露領漁業は欧米向け缶詰生産を目的に発達するが、ロシア革命により不安定となる一方、ロシア（ソ連）の干渉を受けない母船式操業（遠洋漁業）が興隆した。

以下、水産業の概要と漁業政策、漁業・養殖業の発展、露領漁業への圧迫と外地漁業の拡大、水産加工・水産物流通の拡大、大資本経営の誕生の順にとりあげる。

第1節　水産業の概要と漁業政策

(1) 水産業の概要

図4-1は、内地の漁業、養殖業、水産製造業の就業者数を、業主（経営主）と被用者に分けて示したものである。1920年代をみると、漁業では業主は50万

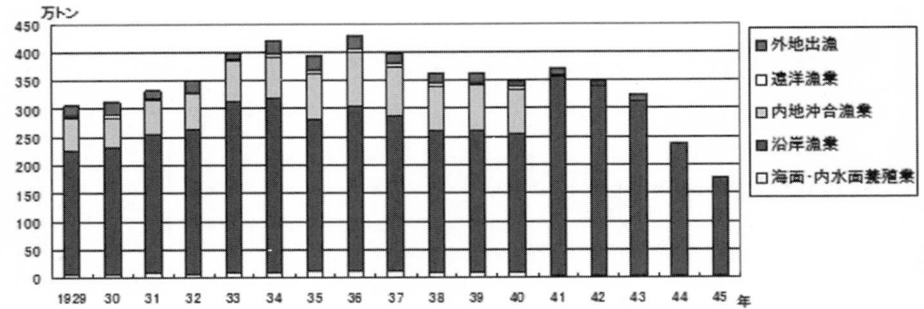

図 4-1　内地の水産業就業者数の推移

（出典）農林水産省統計情報部・農林統計協会編 1978『水産業累年統計　第 1 巻　基本構造統計・漁業経済統計』

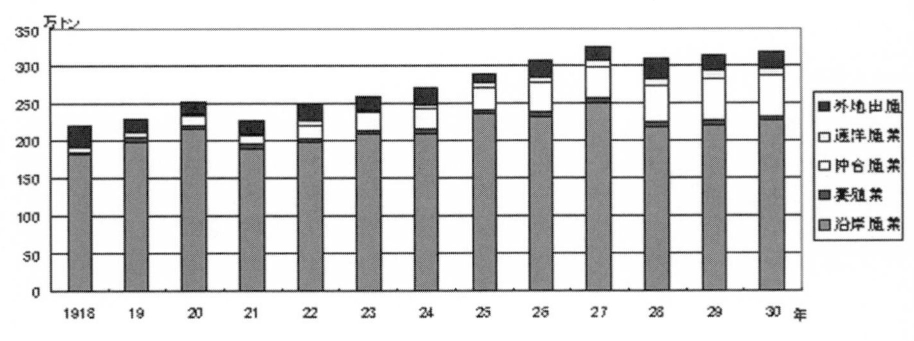

図 4-2　内地の漁業生産量の推移

（出典）農林水産省統計情報部・農林統計研究会編 1979『水産業累年統計　第 2 巻　生産統計・流通統計』
注）遠洋漁業は母船式漁業とトロール漁業、外地出漁は露領、朝鮮、関東州、台湾、南洋群島出漁をさす。

人前後、被用者は 60 万人余であった。養殖業は業主は 4 万人から 8 万人に、被用者は 2 万人から 4 万人に倍増した。水産製造業は業主は 6 万人余で推移するが、被用者は 14 万人から 19 万人に増加した。漁業、養殖業、水産製造業とも被用者が増加しており、それだけ企業的経営が伸長した（1930 年代については第 5

章でふれる)。

図4-2は、内地における漁業生産量の推移を沿岸漁業、養殖業、沖合漁業、遠洋漁業、外地出漁に分けて示したものである。全体は1918年の220万トンから1930年の320万トンへと大幅に増加した。沿岸漁業が大半を占めるが、その伸びは小さい。養殖業は海面養殖が主体で4万トンから6万トンに増加した。沖合漁業(沿岸漁業との境界は不明)が大幅に伸びて1930年は50万トンを超え、全体の17%を占めるようになった。遠洋漁業（大臣許可漁業の汽船トロールと母船式漁業）では汽船トロール（主に東シナ海・黄海で操業）は第一次大戦後に復活して6万トンを漁獲するようになった。母船式漁業（サケ・マス、カニ漁業）は1923年に現れ、1930年は5万トンを漁獲している。外地出漁と露領漁業は20万トン前後で横ばいである。

魚種別漁獲量ではニシンとイワシがずば抜けて高く、しかも期間中、ニシンが70万トンから30万トンに減り、イワシが40万トンから80万トンに増えて首位が入れ替わった。漁獲変動は資源変動が主な理由。その他の重要魚種はサケ・マス、タラ、サバ、カツオ、イカ等である。

生産金額は沿岸漁業と沖合漁業しかわからないが、沿岸漁業は1億6,000万円から2億5,000万円に増加するものの、1930年は1億6,000万円に逆戻りした。沖合漁業は3,000万円から増加を続けて9,000万円となったが、1930年は7,000万円に低下した。金額ベースでは沖合漁業は全体の3割近くを占めるようになった。1930年の低下は昭和恐慌による魚価の低落が原因である。

漁業生産の伸びをもたらした漁船の動力化についてみよう。無動力漁船は1921年の38万隻から1930年の32万隻へと漸減する一方、動力漁船は500隻に過ぎなかったのに3万隻を超えて全体の1割を占めるようになった。動力漁船のほとんどが発動機船で、当初は10～20トンが中心であったが、次第に10トン未満と20トン以上が急増する。沿岸漁業にも動力漁船が普及し始め、一方、沖合・遠洋漁業では漁船の大型化が進行したのである。漁船の動力化はいうまでもなく、漁場の拡大、曳網力の増強、操業日数の増加等を通して生産力を高め、また、企業的経営の成長をもたらした。

(2) 漁業政策の展開

漁業政策では、1910年に漁業法が改正されて漁業組合による漁獲物の販売、漁業用資材の購入、資金貸付等の経済事業が認められた。第一次大戦中の好景気で漁業組合の経済事業が大きく進展し、とくに販売事業が広がり、反対に商人資本による仕込み、水産物流通支配が後退した。第一次大戦後は不況が続き、商人資本の漁村支配が再び強まったことから1926年に漁業共同施設奨励規則が制定され、漁業組合の経済事業や施設整備が補助されるようになった。漁業政策が沿岸漁業にも目を向けた点、補助金行政が始まったという点で画期的である。

1920年代の漁業組合数は3,650組合から3,900組合に増えているが、経済事業の実施割合も、販売は18%から23%に、購買は3%から5%に、物資・資金貸付は6%から14%に伸びている。

1920年代半ばの水産金融は政府系銀行や普通銀行等の銀行金融が6割を占め、それまで支配的であった個人、商人、頼母子講等の個人的金融は3割に落ちた。それ以外は漁業組合、産業組合の組合金融である。沖合・遠洋漁業が目覚ましく発達し、沿岸漁業も安定すると、銀行融資の割合は急速に高まり、組合金融も次第に拡大した。

沖合・遠洋漁業では、第一次大戦中の好景気に煽られて会社が乱立したが、大戦後は不況、震災恐慌、金融恐慌によって相当数が淘汰された。沖合・遠洋・露領漁業が発達してくると、漁業政策は生産力増強政策から資源保護のため操業を規制する許可政策へと変わった。許可政策は競合する業種間の調整、共倒れ防止の役割も果たすと同時に許可を集積・集中する大資本経営の誕生を助けることにもなった。

第2節　漁業・養殖業の発展

(1) 沿岸漁業・養殖業の展開

沿岸漁業を代表するイワシまき網漁業、定置網漁業と養殖業の発展経過をみよう。

1）イワシまき網漁業

イワシ漁業は1900年代以降、魚群の来遊を待って獲る地曳網等に替わり、沖合で操業する改良揚繰網（あぐりあみ）、巾着網、流網（刺網）漁業が発達した。改良揚繰網と巾着網はほぼ同一のまき網漁法であるが、前者は沿岸域で2艘まき、後者は沖合域で1艘まきで操業することが多い。

1920年代にイワシ漁獲量は増加傾向となった。当初は動力船が網船を曳航する方法がとられたが、1920年代後半にはほとんどが網船を動力化し、機械巻きあげ機を設置した。無動力船では動きが敏捷で沖合域にいる大羽イワシ（成魚のこと）を漁獲できなかったが、動力船は漁場探索の範囲を広げ、素早く網をかけ廻す（1艘まき）ことで大羽イワシも漁獲できるようになった。イワシ漁業は全国各地で行われ、その発展はイワシ加工と漁村の活況をもたらした。

2）定置網漁業

定置網漁業は漁法改良が著しい。型式は大敷網（おおしきあみ）から大謀網（だいぼうあみ）へ、さらに落網（おとしあみ）へと変化した。ブリ、マグロ大敷網が大謀網に替わるのは1910年代半ばのことで、身網の形状を網口の広い箕形から楕円形または紡錘形とし、その一辺に網口を付けることによって魚群は身網に入りにくいが、一旦入れば逃げにくい構造となった。

1919年にブリ落網が考案された。身網の先端部に袋網を付け、魚群をそこへ誘導して一旦入ったら逃げ出せないようにした。漁獲の確実性が高まり、水揚げには袋網を揚げるだけでよいので、操業時間の短縮、省力化が可能となった。落網は徐々に普及し、昭和恐慌後に優勢となる。

ニシン定置網は角網（かくあみ）（大謀網の一種）が引き続き使用された。サケ・マス定置網は角網が主流だったが、1920年代には落網が漸増した。イワシ定置網は、1920年代は大敷網、角網が主であったが、1930年代には落網に替わった。

3）養殖業

前述した通り、養殖業就業者は大幅に増加した。圧倒的に家族経営が多い。季節的生産なので漁船漁業や農業との兼業が多い。種類は海面養殖はノリ、カキ、真珠、内水面養殖はコイ、ウナギが主である。

ノリ養殖は、養殖場、面積、生産量ともに増加傾向にあった。養殖方法は木の枝や竹を建てる篊建て養殖で、主産地の東京湾が全体の7割を生産した。その他、三河湾、瀬戸内海も産地であった。

カキ養殖は地蒔きや篊建て式から簡易垂下式に発展した。簡易垂下式は干潟に杭を打ち、それにカキの幼生を付着させるために針金で連結した貝殻を吊すもので、漁場利用が集約的となった。主産地は広島湾、松島湾、有明海であった。

真珠養殖は大きな発展をみて、養殖場は拡大し、生産量も急増した。1910年代に半円真珠から真円真珠の生産へと発展したが、1920年代には養殖方法が地蒔き式から垂下式（筏に真珠貝の入った籠を吊す）に替わり、養殖場の集約的利用、生産の安定、増加が実現した。海底地質も制約条件とならなくなった。管理は容易となり、貝掃除も行われ、冬季の避寒も可能となった。産地は英虞湾、大村湾などである。

（2）沖合・遠洋漁業の発展

沖合漁業として以東底曳網漁業、沖合カツオ・マグロ漁業、遠洋漁業としてトロール漁業、以西底曳網漁業、母船式カニ漁業、母船式サケ・マス漁業をとりあげる。

1）以東底曳網漁業

機船底曳網漁業は1913年に島根県と茨城県で開発され、代表的な沖合漁業として全国に拡大した。沿岸漁業との紛争防止と資源保護のために、1921年に機船底曳網漁業取締規則が制定され、該漁業を知事許可漁業とし、全国の沿岸域を禁漁区とした。1924年には東経130度を境に以西底曳網と以東底曳網に分けられた。東経130度は漁場となる大陸棚が狭い内地沖合と広い東シナ海・黄海の境界線である。以来、以東底曳網は沿岸漁業と対立紛争を繰り返す沖合漁業、以西底曳網は東シナ海・黄海でトロール漁業と競合する遠洋漁業として発達した。以東底曳網は急激に着業船を増やし、1921年の1,000隻が1930年には2,700

隻となった。以東底曳網の急激な発展は漁場の荒廃、資源の枯渇、沿岸漁業者による激しい反対運動を招き、以後、発展が抑止された。1933年には大臣許可に改め、許可隻数の削減を図った。

以東底曳網は比較的小資本で経営できることから経営者は沿岸漁業から上向した者が多く、漁業地も全国各地に広がっている。

2）沖合カツオ・マグロ漁業

カツオ釣りは個人経営が支配的で、技能をもつ血縁地縁集団で編成された。最初に漁船の動力化を始めた漁業で、カツオの沿岸来遊を待つのではなく、黒潮に乗って回遊する魚群を追うようになった。漁船数は1921年の1,600隻から1930年の1,000隻に減少したが、漁船は大型化し、一艘あたり乗組員数も増えた。活餌（かつじ）水槽の機械換水、撒水ポンプ（魚群を引きつけるための撒水）、船内冷蔵、無線電信電話等が装備され、漁獲性能の向上、沖合・遠洋出漁につながった。漁場拡大に伴いカツオ釣りと餌料採捕、カツオ節加工の分業化が進行し、カツオ漁業地が絞られるようになった。1920年代後半にはカツオ釣り漁船の多くはマグロ延縄（はえなわ）を兼業して周年操業をするようになった。

マグロ漁業は、1920年代に目覚ましい発展を遂げ、その漁獲量はカツオを上回るようになった。漁法は延縄を主とする。漁船はほとんどが動力化し、その数1,300隻となった。漁船の大型化とともに、カツオ釣りと兼業するようになり、鋼船化、延縄の巻き揚げ機（ライン・ホーラー）、無線電信電話の装備が進行した。この他、1920年代末に冷凍または缶詰にして米国へ輸出する途が開けたことで房総沖でのビンナガマグロ釣りが始まった。

3）トロール漁業

大陸棚が発達している東シナ海・黄海では汽船トロール、以西底曳網が順番に発達した。1905年に汽船トロールが始まり、急速に発達して資源の乱獲、漁場の荒廃を招いたことから大臣許可漁業とし、漁場を東シナ海・黄海に遠ざけた。第一次大戦が勃発すると汽船は運搬船等として高値で売却され、残ったトロール船が少なくなると政府は過剰操業が再現しないように隻数を70隻に制限した。第一次大戦が終わると船価が下がり、トロール船も建造されて制限隻数にまで戻った。こうした中、共同漁業㈱は許可を集積して独占体制を固めていった。

1920年代に共同漁業が主導して無線電信の装備、網口を広げる漁法の導入、ディーゼルエンジンの採用、急速冷凍機の装備といった技術革新を進めた。この結果、東シナ海・黄海以遠への漁場開発が可能となり、一部は南シナ海やベーリング海へ出漁するようになった。

4）以西底曳網漁業

1920年頃、九州・五島方面に進出した機船底曳網漁業はトロール漁業と同じ東シナ海・黄海へ出漁するようになった。第一次大戦後のトロール漁業の復活、以西底曳網漁業の急激な発展によって重要資源であるタイ類の減少が著しくなった。トロール漁業は隻数が制限されていたが、以西底曳網の許可（知事許可）は増え続け、大臣許可に移された1933年には876隻に達した。この頃から内地根拠だけでなく、関東州、台湾、中国（主に青島）等外地を根拠とする機船底曳網も増加した。

以西底曳網の系譜には島根県船と徳島県船とがあり、根拠地である下関や長崎の問屋資本から仕込み（漁獲物の販売を条件に資金や資材を貸与する）を受けて成長した。問屋資本の代表格であった㈱林兼商店も直営に乗り出すようになり、最大の以西底曳網経営者となった。この他、トロール漁業を制限された共同漁業も以西底曳網に進出し、有力経営体となった。

トロール漁業と同様、漁獲物はタイ類からねり製品原料魚へと替わった。トロールの漁獲量は6万トンが最大であるが、以西底曳網は16万トンが戦前の最高水準である。

5）母船式カニ漁業

カニ缶詰生産は、第一次大戦中、輸出が増加して急速に発達したが、沿岸資源が減少して漁場は遠くなり、製造までの時間が長くなって鮮度、品質が低下した。一方、1920年に露領でカニ缶詰の生産が始まったが、サケ・マス漁区との競合もあってカニ漁区の拡張は困難であった。それで漁獲したカニを直ちに缶詰加工ができ、ロシアの干渉を受けない領海外で操業する母船式カニ漁業（工船カニ漁業ともいう）が1921年に登場した。対象とするカニはタラバガニである。

着業者が相次いだので、1923年に工船蟹漁業取締規則を制定して大臣許可制とし、禁止区域の設定や網目規制等を行い、1927年にはオホーツク海（西カムチャッカ）での操業隻数を18隻に制限した。1930年の母船数は西カムチャッカ13隻、東カムチャッカ6隻、計19隻で最大となった。

母船は帆船から汽船に変わり、船型も大型化した。漁船は主に搭載船（とうさいせん）（漁場との往復時には母船に搭載する）で4～5隻、乗組員は1船団200～500人である。漁具は刺網を使う。漁獲効率が低下し、魚体の小型化が進行した。

母船でのカニ缶詰生産高は急増し、1930年は1,300万円となり、同年のカニ缶詰生産全体の7割を占めた。

農林省は、許可隻数を制限するとととともに漁場の荒廃を防ぎ、競争を排除するよう企業合同を勧めたことから合併が相次ぎ、1932年には独占経営体の日本合同工船㈱が設立された。同社は共同漁業㈱の系列会社である。

6）母船式サケ・マス漁業

1929年に日魯漁業㈱が母船式サケ・マス漁業を創始した。露領漁業はソビエト政権の樹立後、ソ連国営企業の急激な進出に伴い、日本人漁区は縮小せざるを得なかった。それでソ連の許可が不要な公海へ進出したのである。農林省は、母船式鮭鱒漁業取締規則を公布して大臣許可漁業とした。1933年に母船数が最大の19隻になった。母船の規模は2,000トン以下、独航船（どっこうせん）（漁場との往復も漁船が航走する）は10隻以下、1船団の乗組員は100～300人である。独航船は母船と買魚契約を結んで操業する。漁具は主に流網が使われた。

漁場は東カムチャッカであったが、母船の投錨地点が領海に接していたので、度々、ソ連側と渉外事件を起こした（領海幅を日本は3カイリ、ソ連は12カイリとしたことが大きく影響した）。魚種はベニザケが最も多く、主に缶詰に加工された（他は塩蔵、冷蔵、魚卵採取等）。北洋全体のサケ・マス缶詰生産高のうち露領漁業の占める割合は絶対的に高いが、母船式は1930年の2%から1933年の18%へと急増している。最大の経営体であった日魯漁業系の太平洋漁業㈱が他企業を次々と吸収合併して1935年には母船式サケ・マス漁業の独占経営体となった。

第3節　露領漁業への圧迫と外地漁業の拡大

(1) 露領漁業への圧迫

露領漁業はサケ・マス等の定置網漁業で、漁獲物は塩蔵や缶詰に加工された。国内向けの塩蔵品中心から欧米向けの缶詰中心に移行したことで大きく発展した。缶詰製造は1910年に始まり、米国から自動製缶機や自動缶詰機の導入、製缶工場の設立（製缶部門の分離）によって生産力が飛躍的に高まった。第一次大戦期の好況、欧州への販路開拓によって缶詰企業が次々と誕生し、相互の競争、漁区の争奪が繰り返された。1907年に結ばれた日露漁業協約は12年間有効であったが、ロシア革命による混乱で交渉相手を失い、無条約、自衛出漁といった不安定な状態が続いた。1922年にソビエト政権が樹立すると暫定協定（後の日ソ漁業条約）を結んだ。ソ連は国営企業等に優先的に漁区を与えるため、日本側を圧迫し始めた。漁区確保の不安定、第一次大戦後不況による缶詰の滞貨、融資銀行から企業合同を勧告されたのを機に、1924年に大手企業の合同で日魯漁業㈱が誕生した。1932年には群小漁業家を包摂する大合同が実現し、露領漁業は完全に日魯漁業の独占となった。

第一次大戦後、租借漁区数は260～310前後と不安定な状態が続いたが、出漁者は13,000人から22,000人に、漁獲量は10～17万トン、製造高は2,000万円台から3,000万円台になった。当初、塩蔵と缶詰の生産比は半々であったが、塩蔵が減少し、缶詰が増加した。

露領でのサケ・マス定置網が規制され、カニ定置網の拡大も困難なことから、前述したように母船式サケ・マス、母船式カニ漁業が発達した。

(2) 外地漁業の発展

外地（日本の植民地・半植民地である樺太、朝鮮、関東州、台湾、南洋群島）の日本人漁業には季節的出漁と移住漁業があり、朝鮮、関東州は植民地化されると季節的出漁から移住漁業へと重心が移った。樺太、台湾、南洋群島の漁業は移住者によって開発された。

外地での日本人漁業は沖合漁業が中心で、現地人が従事する沿岸漁業とは漁場、漁業技術、漁業の生産性、漁獲物の商品性が異なる。もっとも樺太、南洋群島では現地人の沿岸漁業も未発達であった。日本人と現地人との生産力格差は水産製造業でも同様である。日本人漁獲物のうち高価格魚や水産加工品は内地に移出された。活鮮魚運搬業者による買付集荷は朝鮮で顕著であり、搬入先の大阪魚市場では朝鮮物は一定の地位を占めた。水産加工品では台湾や南洋群島のカツオ節製造は市況に影響を与えた。樺太ではニシン、サケ・マスの沿岸漁業で始まり、1920年代後半から漁船動力化に伴い、沖合漁業が展開した。

外地での水産行政は、内地のそれに準じた漁業法令の制定、水産奨励制度をとった。移住漁業が支配的になると、内地からの出漁奨励、移住奨励はなくなった。

外地以外でも日本人漁業は、北米（ハワイ、カリフォルニア、カナダ)、東南アジア（フィリピン、シンガポール、蘭領東インドなど)、大洋州（豪州など）でも発展しているが、ここでは省略する。

1）樺太

日露戦争の結果、樺太の南半分は日本領となった。その樺太では漁業が基幹産業で、東北、北海道からの移住者の増加で発達した。主要魚種はニシン、サケ・マスで、漁法は当初、建網（定置網）に限られていたが、後から移住した漁民が刺網でニシン、小型建網でニシン、サケ・マスを漁獲できるようになり、漁獲高も急増した。また、1920年代後半から動力船によるタラ延縄、機船底曳網、イワシ揚繰網、カニ刺網等の許可漁業が発達し、総漁獲高は2,000万円台に達した。ニシンは〆粕（しめかす）、身欠（みが）きニシン（干物)、サケ・マスは塩蔵、タラは棒ダラ、カニは缶詰に加工され、仕込みを受けた北海道の海産物問屋に販売した。1930年の水産製造高は1,380万円となった。

2）朝鮮

朝鮮出漁（朝鮮海出漁、韓海出漁ともいう）は1910年代にピークに達した後、衰退に傾き、1920年代は漁船2,000～4,000隻、乗組員10,000～25,000人、漁獲高 4 ～ 8 万トン、400 ～ 800 万円となった。それに替わって朝鮮併合以来、移住漁業者が増加し、その漁獲が季節的出漁を上回るようになった。漁獲物はタイ、サワラ、ハモ等が減少し、替わってイワシ、サバ、グチ、ニシン、タラ、カレイ等が増加した。魚種構成の変化は、高価格魚の減少、あんこう網、巾着網等の沖合漁業の発達を反映している。

動力漁船の普及、漁業の発達につれて運搬船業でも林兼（はやしかね）商店、山神（やまがみ）組（後、日本水産、共同漁業、新日本水産となる。鮮魚流通部門を担当）といった大手資本が台頭し、出漁船、移住者に仕込みを行い、さらには漁業を兼営するようになった。

1929 年の生産高は、漁業 6,500 万円、水産製造業 4,500 万円、養殖業 300 万円であった。主な漁業種類は流網、巾着網、延縄、あんこう網、定置網、潜水器漁業である。水産製造高も高く、なかでも煮乾品（主に煮干し）、魚肥（〆粕）、魚油が多い。朝鮮でもイワシの漁獲が急増し始め、注目を浴びるようになった。養殖業はノリとカキが主で、朝鮮人によって行われた。

3）関東州

関東州は日露戦争の結果、日本の租借地となった。関東州出漁は日露戦後に始まり、第一次大戦後が最盛期で、漁船 250 隻、乗組員 1,500 人、漁獲高 70 万円となった。その後、減少した。瀬戸内海方面からタイ延縄、打瀬網（うたせあみ）、手繰網（てぐりあみ）（両者は底曳網）等で出漁した。出漁船は 1920 年代以降、動力化して機船底曳網となった。出漁者は内地魚問屋の仕込みに依存し、エビ、タイ、サワラ等の高価格魚は運搬船で内地に移出された。一般鮮魚は、大連に魚市場ができるとそこへ出荷するようになった。機船底曳網漁業は 1918 年に渡来し、タイ延縄、一本釣りに替わって主幹漁業となった。同時に周年操業が可能となって移住者が増え、漁獲高も出漁者のそれを上回るようになった。1920 年代に季節的出漁から移住漁業へと中心が移ったのである。

1930 年の漁獲高は 385 万円、水産製造高は 134 万円となった。動力漁船は 115 隻で、うち日本人は 85 隻を所有し、その大半は機船底曳網漁船であった。日本人の水産製造業、養殖業は発達しなかった。

4）台湾

第一次大戦後、日本人移住者によるカツオ釣り、マグロ延縄、カジキ突棒（つきんぼう）、サンゴ採取、機船底曳網、トロール漁業などが発達した。多くの場合、各種漁業を組み合わせた。漁業者は高知県、愛媛県、大分県出身者が多い。1929 年の漁獲高は 1,542 万円、養殖業は 374 万円、水産製造高は 277 万円となった。

カツオ釣りは 1910 年に始まる。当初から動力漁船であった。従業船は漸増して 1929 年には 14 隻となった。カツオ節に加工して内地へ移出した。マグロ延縄は 1910 年代末に始まり、漁船の動力化、内地移出の確立、冷蔵庫建設で隻数は 200 隻余に増えた。カジキ突棒（船上から銛を投げて仕留める漁法）は 1923 年に始まり、漁船の動力化、漁場の拡大で隆盛となった。サンゴ採取は 1924 年以来、従業船が続出した。大量採取による価格の下落、新漁場の発見といった変動を経て 1929 年の従業船は 100 隻内外となった。

汽船トロールは 1914 年に導入されるが、第一次大戦中のトロール船の売却、戦後は不況や競合する機船底曳網漁業の勃興で定着しなかった。1927 年に共同漁業㈱が効率漁法を導入して以来、制限隻数の 4 隻にまで復活した。機船底曳網漁業は 1923 年に始まり、起業者が続出して許可も 120 隻にまで増えた。沿岸漁業を保護するため、トロール漁業と同じ禁止区域が設定された。

5）南洋群島

第一次大戦の結果、日本の国連委任統治領となった南洋群島（現在のミクロネシア）へは、1920 年代後半にカツオ漁業が進出した。沖縄県のカツオ漁業が不漁と不況に苦しんで資源が豊富で周年操業が可能な南洋群島に根拠地を移した。餌取り、カツオ釣り、カツオ節製造を一貫経営する沖縄での経営形態が持ち込まれた。一大カツオ漁業地、カツオ節産地として成長していく。カツオ節は内地へ移出された。

第 4 節　水産加工・水産物流通の拡大

(1) 水産加工業の展開

図 4-1 でみたように、水産製造業の就業者は業主が 6 万人余、被用者は 14 万人から 19 万人に増えたが、企業経営は少数で、漁家の副業、家内制手工業が支配的であった。

図 4-3 は、内地における水産加工品生産量の推移（1918 ～ 30 年）を示したものである（水産缶詰を含まない）。合計は 26 万トンから 66 万トンへと大幅に増えた。金額は 1 億 2,000 万円から 2 億円に増えた後、低迷し、1930 年は昭和恐慌の影響で 1 億 5,000 万円に低下した。生産量の伸びに比べ金額の伸びが小さいことは低価格品の伸びが大きかったことを示す。

ほとんどの品目で生産量が伸びた。素干し（主にスルメ、ニシン）、塩干品（主にイワシ、タラ）、煮干し（ほとんどがイワシ）、節類（主にカツオ節）は大幅増加、塩蔵品（主にイワシ、サバ、サケ）は停滞、ねり製品（かまぼこ・ちくわ）は急増している。魚肥・魚油（イワシ、ニシンが主原料）・鯨油はイワシの漁獲増加で大幅に増加した。海藻（主にノリ、コンブ、ワカメ）も増加している。図にはない水産缶詰は 1.5 万トンから 6 万トンへと飛躍的に伸びている。カニとサケ・マス缶詰が主体で、この間の北洋漁業の発展を物語る。以下、水産缶詰、水産加工食品、魚肥・魚油についてみていこう。

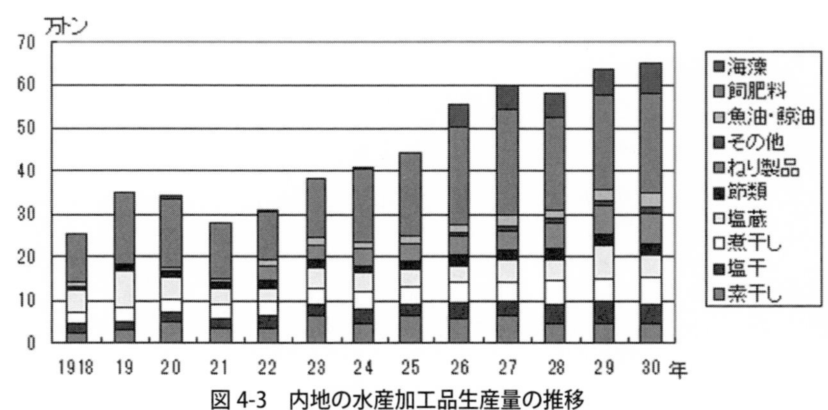

図 4-3　内地の水産加工品生産量の推移

（出典）図 4-2 と同じ。
　注）水産缶詰を含まない。

1）水産缶詰

缶詰工業の発展段階は、缶詰業者が空缶を作り、肉詰めをしたうえハンダ付けで缶を密封した手工業生産、露領漁業において缶詰機械と製缶機械を採用した工場制機械生産、さらに缶詰業と製缶業が分化し、空缶を大量に缶詰企業に供給した時代とに分けられる。缶詰の多くは輸出されるが、輸出水産物の首位に就くのは、製缶業の分離で缶詰の大量生産が確立した1928年のことである。

サケ・マス缶詰の本格的生産は1910年代初めに露領に缶詰工場が設立されてからで、第一次大戦中は輸出の拡大で生産高は著しく増加した。大戦後は停滞したが、1930年代には母船式及び露領漁業地に近い北千島のサケ・マス漁業の勃興によって急増した。1920年代半ばの露領での生産は全体の85%を占めたが、その後、比率は低下した。

カニ缶詰の大半はタラバガニ缶詰で、母船式カニ漁業が発達した1920年代末以降急増したが、世界恐慌に襲われると生産高は漸減した。生産割合は母船が最大で、次いで北海道、露領、樺太の順であった。大半が輸出向けである。

マグロ、イワシ、サバ缶詰が大きく飛躍するのは1930年代からで、金輸出再禁止により円安となって輸出競争力が高まったことが契機になった。

2）水産加工食品

水産加工食品のうち缶詰、冷凍品以外ではカツオ節、スルメ、煮干し、ノリ、かまぼこ・ちくわの5品が重要品であった。大きな変化をあげると、カツオ節製造は南洋群島で盛んとなって、コストの高い内地のカツオ節生産は圧迫された。かまぼこ・ちくわの製造は、1920年代末以来、機船底曳網、汽船トロール漁業が発達し、高価格魚の漁獲割合が低下し、低価格のねり製品原料魚の漁獲が急増したこと、冷蔵貨車、冷蔵庫の増加で原料供給が広域化し、貯蔵が可能となったことで急速に増加した。原料産地だけでなく大消費地にもねり製品の企業的経営が続出した。

3）魚肥と魚油

魚肥はニシン〆粕が減ってイワシ〆粕が増え、首位が入れ替わった。産地は北海道、東北であったが、朝鮮での製造が急増した。魚油もニシン油中心からイワシ油中心に移ったが、その利用途も大きく変化した。すなわち、第一次大戦中に魚油を硬化させ、さらに加水分解して脂肪酸（主に石鹸原料）とグリセリン（主に火薬用）を生成する油脂企業が出現した。しかし、大戦後になるとグリセリンの供給過剰、価格の低下で油脂工業は沈滞を余儀なくされる。次いで魚油が脚光を浴びるのは金輸出再禁止による為替安とイワシの大豊漁がある 1930 年代のことになる。

（2）水産物流通の拡大

1）水産物流通圏の拡大

1910 年代以降、冷蔵事業の発達によって鮮度保持と貯蔵による市場調整が行なわれるようになった。冷蔵貨車の増強、鉄道網の拡充、魚類運搬船の動力化によって鮮魚の長距離、迅速な輸送が可能となり、水産物流通が革新された。

1910 年代の鉄道輸送の発展は目覚ましく、国有鉄道による鮮魚の輸送は年間 30 万トン程であったが､第一次大戦中に急増し､1925 年には 64 万トンとなった。当時の東京市の鮮魚移入は約 18 万トンだが、うち 70％が鉄道で運ばれてきた。発送元は千葉県、青森県、山口県、長崎県の順に多い。大阪市の鮮魚移入量は約 12 万トン、うち鉄道輸送は 55％、発送元は山口県と長崎県が突出している。両県は汽船トロールと以西底曳網の水揚げ地である。大阪市は魚類運搬船による搬入も多い。塩干魚についてもこの期間、鉄道輸送量は 25 万トンから 36 万トンへと増加している。塩干魚は鉄道輸送の割合が高く、発送元は遠隔地の北海道、東北から九州までと広い。

水産物流通は、鮮魚は魚市場、水産加工品は魚市場と場外問屋が扱っているが、1920 年代になると大手資本は独自に流通網を形成し始めた。既存魚市場の卸売人や場外問屋と提携する他、自社の営業所、支店を張り巡らすようになった。大阪市雑喉場（ざこば）市場の例でいえば、有力な魚問屋（2 軒）が瀬戸内海、朝鮮の魚類運搬で覇を競っていた山神組（後、日本水産、共同漁業、新日本水産となる）と林兼商店を支援し、後に両者が汽船トロールや以西底曳網などで有力経営体となるやその販売総代理店となった[1]。

2）製氷・冷蔵事業の発達

製氷・冷蔵事業は1920年代に急速に発展した。資本制漁業の発達、第一次大戦中の魚価高騰によって漁業地で製氷工場の設立ブームが起こり、併せて企業の吸収合併が繰り返されて大手の日東（にっとう）製氷㈱が誕生する。第一次大戦後も製氷ブームは続き、1921年の167工場が1930年には587工場となった。日東製氷も合併、他社への投資、工場増設を行って1920年代半ばには全国製氷能力の6割を占める独占的企業となった。

一方、製氷・冷蔵事業は小資本で営めることから過当競争に陥り、加えて林兼商店、共同漁業系企業、以西底曳網業界が製氷・冷蔵を自給するようになって日東製氷の独占体制が崩れ、1934年には共同漁業系企業に吸収される。

1922年頃、新規冷蔵会社による冷蔵運搬船事業が始まる。日魯漁業も1926年から冷蔵運搬船事業を始め、併せて各地に冷蔵庫を設置して冷凍サケ、新巻サケ（塩蔵品）を製造、販売した。

冷凍事業は製氷・冷蔵工場に比べると工場数は少ないが、1920年代に各種凍結法が開発されると、工場数も増加した。1929、30年に冷凍マグロの対米輸出が増加し、トロール漁業では漁船に急速冷凍装置を備えつけて遠洋航海が始まった。

3）魚市場と漁業組合共同販売の拡大

魚市場数は1911年の1,587が1927年の1,786に増え、取扱高も増加した。経営主体は多数を占めていた個人経営（問屋）が激減し、漁業組合共同販売所が急増して半数近くを占め、会社経営も倍増した。大消費地、大規模漁業地では問屋経営が魚市場会社となり、漁村では問屋魚市場は漁業組合共同販売所へと再編された。この変化はとくに1910年代に生じ、1920年代になると不況の連続で魚市場の減少、とくに個人魚問屋が減少し、取扱高は停滞した。

六大都市を中心とする大都市では水産物の流通速度、流通量が急速に高まって、一元的中央卸売市場の設置が要請され、1923年に中央卸売市場法が制定された。第一次大戦後の不況、関東大震災、物価問題の発生を受けて、都市住民の生活を守るための社会政策的性格が強い。内容は、地区内の既設卸売市場を統合する（一地区一市場制)、市場開設者は公共団体に限る、卸売人は地方長官の許可を要する、取引方法は即日完売、委託品の公開せり売り（買付・相対(あいたい)販売は原則禁止）とする、卸売人は販売手数料を唯一の収入とする等、卸売市場の公共性と近代化を重んじている。同法に基づく中央卸売市場の開設は 1927 年の京都市が最初で、他は 1930 年以降となる。

地方の魚市場は各府県の規則で規律されていた。その内容は多くの場合、市場地域の限定、衛生・交通上の取締りに重点が置かれ、取引、営業についての規制は少なく、旧来の取引慣行が維持されることも多かった。1920 年代後半に各府県は魚市場規則の制定、あるいは改正によって中央卸売市場法に準じた改革が始まった。

魚市場の近代化に先鞭をつけたのは佐世保市の魚市場で、1910 年に魚市場を市営、卸売人を 1 社とし、場外取引の禁止、委託品のせり売りの原則、入荷量と価格の公表、販売手数料・市場使用料の抑制、厳格な代金決済、魚市場への出荷奨励を進め、1929 年には貨車輸送に便利な佐世保駅近くに新築移転し、全国模範の魚市場となった（佐世保市中央卸売市場魚類部となったのは 1938 年）[2)]。

漁業組合共同販売（ほとんどが漁業組合が経営する魚市場）の実施割合は、1911 年は 5%に過ぎなかったが、その後は 10%台が続き、1920 年代後半以降は 20% 以上となった。1910 年の漁業法改正によって漁業組合の経済事業が法的に認められ、次いで 1925 年の漁業共同施設奨励規則の公布が漁業組合共同販売の拡大に寄与した。産地商人の仕込み支配からの脱却と産地商人を仲買人として編成する形で漁業組合共同販売が普及する。

（3） 水産物輸出の拡大

水産物貿易（ほとんどが輸出。外地との移出入は含まない）は、1910 年代までは中国向け塩干品の輸出がほとんどを占め、輸出取扱は在日華商の手に握られていた。品目はスルメ、コンブ、貝柱、干しナマコ、干しアワビ等であった。輸出額は総じて停滞した。

一方、第一次大戦を機に水産缶詰の輸出が活発となり、1920 年代半ばには露

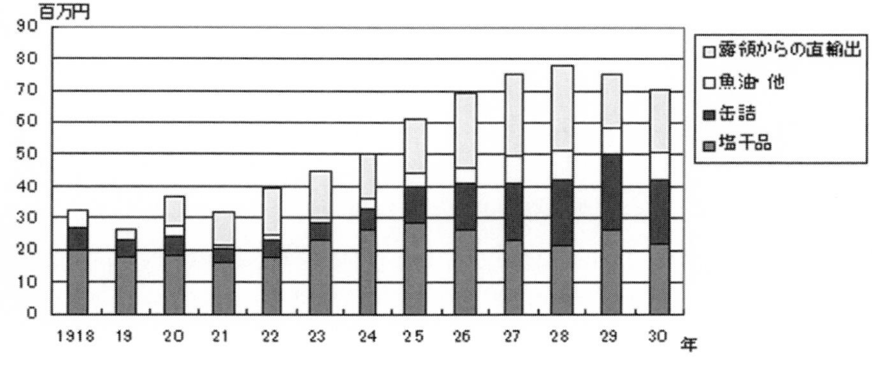

図 4-4　内地における水産物輸出の推移

（出典）山口和雄編（1965）

領漁業の発達と母船式漁業の勃興で飛躍的に増大し、塩干品の輸出を上回るようになった（図 4-4）。

缶詰の主要品目はカニ缶詰とサケ・マス缶詰で、うちサケ・マス缶詰については露領からの直輸出があり、1934 年までは直輸出の方が多かった。カニ缶詰の輸出先は米国、英国、サケ・マス缶詰は英国であった。サケ・マス缶詰は日魯漁業と提携した三菱商事㈱が独占的に扱ったが、カニ缶詰については、露領のカニ缶詰は日魯漁業が三菱商事を通じて輸出し、母船式カニ漁業と陸上の中小業者のものは横浜の輸出業者によって輸出された。乱脈な販売競争で価格が不安定となったことから、1923、24 年に母船式業者、陸上缶詰業者、横浜の輸出業者で水産組合を組織し、規格の統一、輸出検査、商品の宣伝、生産調整を行い、次いで販売会社を設立した。

冷凍魚の輸出は 1920 年代末にマグロ缶詰の原料としてビンナガマグロ・カジキの対米輸出が始まって以降、急激に増加した。

塩蔵品で主なものはサケ・マスで、輸出先はほとんどが中国、満州等であった。露領からの直輸出を含め、その輸出は第一次大戦後に中断して後、回復に向かったが、1920 年代後半から減少した。

魚油・鯨油の輸出は第一次大戦後一時途絶えていたが、その後、徐々に回復した。魚油はイワシ油が多く、内地及び朝鮮で製造された。

第５節　大資本経営の誕生

第一次大戦後、遠洋漁業の発展とともに大資本経営が生成した。トロール漁業、母船式カニ漁業、汽船捕鯨業を主導した共同漁業㈱、露領漁業、母船式サケ・マス漁業を支配した日魯漁業㈱、以西底曳網漁業で占有率が高い㈱林兼商店の３社が代表である。

これら３社は、日露戦争後の外地出漁、遠洋漁業の勃興期に漁業生産へ進出し、生産設備の近代化を推進し、生産力を高めながら第一次大戦後の不況、昭和恐慌に際し中小経営を吸収合併して規模を拡大した。また、これら３社は漁業部門だけでなく、漁船・漁具の製造、水産物の流通・加工、関連産業を幅広く営むようになった。

遠洋漁業の発達は、第一次大戦を契機として工業の発達、とくに造船、機械工業の発達に負う所が大きい。また、遠洋漁業奨励法（1897 年制定）に基づく財政援助も大きく貢献した。さらに、帝国日本の対外政策と深く結合したところに特徴がある。とくに露領漁業は国家権益にかかわるとして政府資金が投入され、母船式操業は日露漁業協約の有効期限が切れ、日ソ漁業条約が締結されるまでの期間（1919 ～ 28 年）、軍艦の護衛を受けた。

遠洋漁業の集積・集中は大臣許可の集中に他ならない。遠洋漁業の生成・発展で他漁業や他国との衝突、資源の枯渇、過当競争が高まると、取締規則が制定され、大臣許可漁業となって、漁船隻数、トン数、漁場等が制限された。大臣許可の集中は汽船捕鯨で早くに行われ、汽船トロールは第一次大戦後、北洋の母船式サケ・マス、カニ漁業と母船式捕鯨は 1930 年代のことになる。

1）共同漁業㈱

創業者の田村市郎は第一次大戦の勃発でトロール船を転売して衰退した共同漁業㈱を支配下に収め、大戦後、トロール漁業の復活を先導し、許可を集中するようになった。同時に技術革新を通して生産力を高めた。トロール漁業は 70 隻の制限があることから、以西底曳網漁業にも進出し、台湾や香港にも進出した。一方、1926年には朝鮮出漁船に仕込みをし、運搬船経営をしていた日本水産㈱（旧山神組）を吸収し、水産物流通界に足がかりを得た。1929・30年には根拠地を下関から戸畑に移し、そこに汽船トロール、以西底曳網、魚市場、製氷冷蔵事業、水産物流通、食品加工等を集積した一大水産コンビナートを造成し、電信電話で情報ネットワーク、各地の支店、営業所を結ぶ流通ネットワークを構築した。北洋漁業については、母船式カニ漁業、北千島缶詰業に進出した。

2）日魯漁業㈱

露領漁業は1910年以降、サケ・マス缶詰生産と英国向け輸出の急拡大によって飛躍的発展を遂げた。最初に缶詰工場を設置したのは堤商会（創業者は堤清六）であり、米国から最新鋭の製缶機と缶詰製造機を導入し、さらに製缶部門を分離独立させたことで生産力は飛躍的に高まった。第一次大戦中にロシア革命が起こり、出漁条件が悪化し、戦後不況が重なって露領漁業は停滞し、堤商会を軸に吸収合併が相次いだ。こうして生まれた日魯漁業㈱は露領漁業の優良漁区の大部分を手中に入れた。1928年にようやく日ソ漁業条約が結ばれたが、ソ連側の圧迫と世界恐慌によって経営は大打撃を受けたためさらに中小経営を吸収した。こうして1932年に日魯漁業は露領漁業（日本人経営）を完全に独占した。政府資金（朝鮮銀行）を導入し、国策会社の性格を帯びた。この間、三菱商事が仕込み融資を通じて日魯漁業の缶詰の販売権を握った。

日魯漁業はさらに1929年以降発達した母船式サケ・マス漁業に進出し、北千島のサケ・マス缶詰生産にも乗りだし、サケ・マス事業の独占的支配を進める。

日魯漁業は1927年から自社製品の塩蔵・冷凍サケ・マスの国内販売網を充実させるため、函館の大手海産物問屋で日魯組を結成し、指定元卸業者とし、その傘下に全国の塩干魚問屋を専属買受人として組織した[3]。

3）㈱林兼商店

朝鮮出漁者への仕込みと魚類運搬船事業で急成長した林兼商店（創業者は中部幾次郎（なかべいくじろう））は、1916年以降、朝鮮や内地で巾着網、定置網等に進出し、高知県の汽船捕鯨にも進出した。そして1924年に個人商店であったのを株式会社とした。その後、以西底曳網に対してはそれまでの仕込み融資と漁獲物販売から直営に切り換えて最有力経営体となった。共同漁業が独占的に操業するトロール漁業にも進出した他、鮮魚の運搬、販売、製氷・冷蔵、水産加工、缶詰製造（イワシ・サバ缶詰）、造船鉄工、製函、製網等関連産業を経営し、内外各地に支店・出張所をもつ大手資本として成長した。北洋漁業にも進出したが、母船式カニ漁業は共同漁業から、サケ・マス漁業は日魯漁業から閉め出されて撤退した。

1）卸売市場制度五十年史編さん委員会編『卸売市場制度五十年史　第２巻本編Ⅱ』（食品需給研究センター、1979 年）、pp.348 ～ 374。
2）『佐世保市々営市場概要』（佐世保市役所 1929 年、1937 年）
3）　岡本信男編、『日魯漁業経営史　第１巻』（水産社、1971 年）、pp.262 ～ 266。

参考文献

山口和雄編『現代日本産業発達史 第 19 巻 水産』（交詢社出版局、1965 年）
『大日本水産会百年史 前編』（大日本水産会、1982 年）
新川伝助『日本漁業における資本主義の発達』（東洋経済新報社、1958 年）
斉藤市郎『水産学全集　4 遠洋漁業』（恒星社厚生閣、1965 年）
岡本信男『近代漁業発達史』（水産社、1965 年）
片岡千賀之『南洋の日本人漁業』（同文舘出版、1991 年）
片岡千賀之『西海漁業史と長崎県』長崎文献社、2015 年）
『かつお・まぐろ漁業の発展と金融・保証』（日本かつお・まぐろ漁業信用基金協会、1985 年）
海洋漁業協会編『本邦海洋漁業の現勢』（水産社、1939 年）
『日本水産年報　第１輯 躍進水産業の全展望』（水産社、1937 年）
吉田敬市『朝鮮水産開発史』（朝水会、1954 年）
『台湾水産要覧 昭和五年版』（台湾水産会、1933 年）
石田数好・松浦勉『続・日本漁民史 樺太漁制改革運動小史』（舵社、1999 年）
『樺太と漁業』（樺太定置網漁業水産組合、1931 年）
南満州鉄道株式会社東京支社編『満蒙の産業とその資源』（明文堂、1932 年）
日本水産株式会社『日本水産百年史』（日本水産、2011 年）
岡本信男編『日魯漁業経営史　第１巻』（水産社、1971 年）
明石市教育会編『中部翁略伝』（明石市教育会、1941 年）

特論４

近代の初等水産教科書

(1) はじめに

1882年（明治15）2月、ドイツ水産協会をモデルにした大日本水産会が設立された。その年の6月、同会会員で後に水産巡回教師を務めた河原田盛美（1883年開催の第一回水産博覧会の審査委員）が『水産小学』[1]を出版している。同書の凡例によると、「漁村の子弟に至りても、未だ適当の書あるを聞かず、故に此書を著し、沿海村落の小学生徒をして、文字と共に水産学の大要を知らしめんとす、是水産小学の名たる所以なり」を出版目的とし、漁村の子弟向けに書かれた日本で最初の「水産教科書」と見られる。同書は上58頁、下65頁の2冊からなる。上は第一章～第三章が総論、第四章が各論で、第一　水産物の名目（図説）、第二　水産物の利用、第三　漁具の名目（分類）、第四　漁業採藻（図説）からなる。一方、下は各論の続編で、第五　水産物の製造、第六　水産物販売法、第七　漁村の維持法、第八　水産盛殖（蕃殖）、第九　漁業律の大意（漁業規則）、第十　博物学及び博覧会の主旨、第十一　水産統計学、第十二　水産理化学、第十三　天候　気象学から構成されている。

その後、大日本水産会によって設立された日本で最初の水産人育成機関として私立水産伝習所が1888年11月に東京府より認可された。その後は文部省による1893年の「実業補習学校規程」により初等水産教育機関として1895年に高知県の2つの村立水産補習学校[2]が設立され、さらに1901年12月の「水産学校規程」によって水産学校が全国各地に設立された。これら水産（補習）学校入学前の児童・生徒向けに編纂された初等教育の水産教科書は表特論4-1のとおりである。同表によると、20世紀初めの1902年5月に三重県志摩教育会編『高等小学校用水産教科書』が、ついで1904年4月に三重県志摩教育会編『水産教科書　上巻』が松原新之助校閲で刊行された。さらに1903年には太陽舎編輯所から『水産書』が出され、矢野道雄・羽生辨之進編の『實業補修初等水産教科書 全』が1904年3月に、宮崎賢一編で『小

表　特論 4-1　20 世紀前半に刊行された初等「水産教科書」等一覧

	編著者名	教科書名	発行者	発行年月
1	三重県志摩教育会	『高等小学校用水産教科書 巻 3』	三重県志摩教育会	1902
2	太陽舎編輯所	『初等水産書　巻之上、巻之下』	太陽舎	1903
3	矢野道雄・羽生辨之進	『實業補修初等水産教科書　全』	鐘美堂	1904
4	興文社編輯所編纂	『帝国水産書　巻 1,2』	興文社	1904
	興文社編輯所編纂	『帝国水産書　巻 1,2』　訂正再版	興文社	1904
5	三重県志摩郡教育会	『水産教科書　上巻』	伊藤書店	1904
6	宮崎賢一	『小学校用水産教科書 上・下巻』	学海指針社	1904
7	足立美堅・小石季一	『小学水産教科書 巻 1,2』	文学社	1904
	足立美堅・小石季一	『小学水産教科書 巻 1,2』訂正再版	文学社	1905
8	宮崎賢一	『水産教科書教授資料 上巻	学海指針社	1907
9	水産研究会	『小学水産教科書 巻 1,2』	文学社 (発売)	1911
10	島根県私立教育会	『新編水産教科書』	六盟館	1912
	島根県私立教育会	『新編水産教科書 』訂正再版	六盟館	1913
11	朝鮮総督府	『水産教科書』	朝鮮総督府	1915
12	文部省	『水産教科書 製造篇』	大日本図書	1916
13	杉浦保吉	『水産學綱要』	博文館	1920
14	島根県八束郡 水産教育研究会	『水産教科書』	八束郡水産教育研究会	1926
	小草樽市	『水産教科書』	八束郡水産教育研究会	1926
15	千葉県教育会	『新制水産教科書 前編、後編』	千葉県教育会	1927
16	長崎県教育会	『水産教科書 巻 1,2』	六盟館	1930
17	小草樽市	『青年水産教科書』	八束郡水産教育研究会	1932
18	中澤毅一	『帝国水産読本』	厚生閣	1932
19	日暮 忠	『水産養殖教科書 (全)』	大日本水産会	1933
20	水産教育研究会	『水産教科書 上下』	同文館	1934
21	雨宮育作	『水産新教科書 上巻、下巻』	西ヶ原刊行会	1934
22	静岡県教育会	『静岡県水産教科書 巻 1,2』	六盟館	1934
23	水産教育研究会	『水産教科書 上』	同文館	1934
24	日暮 忠	『高等小学水産教科書 上』	大日本水産会	1937
25	大日本水産会	『青年学校水産教科書 巻 1,2,3』	大日本水産会	1937
26	鳥取県水産教育会	『鳥取県水産教科書』	鳥取県水産教育会	1937
27	島根県教育会	『新編水産教科書 巻 1,2』	六盟館	1937
	島根県教育会	『新編水産教科書 巻 1,2』訂正版	六盟館	1937
28	山口県水産会	『水産教本』	精華房	1937
29	日暮 忠	『高等小学水産教科書上下』	大日本水産会	1938
30	白山友正	『北海道水産教科書』	北海道経済史研究所	1939
31	鳥取県水産会	『水産教科書　鳥取県青年学校用』	大日本水産会	1940

（出典）国立教育図書館、東京海洋大学附属図書館、北海道大学水産学部附属図書館、島根県立図書館、山口県立図書館所蔵及び CiNii Books で蔵書確認

学校用水産教科書 上巻、下巻』が1904年4月に、また、『水産教科書教授資料 上巻』が松原新之助校閲で1907年6月に、足立美堅・小石季一共著『小学水産教科書 巻一、二』が1904年12月に、1905年4月にはその訂正再版が出され、1911年には水産研究会編『小学水産教科書 巻一、二』が出版された。

(2) 島根県の水産教科書群

表特論4-1からもうかがえるように島根県は道府県のなかで唯一、複数（4種類）の水産教科書を刊行した県として確認できる（写真特論 4-1）。編纂・刊行には島根県私立教育会、島根県教育会、それに島根県八束郡水産教育研究会の３つの教育団体が関わった。以下、刊行年順に見ていく。最初に刊行されたのが島根県私立教育会編『新編水産教科書』[3)]（1913年＜大正２＞３月訂正再版）で、1巻、71頁の構成であった。これは島根県で考案された機船底曳網漁業が登場する前に編纂された教科書である。凡例から刊行目的をみると、1. 水産地方における高等小学校及び同程度の実業補習学校用教科書として編纂、2. 1学年15週で、2学年で習得できる内容、3.『水産捕採誌』『日本魚類図説』『普通水産製造』『水産養殖学』等を参考書として推薦、4. 水産に関する技術と併せて重要な漁政も収録、5. 島根県の農事試験場長・水産試験場技手・農林学校校長が中心に編纂。目次構成は、1水産業、2島根県の水産物、３漁具、４若布、5石花菜、6海苔、7釣具、８いか、９海鼠、10鮑、11蝦と蟹、12網具、13網具の部分、14日本型漁船、15漁船の改良、16魚類の習性、

写真　特論 4-1　島根県の初等水産教科書

（出典）東京海洋大学附属図書館、国立教育図書館、島根県立図書館

17 鯛、18 鰮、19 鯖、20 鰆、21 鰯、22 鰤、23 鱶、24 漁獲物処理、25 蕃殖・保護と取締、26 漁業権、27 漁村維持、28 西洋形漁船、29 羅針盤と海図、30 漁船運用、31 暴風避難法、32 漁港、33 遠洋漁業、34 海驢漁業と竹島、35 水産製品、36 水産組合、37 水産貿易品、38 水産試験場と水産講習所、39 水産業者の心得からなる。漁具等は図解され、鯛等の魚介類については特性・漁期・漁具・漁場・利用等を略説。なお、1910 年制定の明治漁業法で規定された「漁業権」は第 26 課で取り上げられ、4 つの漁業権の分類と島根県の漁業について解説している。

つぎに島根県教育会編纂『新編水産教科書』[4]（六盟館、1937 <昭和 12 >年 6 月訂正版）であるが、これは 2 巻構成で巻 1 にははしがきが無く、1 鯛、2 鯛の一本釣、３鯖・鯵、４鯖延縄釣、５蝦・蟹、６天草、７鉤と釣糸、８釣具の種類、９日本型漁船、10 西洋型漁船、11 折衷型漁船、12 船の大きさと速さ、13 魚類の習性と漁期、14 漁場、15 鯵刺網、16 鰯、17 鰈・鮃、18 手繰網、19 漁網、20 網の種類、21 鮑・さざえ、22 雑漁具、23 漁獲物処理、24 魚の保存と輸送、25 浅海利用、26 増殖の種類、27 鱈、28 蒲鉾・そぼろ・田麩、29 海苔、30 缶詰、31 いか・たこ、32 鯣と「いか」の塩辛、33 和布・荒布・かじめ、34 漁法、35 蕃殖保護と漁業取締で構成されている。一方、巻 2 は 1 鰮、２鰮の加工、３海洋、４浮遊生物、5 とびうお、6 桜乾燥品、7 羅針儀、8 羅針儀の誤差、９鰹節の製造、１０まぐろ、11 稚魚の愛護、12 鮫、13 手旗信号、14 漁業と気象、15 食用品以外の水産製造、16 漁船機関の構造、17 漁船機関の動作、18 塩鱈の製造、19 帆船の利用、20 機船の運用、21 荒天運用、22 築磯と魚付林、23 鰤、24 鰤の曳縄釣、25 海上衝突予防法、26 漁業経済、27 海図、28 海図の使用法、29 漁港・船溜及び魚市場、30 養鰻、31 船員の職責、32 水産試験場と水産学校、33 漁業法、34 漁業組合、35 我が国の水産業で構成。各項目にはそれぞれ約 1 点の関連の図表が掲載され、解説されている。例えば巻 1 の 18 手繰網の項目では手繰網の分類として「曳網類の一種」で鯛等の底魚を漁獲、網の構造及び漁法について略説し、そして「発動機船で行ふものを機船底曳網漁業といひ、一隻曳と二隻曳とがある。」とし、欄外に「機船底曳網　島根県は機船底曳網の遠洋漁業が盛んである。」と補説している。巻 2 の 16、17，20 は動力機船に関する基本的な項目が解説されている。この教科書は昭和恐慌回復期に、機船底曳網漁業をはじめとする動力船時代において先に見た『水産教科書』の改訂版として高等小学校及び同程度の実業補習学校向けに編纂されたものと思われるが、1913 年版と比べて体系的に整理され、分量も約二倍に拡充されている。

島根県八束郡水産教育研究会（代表小草樽市[5)]）編『水産教科書』[6)]は1926年に刊行された。凡例には、一、「本書は高等小学校児童・実業補習学校生徒用として編纂したるものなり」、二、「教材は水産学上重要にして学習に適するもの及び漁業者の徳操涵養に資すべきものを採りたり」、三、「教授時間数は二百四十時間の予定にて編纂したけれども内容研究の程度により其増減に応じ得るべきことを期したり」、四、「本書は編纂数年の実際の教授に当たりたる教授案を整理して編纂せしものなるが其の参考書の主たるもの左の如し。藤田経信著日本水産動物学、杉浦保吉著水産学綱要、通読実用漁船運用術、帝国水産会編水産年鑑、大日本水産会編纂水産宝典」、「五、本書の編纂に当りて島根県水産試験場技手鎌田穣先生の細密なる指導」等とある。目次構成は、1水産業、2水産業の分類、3島根県（西部日本海）の水産物、4若布・荒布・カジメ、5石花菜、6海苔、7イカ、8ナマコ、9鮑、10蝦と蟹、11魚の体形、12鯛、13鰯、14鯖、15鰆、16鰒、17鰤、18鱶、19鯨、20吻端と口、21鰭、22鱗、23鰓孔と鰓、24感覚器、25鰾、26食餌、27成長、28棲息場、29釣漁、30釣鉤、31緡糸・浮子・沈子竿、32餌料、33釣具の分類、34網地、35浮子、36沈子、37綱、38網の構成、39網の分類、40各種の網の特徴、41雑漁具、42プランクトン、43漁場、44漁場の捜索、45漁法、46蕃殖保護と漁業取締、47養殖、48漁獲物の処理、49水産製造、50水産製品、51日本型漁船、52西洋型漁船、53折衷型漁船、54船の噸数、55帆船と舵、56石油発動機の各部の名称、57石油発動機の構造と動作、58ガバーナー、59石油ランプ・プランジャポンプ・サイレンアー、60ブローランプ、61機関の故障、62羅針儀の構造、63羅針儀の度盛、64羅針儀の誤差、65自差の測定、66海図、67海図の利用、68機船の運用、69帆船の運用、70衝突予防法、71，気象、72荒天運用と海難処置、73海と撒油、74手旗信号、75日誌、76遠洋漁業、77漁港、78水産試験場と水産学校、79漁業組合と水産会、80水産業者の心得、81船員としての職責からなる。

小草樽市編『青年水産教科書』[7)]は八束郡水産教育研究会から農林省技師野崎民平校閲で、1932年に刊行されている。はしがきには「普通の漁村に於ける青年教育の水産教科書として編纂」し、また「水産業に従事する青年の自習書にも海技受験の基礎的準備書にも適応」とし、「小編高等水産学校並びに実業補習学校前期用の『水産教科書』の続編に当たる」としている。目次は全11章構成で、第1章　我が国の水産業と水産業者、第２章　漁場と漁期の総論部分と、第３章　釣漁業から第５章　漁具までの各論部分、さらに第６章　漁船の構造から第 11 章　水産製造までの特論部分の３部に分かれ、体系的に整理されている。なお各論、特論の章節構成は以下のとおりである。第３章　釣漁業、１節　一本釣（鯛の一本釣ほか)、２節　延縄（鰺の延縄ほか)、３節　特殊な釣（鰤の飼付)、第４章　網漁業、１節　刺網（大羽鰮の流網ほか)、２節　敷網（焚入網ほか)、３節　曳網（機船底曳網漁業ほか）４節　旋網（巾着網ほか)、５節　建網（大敷網ほか)、第５章　漁具の保存、１節　漁具の保存、２節　染網法、第６章　漁船の構造、第７章　漁船機関　１節　ボリンダー型石油発動機、２節　ディーデルエンジン、３節　ガソリンエンジン、４節　注入ガスエンジン、５節　着火装置、６節　注油装置、７節　燃料油及び潤滑油、第８章　漁船の運用航海、１節　測深具、２節　測定具、３節　羅針儀、４節　海図の使用法、５節　針路改正法、６節　汽船の運用、７節　帆船の運用、８節　海上衝突予防法、９節　点繰法、第９章　海洋及気象、１節　海洋、２節　気象、第 10 章　養殖、１節　養殖の現状と分類、２節　養殖の方法、第 11 章　水産製造、１節　水産製造の目的と注意、２節　腐敗と黴菌、３節　水産製造法であった。

(3) 長崎県の水産教科書

長崎県教育会編『水産教科書 巻一、二』[8] は、巻１・全 42 課、巻２・全 46 課の構成で 1930 年に刊行された。巻１は、１海、２水產業、３いわし、４いわし漁業、５船曳網、６四艘張網、７改良揚繰網と巾着網漁業、８刺網漁業、９瓢網漁業、10 網の保存、11 集魚燈、12 共同経営、13「いわし」と食物、14 田作、15 煮干鰮、16 丸干鰮、17 桜干鰮、18 粟漬鰮、19 鰮罐詰、20 〆粕、21 新鰮製品、22 きびな、23 乾製品と天候、24 さば、25 さば漁業、26 とびうを、27「まあぢ」と「むろあぢ」、28 いか、29 いか漁業、30 鰑、31 雑魚と桝網、32 ぶり、33 ぶり漁業、34 大敷網漁業、35 大謀網漁業、36 ぶり飼付漁業、37 人工魚礁、38 焚寄釣漁業と曳繩漁業、39 塩鰤、40 燻製鰤、41 鮮魚輸送、42 魚類の洄游と水溫其の他との関係からなる。一方、巻２は、１たひ、２たひ漁業、３たひ延繩漁業、４れんこだひ延繩漁業、５機船底曳網漁業、６羅針儀、７海図、８汽船トロール漁業、９汽船トロール漁業と其の組織、10 暴風、11 漁船、12 蒲鉾類の製造、13 田麩、14 鱶鰭、15 くぢら、16 いせえび、17 かし網漁業、18 さざえ、19 あはび、20 干鮑、21 鮑粕漬、22 水產工芸品、

23 うに、24 雲丹、25 なまこ、26 海参、27 輸出水産物の検査、28 海鼠腸、29 ふのり、30 布糊、31 ひじき其の他、32 浅海の利用、33 ふのり増殖法、34 てんぐさ増殖法、35 わかめ利用法、36 なまこ増殖法、37「いせえび」の増殖、38「あはび」の増殖、39 真珠、40 淡水養殖、41 水産教育、42 試験機関、43 漁業権、44 禁止区域、45 長崎県漁業取締規則、46 水産業者の団体、からなる。

長崎県の水産教科書は、構成面では主な魚種とその代表的な漁業・製造加工を体系的に取り上げている点が特徴である。たとえばイワシとその代表的な改良揚繰網漁業・巾着網漁業、煮干し製品等、またタイとその代表的な延縄漁業・機船底曳網漁業などを取り上げ、解説している。さらに巻２末に制度的な水産関連項目として 41 水産教育、42 試験機関、43 漁業権、44 禁止区域、45 長崎県漁業取締規則、46 水産業者の団体を取り上げている点が２つ目の特徴である。なお、46 水産業者の団体については、法令に基づいて結成された水産団体として漁業組合と水産会について略説している。前者の漁業組合は村あるいは部落を区域とし、区域内に在住する漁業者を以て組織され、農林省より表彰された優良漁業組合は地先水面専用漁業権他の免許を取得し、販売・購買・信用・利用の共同施設事業を運営しているとしている。一方、後者の水産会は 1921 年公布の水産会法によって郡水産会、道府県水産会、帝国水産会が順次、結成された系統団体で、基本単位の郡水産会は地区内の漁業者、水産製造業者、水産物取引業者・保管業者を会員とし、水産業の改良発達を目的として各種事業を行い、行政に対して水産業振興策を建議し、水産業の委託調査報告を行うとしている。

このように各道府県・地域、各界で編纂された水産教科書は漁業・水産業の展開によって内容も改編されたが、時代における漁村の子弟向けの初等水産教育に活用されていったと言える。今後は水産教科書がさらに発掘され、内容の検討とともに実際に教育の現場や漁業・水産業界においてどのように活用されていったかについて検討が課題である。

1）国会図書館デジタルコレクション。

2）佐藤　守（1984）。

3）東京海洋大学附属図書館蔵。

4）6）8）国立教育図書館蔵。

5）　美保関町誌編さん委員会（1986）、p.610、水産教科書編集時の小草樽市は片江村立片江尋常高等小学校校長であった。

6）島根県立図書館蔵。

参考文献

国立教育研究所編『日本近代教育百年史 9、10　産業教育 1，2（第五編　水産教育）』（国立教育研究所、1973 年）

美保関町誌編さん委員会編『美保関町誌　上巻』（美保関町、1986 年）

佐藤　守『わが国産業化と実業教育』（国際連合大学、1984 年）

日本植民地教育史研究会編『植民地の近代化・産業化と教育―植民地教育史研究年報 19』（皓星社、2017 年）

佐々木貴文『近代日本の水産教育：「国境」に立つ漁業者の養成』（北海道大学出版会、2018 年）

第5章

不況と戦争下の漁業

本章は、昭和恐慌（世界恐慌）からアジア・太平洋戦争終戦にいたる激動の約15年を対象としている。①昭和恐慌による深刻な不況とそこからの脱出、②軍需インフレとイワシの豊漁による漁業生産量の記録更新と巨大漁業資本の確立、③戦時統制と漁業の崩壊、という3段階を経ている。この間、内地に留まらず、露領漁業、外地（植民地及び半植民地）漁業も激しく変動した。

以下、昭和恐慌と漁業、北洋漁業の展開、外地漁業の拡張、水産物流通及び水産物輸出の変貌、巨大漁業資本の確立、戦時下の水産業の順にとりあげる。

第1節　昭和恐慌と漁業

(1) 漁業生産の変動

前章図4-1で1930年代の水産業就業者数をみると、1930年代半ばには150万人を超えたが、その後減少して140万人強となっている。就業者の構成は漁業が全体の4分の3を占め、養殖業が約1割、水産製造業が約1.5割である。漁業と水産製造業は業主より被用者の方が多いが、養殖業は業主の方が多い。

図5-1は、昭和恐慌後の内地の部門別漁業・養殖業生産量の推移を示したものである。戦時統制に入るまでの動向をみると、総生産量は310万トン余から増加して400万トンを超え、頂点に達した。戦前最大の生産量は1930年代半ばの420万トン余である。この間、イワシの漁獲量が80万トンから160万トン

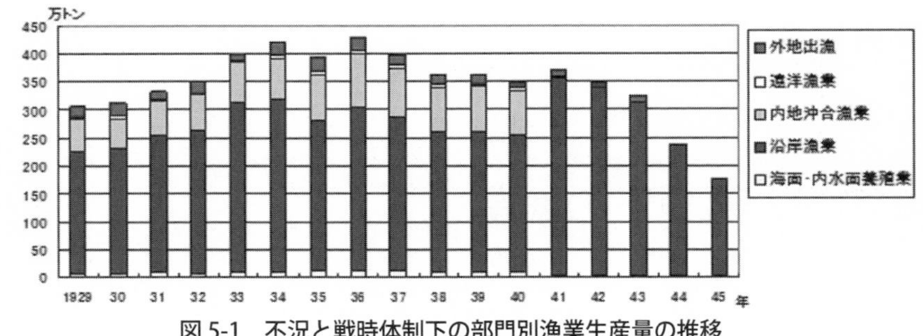

図 5-1　不況と戦時体制下の部門別漁業生産量の推移

（出典）農林水産省統計情報部・農林統計協会（1979）
注）内水面漁業と 1941 年以降の内地沖合漁業は沿岸漁業に含まれる。遠洋漁業は 1943 年以降、外地出漁は露領出漁以外は 1940 年以降、海面養殖業は 1940 年以降の数値を欠く。

に増えて、総生産量増加の主要因をなした。

海面・内水面養殖業は 6 万トンから 11 万トンへとほぼ倍増した。海面養殖業が大半を占める。沿岸漁業は総生産量の 7 ～ 8 割を占め、その生産動向は総生産量の動向を左右した。イワシの大部分はここに含まれる。内地沖合漁業はまき網（イワシ、サバ）、沖合底曳網（タラ、サメ、ヒラメ・カレイ）、流網（サンマ、サメ）、延縄（タラ、マグロ）、一本釣り（サバ）、カツオ釣り（カツオ）等からなるが、漁獲量は 50 万トン台から 80 ～ 90 万トン台へと大幅に増加した。内地沖合漁業の発展もこの時代の特徴である。

遠洋漁業（汽船トロール、母船式カニ漁業、母船式サケ・マス漁業）の漁獲量は昭和恐慌期の一時的減少を除くと 10 ～ 11 万トン（汽船トロールと外洋漁業の合計）で、推移している。母船式漁業は輸出向け缶詰生産を主目的とするので、世界恐慌、とくに欧米の市況の影響を強く受けた。

露領・外地出漁は露領漁業が中心で、朝鮮出漁（以下、在住日本人漁獲量を含まない）がそれに次ぐ。関東州出漁、台湾出漁、南洋群島出漁は 1 万トン未満と少ない。露領漁業（サケ・マス）の生産量は年次変動が大きく、12 ～ 24 万トンで推移している。租借漁区数は 300 ～ 400 か所、汽船は 150 ～ 260 隻、従事者は 2 万人前後であった。朝鮮出漁は、出漁者は 15,000 人がその 3 分の 1 に激減し、漁獲量は 8 万トンから 5 万トンに減少した。外地出漁は衰退傾向にあり、在留日本人漁業や遠洋漁業にとって替わられていった。

この他、捕鯨は 1,000 ～ 2,000 頭を捕獲していたが、1934 年から南氷洋捕鯨が加わり、捕獲頭数が急増している（捕鯨については特論 3 で取り上げている）。

生産金額は沿岸漁業と内地沖合漁業しか分からないが、沿岸漁業は昭和恐慌以前は 2 億 1 千万円であったのが、昭和恐慌によって 1 億 5 千万円を割り込み、回復するのは 1936 年のことである。生産量が増加したのに金額が低迷したのは昭和恐慌による魚価の低落と増えたのが価格の安いイワシが中心であったことによる。内地沖合漁業の漁獲金額は 9 千万円であったのが 5 千万円に低下し、以前の水準に戻るのは 1937 年のことである。漁獲量が大幅に増加したのに金額が大幅に低下したのは、魚価の低下と高価格魚が減って低価格魚が増えた（沖合底曳網、なかでも以西底曳網は惣菜用からねり製品原料向けに変化）ことによる。

生産金額、平均単価は 1932 年が最低となり、平均単価は 4 割余低下した。沿岸漁業、内地沖合漁業とも 1937・38 年から漁獲金額が急上昇する。

昭和恐慌期における生産量の増加は漁船の動力化に支えられた。漁船総数は 36 万隻前後で推移しているが、動力漁船は 1929 年の 3.1 万隻が 1935 年は 5.7 万隻、1940 年は 7.5 万隻と大幅増を続けた。このうち 5 トン未満の小型漁船は 1.7 万隻から 4.1 万隻、5.7 万隻とより早いスピードで増加した。それは、沿岸漁業においても昭和恐慌期の魚価の低落を生産量の増大によってカバーしようとしたことを物語る。

魚種・漁業種類別構成（金額）でいえば、沿岸漁業はイワシが常に最大で 1930 年代半ばには 2 割近くに及んだ。反対にニシンの漁獲量は激減して、数％に低下した。内地沖合漁業ではカツオ一本釣りとマグロ延縄が最も多く、沖合底曳網がそれに次ぐ。さらに 1930 年代後半にまき網が急伸した。

（2）昭和恐慌と漁村の疲弊

1）昭和恐慌による漁業の打撃

1929 年 10 月に米国での株価大暴落をきっかけに大恐慌が発生し、国内では緊縮財政と金輸出解禁によって増幅された。金輸出再禁止、軍需中心の財政出動に踏み込んで景気は回復に向かった。昭和恐慌による農林水産業への打撃は1935年頃まで続いた。

昭和恐慌期の魚価の下落は沿岸漁業がもっとも著しく、回復過程も遅かった。沖合漁業はそれに次ぎ、遠洋漁業は下落幅が小さく、回復過程は早かった。すなわち、1929年を100として最低と1935年の指数を示すと、沿岸漁獲物は44と67、沖合漁獲物は55と59、遠洋漁業のうち汽船トロールは63と84、母船式カニ漁業は73と118となった。沿岸・沖合漁業では低価格魚の割合が高まったこと、遠洋漁業は大資本経営で生産調整がなされたし、景気回復が早い欧米向けが多かったことが影響している。

一方、漁業用資材関連の価格は1929年を100とすると、繊維は67が最低で1935年は92に、燃油は80と94であった。昭和恐慌期を通じて魚価と漁業用資材価格の格差が拡大して漁業経営をより一層圧迫した。

水産会社の経営収支も悪化したが、漁家経営の悪化はさらに著しく、負債の償還に苦しんだ。全国漁家の負債額は、1925年は7,780万円であったが、1930年は1億1,950万円、1935年は1億9,300万円に膨れあがり、沿岸漁業の生産額を上回った。1930年の負債額のうち償還期限を過ぎたものや回収困難なものが6割もあった。借入先は銀行からの融資が減少し、産業組合や漁業組合からの借り入れが増加したが、問屋、地元有力者、親戚知人、頼母子講といった個人的金融への依存度が著しく高まった。個人的金融からの借り入れは高金利なものが多い。

2）農山漁村経済更生運動

1932年にいわゆる救農議会が開かれ、緊急景気対策として救農土木事業、農山漁村経済更生運動の推進、産業組合の育成策が決まった。経済更生運動は、自治協同の精神に基づいて村落経済全般にわたる振興計画を立て、整備改善を進めるものである。経済更生計画を樹立した町村数は9,153（うち漁村は1,100）となり、全町村数の82%に及んだ。

漁村経済更生計画の柱は2つあり、1つは小漁港、船溜（ふなだ）まりの修築で、国からの補助金が大幅に増額された（その大半は救農土木事業費）。昭和恐慌期における漁船の動力化はこうした小漁港、船溜まりの修築とともに進行した。他の1つは漁業組合の共同施設に対する助成と漁業組合の協同組合化の推進であった。これは漁業法の改正を通じて実施された。

漁村経済更生運動の実施過程は補助金行政の確立過程でもあった。農林水産予算に占める補助金の割合は35～40％であったが、経済更生運動が始まると60％台に高まった。水産関係の補助金も増加したが、農林水産関係補助金に占める割合は低い。なかでは土木事業への補助金、漁業経営費低減施設への補助金、各種災害復旧補助金が高い。

3）漁業法の改正と漁業組合の協同組合化

1933年3月に漁業法が改正された。漁村の経済更生のために漁業組合が共同施設事業（主に経済事業）の主体となりうるようにした。改正要点は次の3点である。①漁業組合による共同施設事業を推進するために（ただし、信用事業は除外）、出資制を取り入れ、協同組合への道を開いた。②漁業協同組合（以下、漁協という）の漁業自営を認めた。③漁業組合連合会による経済事業を認めた。

それは漁船の動力化による生産力の向上、漁業の発展を漁業組合による販売・購買事業、製氷所・冷蔵庫、共同加工場等の整備によって支えようとするものであった。

だが、漁業組合の協同組合への改組は、行政側が当初、漁村の経済事業は漁業組合ではなく産業組合が担うべきだとしたことで遅れて1935年になってから始まる。漁業組合数は3,800～4,000で推移しているが、うち漁協数は1935年には1割に満たなかったのに、その後、一挙に拡大して1941年は4分の3となった。

経済事業の中では販売事業が早くから取り組まれ、昭和恐慌期にも拡大して1935年には4分の1の組合が実施している。問屋から仕込み金を借り、漁獲物を買い叩かれる関係から脱却することが緊喫の課題であり、漁業組合が販売事業を実施するにあたって問屋との激しい対立を経た場合が多い。また、販売事業を営なむ組合から協同組合への改組が進み、それが府県連合会の経済事業への取組へとつながった。1938年3月の漁業法改正で、漁協及び同連合会の産業組合中央金庫への加入が認められ、漁協が信用事業を営むことができるようになった。これは、昭和恐慌によって後退した銀行金融の穴埋めとして中小漁業者への低利資金の供給、生産の維持回復を図るものとなった。また、1938 年 10 月に全国漁業組合連合会が設立された。だが時は戦時体制下に入っており、協同組合運動の結果出来上がった漁協の系統組織は国策遂行機関に変質した。

第 2 節　北洋漁業の展開

(1) 露領漁業の出発と展開

第二次世界大戦以前において、北洋では沿岸漁業を主体とする露領漁業と漁船漁業が発展し、総称して北洋漁業と呼ばれた。北洋漁業は、露領漁業、母船式サケ・マス漁業、北千島サケ・マス冲取漁業、母船式カニ漁業の 4 種類の漁業を指すことが通例であり、樺太漁業を含まないとされる。このうち露領漁業とは、近代においてロシア（ソ連）の沿海地域や海域で日本人漁業者が行った漁業である。この地域での日本人漁業者の活動は江戸時代に遡るが、樺太以外の地域を含むロシア領沿岸地域での日本人による漁業が法律的に認められたのは、日露戦争の結果 1905 年に結ばれたポーツマス条約によってである。

近代以降のロシア極東地域の漁区のほとんどは日本人漁業者の経営であったが、ソビエト連邦の成立以後、特に日ソ漁業条約の締結以後、ソ連政府は自国漁業者を支援しようとし、入札においても次第にソ連漁業者の落札が増えていった。1930 年代後半以降においては、ソ連漁業者の漁区数が日本人漁業者の漁区数を上回るようになった。

ロシア政府やソ連政府が入札して漁業者に貸与した漁区は、海岸線に沿い、幅 340 メートル、満潮線から 20 メートルを通路とし、それより奥行き 90 メートルの陸地を 1 漁区としたとされる。このような漁場において、1 か統の建網または引き網をもって漁業をすると規定されていた。漁業者は漁区において漁獲した魚類を塩蔵品や缶詰に加工して販売したが、そのような加工場や缶詰工場も漁区内に設置された。昭和期における露領漁業の日本人漁獲量は表 5-1 のようになっている。

表 5-1 に見るように、露領漁業ではサケ類、マス類の漁獲が多かったが、カニ

表 5-1　露領出漁漁獲量（単位：トン）

年　次	ニシン	サケ類	マス類	カニ類	合計
1926	3,520	35,519	120,513	8,710	168,262
27	1,547	43,885	20,964	16,478	82,874
28	2,381	77,121	97,558	11,379	188,438
29	1,735	69,070	10,170	13,210	94,185
30	1,401	70,590	65,385	9,088	146,465
31	997	47,921	18,657	8,047	75,620
32	592	51,115	69,128	5,814	126,649
33	324	43,254	28,525	4,774	76,877
34	253	70,164	99,926	6,719	177,062
35	85	46,150	73,341	9,467	129,043
36	26	84,882	43,165	12,310	140,383
37	35	51,759	78,363	14,548	144,706
38	71	53,142	58,175	15,803	127,191
39	20	38,453	84,766	16,815	140,054
40	109	38,835	40,013	12,205	91,162
41	465	39,146	66,781	3,299	109,691
42	—	21,557	43,660	2,898	68,115
43	683	16,928	83,116	1,774	102,500
44	—	4,812	22,971	—	27,783

（出典）農林水産省統計情報部・農林統計研究会（1979）

類も漁獲された。漁獲物の多くは缶詰や塩蔵品として販売された。1936 年の露領漁業生産額は 3,549 万円で、輸出額は 2,404 万円であり、残りが国内需要であった [1)]。

（2）露領漁業と漁業会社

露領漁業に出漁したのは明治期には小規模な出漁者であったが、第一次世界大戦以後には堤商会、日魯漁業株式会社、輸出食品株式会社、勘察加漁業株式会社などの資本制企業が参加するようになった。堤商会は 1920 年に商会自体を堤商会系の輸出食品株式会社に合併させ、次いで 1921 年に輸出食品株式会社、勘察加漁業株式会社、日魯漁業株式会社が合併し、新たな日魯漁業が生まれた。この

会社は堤清六の支配下にあった。堤清六は堤商会以来の社員であった平塚常次郎とともに日魯漁業株式会社を経営した。日魯漁業株式会社はさらに1924年に三菱系の大北漁業株式会社を合併し、露領漁業の優良漁区の大半を手に入れるようになった。

堤清六が吸収合併した旧日魯漁業株式会社は、後に日本水産株式会社を創立した田村市郎が創立した会社であった。しかし田村は第一次世界大戦後、日魯漁業株式会社を大阪の実業家であった島徳蔵に販売した。島はその後、日魯漁業の株式を目貫礼三に売り渡し、経営から離れた。目貫は函館の商人であったが、漁業経営の素人であるため堤清六に協力を求め、堤はこれを承諾し、堤と旧日魯漁業株式会社との関係が深まっていった。

1927年3月に、同年の露領漁業の出漁準備について、北海道長官が内務大臣、外務大臣ほかに送った報告書によると、日魯漁業株式会社（函館市）のみがカムチャッカ、オホーツクの漁区100か所の経営を予定しており、漁夫7,300名、雑夫4,300名、職工600名の雇用契約を終了し、食料品、漁具、傭船等の準備も終わり、4月10日頃、第1回の送り込みの準備中であるとしている[2)]。このほか、目下準備中の漁業者として、坂本作平、合名会社西野商会、小熊幸一郎、樺太漁業株式会社、西出商事株式会社、大庭彦平、田中仙八郎、生形政芳の名を挙げ、漁区の位置や雇用する漁夫の人数等を示している。このなかでは、西出商事が400名の漁夫を雇うのが最大で、坂本作平の350名がこれに次いでいる。これらはすべて函館市に住所を持つ漁業者である。このほか、5名の漁業者が準備中であるとしており、また他の5名はソ連漁業者の名義で出漁する予定であるとしている。その他、ソ連漁業者に出資だけをしている日本人漁業者もおり、それらは相馬合名会社、橋谷合名会社などであった。

北海道長官の調査報告は、函館に事務所を置き、露領漁業を行うソ連の漁業者も紹介している。それらは、リューリ兄弟商会、ナデーツキー商会、デンビー商会、グルシェーツキー株式会社であり、それらの経営内容は多様であった。リューリ兄弟商会は繁栄しているとされ、日本人漁業者を雇用している。ナデーツキー商会は日魯漁業に缶詰用サケを渡すことを条件に、日魯漁業から資金や物資の供給を受けることになったとされる。デンビー商会は日本との関係が古いが、一時はソ連政府から財産没収などの圧迫を受けたものの、アメリカ人漁業者と共同経営をすることにより、露領漁業が可能になった。またグルシェーツキー株式会社もソ連政府から圧迫されたが、日魯漁業の援助により漁区経営が可能になった。このように日本と深い関係を持ちつつ、露領漁業の一端を担っているロシア人の漁業者がいた。

1929年の露領漁業の漁区入札で異変が起こった。この年の入札に宇田貫一郎の代理人が、従来日魯漁業の経営であった漁区を含む78か所の漁区を高値で入札した。宇田の背後に島徳蔵がいた。この事件は最終的には堤清六が日魯漁業の会長を退いた後、政治解決し、宇田名義で落札した漁区は日魯漁業が経営すること、島らが出漁準備に要した費用は日魯漁業が負担することなどが決まった。この事件は島徳事件と呼ばれた。

島徳事件以後、露領漁業の不安定化が進んだが、こうした事態を打開する方法として、露領漁業の大合同が模索された。まず、日魯漁業以外の中小の漁業者が合同し、1932年に北洋合同漁業が成立した。次いで同年、日魯漁業は株主総会を開き、北洋合同漁業と合併することを決議した。この結果、新たな漁業会社が設立されたが、新会社にはせず、日魯漁業が存続することになった。この日魯漁業が以後の露領漁業を牽引した。

(3) 母船式サケ・マス漁業と北千島サケ・マス沖取漁業

母船式サケ・マス漁業は、主としてカムチャッカ半島の南部両岸沖合の公海を漁場とし、数千トンの母船を中心に、独航船と数隻の搭載船が流網を使用して行う漁業である。その発端は水産講習所の練習船・雲鷹丸がこの海域においてサケ・マス流網の試験操業を行い、成果を上げたことであるとされ、昭和期に入って企業化がなされ、1929年に1隻であった母船が1930年には6隻、1931年には10隻と増えていった。

沖取り漁業が発展すると、露領漁業の漁獲が減少するようになった。このため、日魯漁業の平塚常次郎らは沖取りの取締まりの必要性を訴えた。また、沖取り漁業の乱立も問題となり、統制の機運が生まれた。この結果、1935 年に沖取り漁業者は、それまで日魯漁業の直系会社として活動していた太平洋漁業株式会社に合併し、合同が実現した。

北千島サケ・マス漁業は北千島の幌筵島(ほろむしろとう)、占守島(しむしゅとう)、阿頼度島(あらいどとう)を根拠地とするサケ・マス漁業で、1932 年以降行われるようになった。この漁業は母船式サケ・マス漁業と関係が深く、同様の漁業であるが、母船式サケ・マス漁業が大資本中心で母船を使用するのに対し、北千島サケ・マス漁業は陸地を根拠地として母船を使用しないので、中小資本がこの漁業に集まった。北千島サケ・マス漁業は北海道庁が管理し、1933 年から道庁の許可制になった。200 隻の許可数に対し、800 隻の出願があった。実際に許可された漁船のほとんどは北海道の漁船であった[3)]。

(4) 工船カニ漁業

北洋のカニを漁獲対象とするカニ漁業は、明治期以来北海道で行われ、1905(明治 38)年に南千島の古釜布(ふるかまっぷ)に缶詰工場ができた[11)]。しかし、カニ漁場が缶詰工場から遠く離れると、缶詰の品質が悪化し、改善が求められた。このため、船上での加工の必要性が生まれた。

1914(大正 3)年に水産講習所の練習船・雲鷹丸がオホーツク海において実習中に、船内でのカニ缶詰製造を行った。これが工船カニ漁業の始まりとされる。最初の船内でのカニ缶詰製造には淡水が用いられた。富山県水産講習所の練習船・高志丸では 1917 年に海水を使用し、良質のカニ缶詰が製造された。また、1920 年の富山県水産講習所の練習船・呉羽丸によるカニ缶詰製造は、缶詰製造機械を積んで行われた。この後、船上でカニ缶詰を製造する工船カニ漁業の企業化が始まった。北洋でのカニ漁業の漁獲対象はタラバガニであり、漁獲方法として底刺網が用いられた。カニは缶詰に加工された。

工船カニ漁業の漁場は当初はオホーツク海の沿海州沿岸であったが、次第にカムチャッカ半島の西岸(オホーツク海)になった。その後、カムチャッカ半島東岸(ベーリング海)に拡大したが、東岸海域のカニ資源は豊富とはいえず、出漁

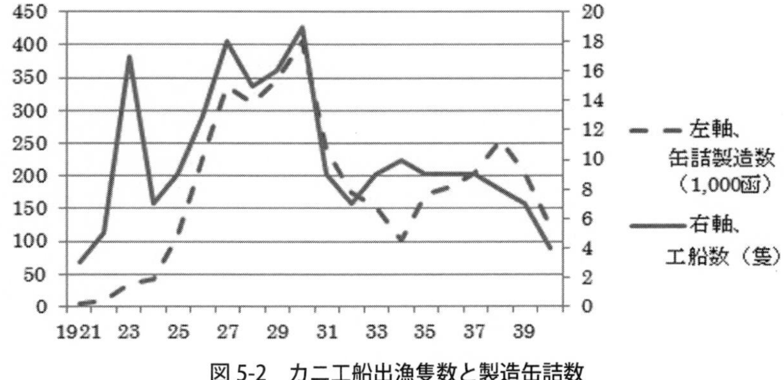

図 5-2　カニ工船出漁隻数と製造缶詰数

（出典）岡本信男 (1957)、大海原宏 (2016)

した漁船の成績もよくなかった。また、ベーリング海のブリストル湾近辺にも出漁したが、この地域での操業成績もよくなかった。こうした操業は農林大臣の許可のもとに行われた。工船カニ漁業に従事する漁船がカニ工船である。企業化が進んだ後のカニ工船の出漁数とカニ缶詰の製造数は図 5-2 のようになっている。カニ工船については日魯漁業ほかの大手水産会社も出漁した。

後の日本水産の前身である共同漁業株式会社は 1927 年に厳島丸、神宮丸、豊国丸、門司丸を出漁させるなど、カニ漁業に力を注いだ。なお、共同漁業は前年の 1926 年に系列会社として北洋水産を設立し、カニ漁業を開始したが、好成績であったため、1927 年に同社を共同漁業に合併し、本格的にカニ漁業に参加した。また 1928 年には共同漁業が中心となり、カニ漁業会社の統合がなされ、日本工船漁業株式会社が成立した。一方、他のカニ漁業会社も統合し、昭和工船漁業株式会社が成立した。後の大洋漁業である株式会社林兼商店も 1931 年から長門丸を出漁させ、カニ漁業に参加した。

1932 年には日本工船漁業と昭和工船漁業が統合して日本合同工船株式会社が成立した。林兼商店の長門丸も日本合同工船の傘下に入った。この日本合同工船は共同漁業の支配下にあり、1936 年には共同漁業と統合したが、共同漁業は 1937 年以後、日本水産となった。

工船カニ漁業は北洋においてカニを漁獲し、船上においてカニ缶詰を製造する

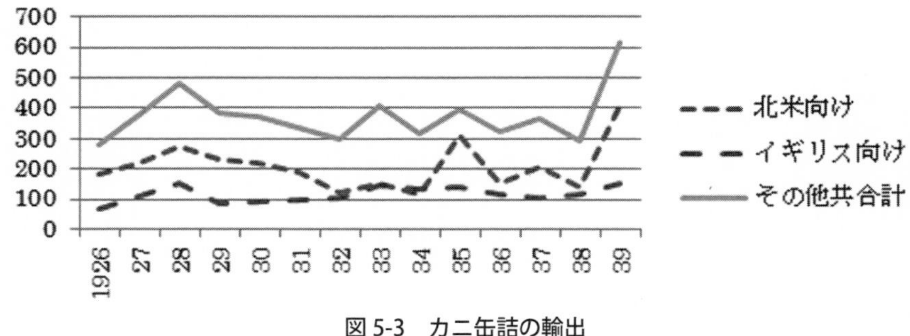

図 5-3　カニ缶詰の輸出

（出典）北洋漁業総覧編集委員会 (1959)
注）単位：1000 函、1 函は半ポンド缶 8 ダース入り

漁業であるが、北洋においてカニ缶詰を製造する漁業はそれだけではなかった。陸上に缶詰製造工場を持つ企業があり、また日魯漁業会社は露領の漁区でカニ缶詰製造を行った。カニ缶詰は多く外国に輸出された。その数量は図 5-3 のようになっていた。

工船カニ漁業は 1920 年代の出発当初は工船のみの構成であったが、工船は次第に大型になり、また川崎船という小型の船を母船の船上に積載し、漁場においてこれを海上に下ろし、カニ漁獲に従事させた。またこの他、母船と行動を共にする独航船もあった。こうして母船を中心とする船団が形成された。また、1933 年の漁業法改正により、工船カニ漁業は母船式カニ漁業と呼ばれることになった。

1929 年にプロレタリア文学作家の小林多喜二が小説の『蟹工船』を発表し、労働条件が良くないことを強調するなどして脚光を浴びた。このため、カニ工船は北洋漁業の代表のように見られることが多い。

カニ工船のなかでの労働条件については、先行研究や体験談によって明らかにされているが、前近代的な側面が残っていたことは確かである。実際、カニ工船内部で暴力事件が起こり、新聞報道がなされたことがあった。そのような例としては、1926 年の博愛丸の事件があった [4)]。博愛丸は松崎隆一が仕立てた船であり、船内で松崎他の幹部が漁夫や雑夫を暴力的に扱い、死者まで出たというもので、北海道内の新聞各紙に詳細に報道された。博愛丸以外のカニ工船でも同様の暴力事件があったことが「函館新聞」で報道された。

1930 年、富山工船漁業のカニ工船・エトロフ丸で、漁夫・雑夫 16 人が死亡する事件が起こった[5)]。これは、飲料水の質が悪く、野菜が不足して脚気が流行し、医療も十分ではなく、また病人まで働かせたためであった。また、漁夫、雑夫に対する暴行もあった。この事件は北海道や富山県をはじめ、全国的に報道された。エトロフ丸の関係者は裁判の結果、有罪となり罰金を科された。このように小林多喜二が描いたような事実も実際に発生していた。しかし、このような事件を起こしたカニ工船の船主は零細業者であり、業績をあげるための行為であった。このような劣悪な条件の下でも雇われる漁夫がいた理由は、給与が良いためでもあった。

第 3 節　外地漁業の拡張

日本の植民地・半植民地である外地（樺太、朝鮮、関東州、台湾、南洋群島）の漁業をみよう。外地の日本人漁業は 1937 年頃が最盛期で、その後は資源の減少、資材・運搬手段の不足、輸出の杜絶で縮小に向かう。

1）樺太

樺太の重要魚種はニシン、サケ・マス、タラ、カニ、コンブで、1939 年の漁獲高は 2,100 万円、水産製造高は 3,200 万円となった。1920 年代に比べて漁獲高はほとんど変わらないが、水産製造高は 2 倍以上となった。漁獲物のほとんどが加工されて内地へ移出されるので、樺太庁が直営で製品検査をした。ニシンは定置網、刺網等で漁獲され、〆粕、カズノコ、身欠きニシンに加工された。ニシン製品は製造高の 6 割を占める。サケ・マスは定置網で漁獲され、主に塩蔵とされるが、缶詰と生売りが増加しつつあった。タラは延縄で漁獲され、塩蔵とされることが多く、棒ダラは少なくなり、生売りが増えた。漁獲物の生売りが増加したのは貯蔵、輸送機関が完備されるようになったことによる。カニ（タラバガニ）は刺網で漁獲され、缶詰加工されたが、資源の限界で生産は伸びなかった。

コンブの生産はニシン製品に次いで多い。

2）朝鮮

日本人漁業が発達し、朝鮮人も日本人の漁法を取り入れて急速に発展した。漁船の動力化も進んで、漁業生産量は1937年には過去最大の210万トンに達した。そのうちイワシが3分の2を占める。イワシなら内地より朝鮮の漁獲の方が多かった。

1930年代にイワシの漁獲が急増してイワシ漁業とともに缶詰、〆粕・魚粉、魚油製造が興隆した。イワシ漁業は、朝鮮人は流網、日本人は巾着網を使うことが多く、朝鮮人は油肥製造と分業することも多いが、日本人は両者を兼業した。林兼商店、共同漁業系といった大手水産会社も参入した。〆粕は肥料となり、内地で消費され、魚粉は畜産飼料として内地経由で欧米へ輸出された。魚油は石鹸、火薬、ろうそく等の原料となり、内地の石鹸業界や油脂企業に販売された。朝鮮においてもイワシ油を原料とした内地資本の油脂企業が成長した。イワシ油肥の販売は昭和恐慌以来、朝鮮総督府の指導のもとで業界による統制が敷かれた。朝鮮漁業を彩ったイワシは1942年から突然獲れなくなった。

1939年の漁獲高は1億5,100万円、水産製造高は1億6,800万円、養殖高は800万円で、前述の1929年と比べてそれぞれ2～4倍となった。朝鮮は製造高の割合が高い。魚種別ではマイワシが圧倒的に高く、次いでメンタイ、サバ、グチ、カタクチイワシが続く。製造品はイワシ油肥以外では素乾メンタイ、煮乾イワシ、乾ノリが多い。

水産物の輸出は2,400万円で塩干魚は満州、中国へ送られた、内地への移出は9,200万円で鮮魚、魚油・同加工品、〆粕・魚粉が多い。内地へ移出された水産物のうちイワシ製品の一部は欧米（魚油・同製品）、南洋（缶詰）方面に輸出された。

3）関東州

在住日本人漁業の中心になった機船底曳網漁業は昭和恐慌期に沈滞したが、金輸出再禁止による円安、満州国の建設で需要が増大して魚価が高騰し、新規着業者が増加した。日本人漁業が拡大して渤海周辺の領海侵犯、中国人漁業への妨害等、中国側との渉外事件を度々起こした。漁獲物の多くは大連の魚市場に水揚げされ、一部は満州に輸出され、また高価格のエビ、タイ、サワラ等は内地へ移出された。1940年の漁業者は中国人29,000人、日本人900人であったが、動力漁船は日本人所有の方が多く、漁獲高は中国人540万円、日本人1,600万円と大きな差となった。

4）台湾

カツオ一本釣りとカツオ節製造は昭和恐慌期の不漁と価格低迷で休業者が相次いだ。トロール・機船底曳網漁業は台湾経済の拡大によって発達したが、資源の減少、とくに価格の高いレンコダイ等の漁獲が減少して、関係する内地、朝鮮、関東州、台湾の行政官が協議し、それぞれ許可の新規発行を抑制するようになった。東シナ海・黄海における底曳網（内地では以西底曳網と称した）漁業による資源の乱獲、減少が進行していたが、各地域の利害が対立して積極的な対策をとるまでには至らなかった。

1939年の漁獲高は2,500万円、水産製造高は300万円、養殖高は700万円となった。漁業はトロール・機船底曳網、マグロ・フカ延縄が中心で、カジキ突棒、カツオ釣り、サンゴ採取は衰退している。水産製造高はカツオ節生産が減少して低迷している。

台湾では大戦中に台湾水産統制令が発布され、統制会社が設立された。日本水産系と林兼商店系の底曳網、マグロ延縄、製氷冷蔵事業が中心であった。

5）南洋群島

南洋群島では1920年代後半以降、沖縄県からカツオ一本釣り・カツオ節製造が持ち込まれ、急速に発展してカツオ節の主産地となった。1930年代後半に拓殖会社による経営統合が進み、マグロ延縄、マグロ缶詰の製造も行われた。

この他、豪州、蘭領東インド（現インドネシア）付近で真珠貝を採取していた日本人が排斥されると、1935年から南洋群島を基地として遠征するようになった。和歌山県人が多い。真珠貝はボタンの原料として欧米諸国に輸出された。日中戦争後は国策統制が進み、欧米への輸出が止まると1941年に遠洋出漁は中止となった。南洋群島では現地人の漁業は未発達であった。

第 4 節　水産物流通及び水産物輸出の変貌

(1) 水産物流通の変貌

魚市場の営業は、会社及び漁業組合経営が増加した。1927 年と 1936 年を比較すると、会社経営は 22%から 31%に、漁業組合経営は 47%から 49%に増加、反対に個人経営は 23%から 11%に減少した。

会社経営と漁業組合経営では資本金、取扱高は大きく異なる。消費地では会社経営が圧倒的に多い。産地でも沖合・遠洋漁業の根拠地では会社経営の市場が増えた。消費地においては中央卸売市場法（1923 年制定）に基づいて戦前には 8 つの都市で中央卸売市場が開設された（京都市、高知市、横浜市、大阪市、神戸市、東京市、鹿児島市、佐世保市）。地区内の卸売市場が統合され、生鮮食料品全体を扱う、市が開設者となる、卸売業と仲買業の分化が図られ、委託品を公開せりで価格を決定するようになった。近代的取引形態は徐々に他の地方市場にも浸透していった。

昭和恐慌期に大手水産会社の水産物流通への関与が深まった。以西底曳網漁業者団体の消費地市場への直接出荷（産地市場を経由せず）、共同漁業系、林兼商店は主要魚市場に営業所を設置したり、卸売人の系列化を進め、日魯漁業は特約店契約で塩蔵サケ・マスの販売網を形成した。

製氷・冷凍・冷蔵事業は 1920 年代以降、急速に発展したが、昭和恐慌期に群小の中小企業の合併が進み、共同漁業系、林兼商店が支配的経営体となった。製氷・冷蔵事業の発達は鮮魚販売の拡大に絶大な役割を果たし、鮮魚凍結はトロール漁船での急速冷凍、缶詰原料や冷凍魚の対米輸出の道を開いた。

産地での漁業組合経営（主に漁業組合共同販売）は前述したように 1930 年代に入っても増え続けた。とくにノリ、煮干し、スルメなど水産加工品の共同販売が大幅に増加した。

（2） 水産物輸出の変貌

水産物輸出は欧米向けの缶・ビン詰、魚油・魚粉等と中国・アジア向けの鮮魚・塩干魚に大別されるが、前者は大資本経営の製品で 1932 年まで急落したが、その後回復に向かう。1931 年末の金輸出再禁止によって欧米諸国との為替相場が好転したことによる。イワシ缶詰についてもイワシの大量漁獲によって加工業者が叢生し、円安によって欧州向けだけでなく、南洋市場をも席捲した。一方、中国・アジア向けは中小資本・漁家の製品が多いが、輸出額の減少が著しく、回復は緩慢であった。銀塊相場の下落により現地の購買力が低下したことと中国の排日貨運動が影響している。

世界恐慌によって輸出市場が萎縮し、1929 年の約 6,000 万円から半減した。しかし、1933 年頃から再び増加して 1936 年には 1 億円を突破し、1939 年は過去最高の 1 億 7,000 万円を記録した（図 5 － 4）。このように急増した理由は、北洋漁業の発達でカニ、サケ・マス缶詰の生産が増加し、欧州大戦の勃発で需要が急増したこと、他方で日中戦争以来、中国北部、満州、関東州方面の市場の拡大によって塩干魚輸出が増加したことによる。ところが、その後、欧米への輸出が途絶え、円ブロック向け（満州、関東州）だけとなり、それも激減して 1941 年は 9 千万円、1944 年は 3 千万円となった。水産物輸出は貴重な外貨獲得手段として勧奨されたが、欧米への輸出の道が閉ざされると、国内食糧向けまたは軍

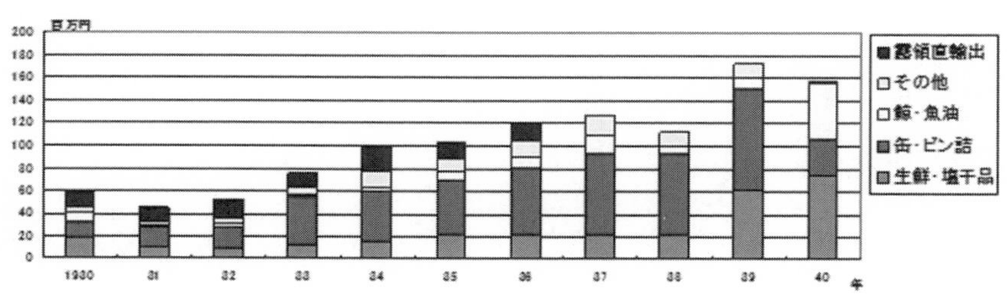

図 5-4　昭和恐慌後の水産物輸出額の推移

（出典）　水産研究会議『水産物流通構造の統計的研究』（同、1957 年）

需向けに替わった。

輸出品目の構成（金額）は大きく変化した。缶・ビン詰が 1930 年の 1,500 万円から 1939 年の約 9,000 万円（別に露領からの直接輸出がある）へと伸長し、全体の過半を占めるようになった。主な缶・ビン詰は、カニ、サケ・マスであったが、それにマグロとイワシが加わった。カニ缶詰は米国を筆頭に欧米向け、サケ・マス缶詰は英国を中心とする欧州、マグロ缶詰は米国、イワシ缶詰（トマト漬け）は南洋向けと欧州向けである。

塩干魚の輸出は、昭和恐慌期に大きく減少し、その回復も遅々としていた。品目は干タラ、スルメ、干ナマコ、寒天、干アワビ等で、寒天（欧米向け）を除くと中国を始めとするアジア地域が主要輸出先であった。日中戦争後は中国北部、満州、関東州の市場支配が強まり、南洋市場が開拓されたことで一時的に輸出が拡大したが、太平洋戦争が勃発すると輸出は急減した。

塩蔵品の中心はサケ・マスで、これには露領からの直輸出もあった。中国、満州、関東州向けである。鯨油・魚油の輸出は 1935 年から増えた。イワシ漁獲の増加、南氷洋捕鯨の開始が原因で、ともにマーガリン、石鹸、火薬原料として欧州へ輸出された。その他では畜産飼料として魚粉（主にイワシ魚粉）の輸出が 1935 年頃から急増した。

一方、水産物輸入は 1930 年代前半は 1,000 万円を超えたが、その後は 200 ～ 300 万円に激減しており、全く振るわなかった。戦前の日本は世界最大の漁業国であり、水産物輸出国であった。

第 5 節　巨大漁業資本の確立

第一次大戦後の遠洋漁業の本格的発展によって大資本漁業が成長し、さらには不況、恐慌の過程で企業の集中、合併を繰り返し、特定種目を独占支配する巨大漁業資本（独占漁業資本ともいう）が確立した。

主な遠洋漁業の発達経過をみると、トロール漁業は第一次大戦後急速に復活し、漁場も東シナ海・黄海からさらに南シナ海、豪州沖、ベーリング海へと拡大した。

また、第一次大戦後、機船底曳網漁業が勃興して東シナ海・黄海に進出し（この海域に出漁したものを以西底曳網漁業という）、トロール漁業と競合した。以西底曳網の発達は著しく、トロール漁業を他の海域に押し出し、外地にも根拠地を拡大した。露領漁業ではロシア革命後、ソ連の極東漁業への進出で日本人経営が圧迫されたので、ソ連領海外で操業する母船式カニ漁業（1921年）、母船式サケ・マス漁業（1929年）が登場した。同じく、露領に近い北千島でのサケ・マス漁業等も勃興した。捕鯨では、内地及び朝鮮を根拠とした汽船捕鯨（沿岸捕鯨ともいう）が停滞する中、1934年に母船式捕鯨として南氷洋に出漁した。南氷洋捕鯨は3社（日本水産、林兼商店、極洋捕鯨）、6船団にまで発展し、北西太平洋でも母船式捕鯨が行われた。

遠洋漁業の発達とともに成長した有力企業は1930年代後半には特定種目を独占支配する巨大漁業資本となった。すなわち、共同漁業を核として系列会社を統合してトロール漁業、母船式カニ漁業、汽船捕鯨と母船式捕鯨で独占的な地位を確立した日本水産㈱、以西底曳網、母船式捕鯨で支配的地位を築いた㈱林兼商店、露領漁業、母船式、北千島でサケ・マス漁業の支配を確立した日魯漁業㈱の3社である。

例えば、日本水産は、1934年に共同漁業等が新興財閥の日本産業㈱の傘下に入り、他の企業も統合して1937年に日本水産㈱となった。トロール漁業、以西底曳網漁業を中心とした共同漁業㈱、母船式カニ漁業を独占した日本合同工船㈱、南氷洋捕鯨に乗り出した日本捕鯨㈱（前身は沿岸捕鯨の独占的経営体である東洋捕鯨㈱）、製氷・冷蔵、水産加工を担う日本食料工業㈱、漁獲物・水産加工品の販売を担当する日本水産㈱らを統合し、資本金9,000万円の日本最大の水産会社となった。この他に漁業、製氷・冷蔵関係等で多数の子会社がある。

これら3社に共通する特徴は、漁業許可を集中独占することによって独占経営体になったこと、財閥資本や国策銀行と結びついたこと、漁業部門に限らず、製氷・冷蔵、水産加工、水産物の販売、漁業用資材の製造等にいたるコンツェルン体制を築いたことである。金融機関との結びつきは日魯漁業は三菱財閥系列に編入され、さらに国家権益を保護するという名目で政界と深く繋がり、国策銀行から融資を受けた。露領漁業は直接国益にかかわることから日魯漁業から政界に進出し、重きをなした人物も輩出した。日本水産は日産財閥の系列下に入り、水産系企業を統合した。その中には日本油脂㈱もあり、イワシ漁業、油肥製造、油脂製品の製造で油脂業界で支配的地位を築いた。林兼商店は特定の財閥資本との結びつきはなく、同族的経営によって沿岸漁業を含む幅広い水産事業を展開した点で特異である。コンツェルン体制は日魯漁業は函館、日本水産は戸畑、林兼商店は下関に築かれた。

製氷・冷蔵事業、空缶製造を支配下に置き、輸出、国内販売網を張り巡らした。例えば、日魯漁業は缶詰の空缶製造工場を持ち、三菱商事㈱や朝鮮銀行等から融資を受け、缶詰の輸出は三菱商事等が担い、塩蔵品の国内販売は全国有力問屋と特約店契約を結び、販売網を構築している。

第６節　戦時下の水産業

(1) 戦時下の水産統制

1) 燃油・資材の配給統制

1937年の日中戦争の勃発以来、戦時統制が漁業の隅々にまで及んだ。それは燃油・漁業用資材の配給統制から始まり、水産物の価格統制、次いで配給統制へと移った。燃油・漁業用資材は多くを輸入に依存しており、軍需資材でもあったので、配給統制は早くから実施され、その削減率も著しく、漁業活動は次第に困難となった。燃油・漁業用資材の配給統制が始まると、漁協の購買事業（漁協がまとめて配給を受けて配分するため）が一挙に拡大した。

1938年から燃油の配給統制が始まった。過去の実績に基づいて申請により燃油の購買券が交付された。1939年１月から重油の割当量が削減され、９月には石油統制令で一元的な石油配給機構が構築され始めた。中央に中央石油共販㈱を設立し、その下に地方の石油共販会社（商業資本系）を作るとしたが、これには水産団体が反対し、全国漁業組合連合会・全国購買組合連合会も中央石油共販から直接配給が受けられるようにした。1943年3月に石油専売法が公布され、政府が専売権をもち、計画的に統制会社に販売するようにした。

1938年3月に綿糸配給統制規則が公布され、綿糸の割当て制が開始されたが、当初、漁業用綿糸は統制の対象外であった。1938年に漁業用撚糸（ねんし）、マニラ麻製品、1939年に漁業用帆布、綿漁網綱が統制された。綿漁網綱は、中央統制機構のもとで、漁業組合系統と商業系統によって配給された。その後、綿糸不足に伴い統制が強化され、1941年には配給はほとんどなくなった。

1937年の配給を100とすると1941年と1944年は、重油は32と5、小型漁船用の軽油は43と11、綿糸は93と2、マニラ麻は54と13に激減している。

2）水産物統制

戦時統制下で物価は軍需インフレによって急騰し始めた。このため、国家総動員法（1938年4月公布）に基づき価格、運賃、賃貸料、賃金等を凍結する価格等統制令（1939年10月）が敷かれた。ただし、水産物には適用されなかったので、水産物の価格は異常に高騰した。1940年8月以降、塩干魚、鮮魚、冷凍魚にも公定価格が設定された。公定価格は、実勢より低く設定された、産地と消費地の価格差が小さく運賃のかかる遠隔地への出荷を敬遠する、遠洋物と近海物、鮮魚と冷凍魚や魚体の大小で価格差がない、水産加工品と原料魚との価格差が小さいので水産加工が萎縮するといった矛盾が噴出し、水産物流通は大きく混乱した。魚市場では価格形成が不要となったので仲買人制度は廃止され、卸売人は単なる荷受機関となった。公定価格が設定されない魚種の価格は急騰した。

1941年4月に鮮魚介配給統制規則が公布され、生産と消費を結ぶ配給機構の構築が始まった。産地では主要な漁業地を指定し、そこに漁業団体等で出荷統制組合を組織させ、計画的に出荷させる、他方で大都市を中心とする消費地では市場業者を網羅して配給統制協会を組織して配給を行わせるようにした。自主的な出荷・配給統制機構である。また、1942年1月に水産物配給統制規則が公布されて、水産加工品や冷凍魚についても配給統制機構が整備された。水産加工品は市場外流通（場外問屋による流通）も多かったことから品目別統制と市場統制の2本立てとなった。さらに魚類の末端配給機構として六大都市では1配給地区1

店舗とする小売商の統廃合が強行された。

配給統制機構は整備されたが、公定価格が実勢から遊離しており、水産物流通が混乱したことから、1944 年 9 月には公定価格を改定するとともに六大都市では統制機関が価格を操作できるようにして、公定価格制度が崩れ始めた。さらに、政府は統制を強化して同年 11 月に水産物配給統制規則を定め、旧鮮魚介配給統制規則、旧水産物配給統制規則を一本化し、水産物は全て指定出荷機関（府県水産業会）に集中し、知事が出荷を指示するようにした。消費地では配給統制会社（魚類統制会社）による統制とした。

この頃には六大都市への鮮魚入荷量は激減した（表 5 − 2）。六大都市の入荷量は 1941 年から落ち、1944 年以降は激減した。それは漁業生産量の落ち込みより大きく、大都市への入荷がいかに少なくなったかを物語っている。統制会社は集荷能力を失い、配給機構は配給すべき物を持てなくなった。

表 5-2　戦時体制下における六大都市の鮮魚入荷量　単位：1,000 トン

年　次	東京	横浜	名古屋	京都	大阪	神戸	合計	同指数	漁獲量	同指数
1937 年	179	22	24	41	109	28	403	100	3,682	100
38 年	176	19	20	38	109	28	390	96	3,359	91
39 年	182	20	29	25	112	29	397	98	3,362	91
40 年	191	19	30	25	109	27	402	99	3,291	88
41 年	135	20	31	21	77	27	311	77	3,569	97
42 年	139	28	28	21	70	19	305	75	3,389	92
43 年	122	19	18	17	53	22	252	62	3,134	85
44 年	77	16	17	10	24	25	169	41	2,348	64
45 年	20	5	4	4	10	16	59	14	1,751	47

（出典）水産研究会編『戦後日本漁業の構造変化』（同、1955 年）

3）水産会社・団体、沿岸漁業の統合

第二次世界大戦が激化して食糧供給が逼迫し、燃油・漁業用資材の供給も危機的な様相を帯びると海洋漁業の統合は必須となった。1942 年 5 月に国家総動員法に基づく水産統制令が出て、中央統制機関として帝国水産統制㈱を設立し、そこに船舶を集中し、製氷・冷蔵事業、水産物の販売、漁業用資材の配給を行なう、他方で既存の企業の合同によって海洋漁業統制会社を設立し、帝国水産統制から

船舶を借り、資材の配給を受けて漁業を行う体制を企図した。しかし、実際は巨大漁業資本３社の利害が対立して、帝国水産統制には船舶は集まらず、製氷・冷蔵庫の買収も一部に留まり、水産物の配給も形だけとなった。海洋漁業統制会社は一本化出来ず、日魯漁業、日本水産、林兼商店がそれぞれ設立した。その他、以西底曳網漁業なども統制団体を作った。

沿岸漁業については、漁協の営む経済事業は、購買、販売、信用、利用事業とも急速に拡大した。道府県の連合会、全国漁業組合連合会も組織されて漁業組合の系統組織が完成した。1943年に水産業団体法が公布され、各地区の漁業組合・漁協、水産会、水産組合等の水産団体は統制がとりやすい市町村毎に漁業者は漁業会、加工業者は製造業会に統合され、道府県段階は水産業会、全国は中央水産業会となった。こうして沿岸漁業は一本化し、協同組合組織から国策遂行機関となった。

（2）戦時下の漁業

漁業従事者は、業主は52万人前後、被用者は64万人前後であったが、戦争の深化とともに青壮年の徴兵、徴用によって減少して、労働力不足が現れた。1936年と1944年を比べると、20～30歳の漁業者は約４分の１となり、60歳以上が３倍近くに増加した。男女別では男子が減少し、女子が増えた。比較的資材や重労働を要しない沿岸漁業・養殖業にウェイトが移った。

戦時体制下の漁業・養殖業生産量をみると（前掲図５－１）、総生産量は400万トン前後から減少して1942年までは350万トンを維持したが、その後急落する。魚種ではイワシの漁獲減少が顕著で、総生産量の減少分118万トンのうちイワシの減少分は95万トンであった。イワシの減少は資源変動によるものであるが、漁業用資材や労働力の不足による漁獲能力の低下も原因している。その他、南氷洋捕鯨は1941年に１万頭近くを捕獲して戦前の最高記録を作ったが、それを最後に母船が軍用タンカーとして接収されて終止した（沿岸捕鯨だけになった）。汽船トロール、母船式カニ、母船式サケ・マス漁業も1942年に漁船、母船が徴用されて出漁できなくなった（特論５を参照のこと）。

漁獲金額は軍需インフレで急騰し、沿岸漁業は1937年の２億２千万円が40

年には4億9千万円に、内地沖合漁業は9千万円から2億円へとそれぞれ倍増した。1941年からの数値はないが、公定価格制度の実施で、魚価の暴騰は表向き抑えられた（闇取引が横行し、公定価格のない品目は価格が高騰した）。

こうした中で漁業政策は、燃油節約のため機関換装（価格の高い軽油や揮発油を使う電気着火式から重油を使う焼玉、ディーゼル機関への転換）、資材の使用量が少ない漁法への転換、代用燃油（魚油等）の使用、企業合同や共同経営による資材の節約等となった。また、機船底曳網漁業については沿岸漁業と対立し、資源の枯渇を招くことから減船事業が始まったが、能率漁法で食糧増産に有効であることから減船事業を中止するとともに許可権限を大臣から知事に戻して許可を発行し易くした。

1940年と1946年の漁船勢力を比較すると、隻数で20%、トン数で49%減少しており、戦争被害が甚だしい。隻数に比べてトン数の減少が大きいことから大型漁船ほど徴用、戦禍が大きかったことがわかる。漁業種類（隻数）でいえば、母船は100%、捕鯨船は45%、トロール船は78%、機船底曳網漁船は33%、カツオ・マグロ漁船は58%、イワシ揚繰網（まき網）漁船は33%を失っている。

植民地・半植民地の漁業も内地のそれに準ずる。朝鮮では内地と同様、イワシが激減して油肥製造、イワシ油の二次加工は全面休止となった。日中戦争から太平洋戦争へと戦争が拡大していく過程で、中国では2か所に食糧兵站業務を目的とする国策漁業会社が設立され、南方占領地では治安の回復、重要資源の獲得、現地軍の自活の原則のもとで、内地から漁業者が送り込まれ、軍納魚体制を構築した。大戦末期には戦況の悪化、資材の不足等で軍納魚体制も崩壊した。北洋サケ・マス漁業も戦局の悪化で激減し、漁業者も抑留された。

1）露領水産組合　1938、pp.60～62。

2）「露領沿岸ニ於ケル漁業関係雑件」 1927。以下の記述も同資料による。

3）岡本信男　1971、p.62。

4）宇佐美昇三　2013、pp.105～107。

5）同前、pp.149～152。

参考文献

山口和雄編『現代日本産業発達史 19巻水産』（交詢社出版局、1965年）
全国漁業協同組合連合会水産業協同組合制度史編纂委員会編『水産業協同組合制度史 1』（水産庁、1971年）
同『同　4』（全国漁業協同組合連合会、1971年）
『農林水産省百年史 中巻 大正・昭和戦前期』（同刊行会、1980年）
蜷川虎三『漁村対策研究』（甲文堂書店、1940年）
長瀬貞一・周東英雄・寺田省一『漁業政策』（厚生閣、1933年）
国立国会図書館調査立法考査局『わが国漁業金融の沿革と現状』（同、1949年）
『漁業組合年鑑　昭和十五年版』（水産社、1939年）
岡本信男『近代漁業発達史』（水産社、1965年）
青木久『危機に立つ北洋漁業』（三省堂、1977年）
三島康雄『北洋漁業の経営史的研究』増補版（ミネルヴァ書房、1985年）
中井昭『北洋漁業の構造変化』（成山堂書店、1988年）
板橋守邦『北洋漁業の盛衰―大いなる回帰』（東洋経済新報社、1988年）
農林水産省統計情報部・農林統計研究会『水産業累年統計 第2巻』（農林統計協会、1979年）
岡本信男編『日魯漁業経営史 第1巻』（水産社、1971年）
神長英輔『「北洋」の誕生―場と人と物語―』（成文社、2014年）
荻野富士夫『北洋漁業と海軍』（校倉書房、2010年）
「極東露領沿岸ニ於ケル漁業関係雑件」（外務省外交史料館所蔵）
露領水産組合『露領漁業の沿革と現状』（同、1938年）
世界水産総覧編集委員会『世界水産総覧』（農林経済研究所、1965年）
岡本正一『北洋漁業之大革命』（水産通信社、1933年）
宇佐美昇三『蟹工船興亡史』（凱風社、2013年）
大海原宏「蟹工船との断片的「対話」」、伊藤康宏・片岡千賀之・小岩信竹・中居裕編著『帝国日本の漁業と漁業政策』（北斗書房、2016年）所収。
北洋漁業総覧編集委員会『北洋漁業総覧』（農林経済研究所、1959年）
青森県調査課「北洋漁業関係資料」同『素材 11』、（1950年）所収。
小林多喜二『蟹工船』（戦旗社、1929年）
『日本水産年報　第6輯大東亜戦と水産統制』（水産社、1942年）
『拓務要覧　昭和15年版』（日本拓殖協会、1941年）
『樺太要覧　昭和13年、15年』（樺太庁、1939、1940年）
『関東局要覧　昭和16年』（関東局官房文書課、1942年）
片岡千賀之『西海漁業史と長崎県』（長崎文献社、2015年）
片岡千賀之『南洋の日本人漁業』（同文舘出版、1991年）
片岡千賀之『イワシと愛知の水産史』（北斗書房、2019年）

特論5

漁船・漁業の戦時動員

(1) はじめに

民間船舶（漁船、商船、木造機帆船）の軍事徴用は、明治時代から実施されており、1938年の国家総動員法に基づいて徴用関係法規が整備されるまでは、1882（明治15）年8月の太政官布告第43号で発せられた「徴発令」を根拠にしたものと思われる。徴発令は、「徴発令ハ、戦時若シクハ事変ニ際シ、陸軍或ハ海軍ノ全部又ハ一部ヲ動カスニ方リ其所要ノ軍需ヲ地方ノ人民ニ賦課シテ徴発スルノ法トス」（第1条）として全53条からなる。国家総動員法以後は用語を「徴発」から「徴用」に変えているが、実態は徴発そのものであり、むしろ強化された面がある。

漁船の軍事徴用は、1937年7月北京・盧溝橋事件により日中戦争が始まり、8月には上海で日中両軍が衝突し全面戦争に突入、11月日本陸軍は杭州湾に上陸した。この作戦では、揚子江の支流やクリーク（小運河）を通って弾薬や物資を輸送する必要があったため、日本陸軍は10トン前後の漁船を徴用した。太平洋戦争の勃発後も、中国大陸では一進一退の泥沼のような戦闘が継続し、小型漁船が使用されたが、徴用隻数と喪失隻数はあまり多くなかった。

一方、1941年12月真珠湾攻撃により太平洋戦争が始まり、日本軍は1942年5月までの約半年間に西太平洋から東南アジアに至る広大な地域を次々と占領した。このため、日本海軍により大型の1万トン級の捕鯨母船から小型の10数トンの沿岸漁船までが徴用され、南方を目指して出撃することになった。しかし、開戦から間もない1942年初めには日本近海に敵潜水艦が頻繁に現れるようになり、また、1943年1月以降米軍の猛反撃が始まり太平洋における戦局の主導権が米軍に移り、1945年に入ると日本近海の制海権が米軍に奪われたため、軍事徴用漁船の被害が増大した。

(2) 軍事徴用漁船とは

世界各国の海軍は、軍艦（戦艦、航空母艦等）とその他の艦艇（潜水艦、掃海艇、駆潜艇、給油艦、運送艦等）を常備している。しかし、有事の際にはこれらの常備艦艇だけでは到底海軍の作戦を行うことができず、ほとんどの国の海軍では、有事に際しては民間から各種の商船や漁船などを徴用し特設特務艦艇として常備艦艇の不足を補っている。

徴用される船舶は、大型の貨客船や貨物船では特設巡洋艦や特設水上機母艦等、中型の貨客船や貨物船は特設砲艦や特設敷設艦等に改装される。また、漁船では、大型の捕鯨母船は特設給油艦や特設運送艦等、中型のトロール漁船などは特設監視艇や特設駆潜艇、特設掃海艇等に改装されることが多かった。

日本海軍は、太平洋戦争中、最終的に841隻の漁船を特設特務艦艇として徴用した。このうち、特設監視艇が407隻、特設駆潜艇が265隻、特設掃海艇が112隻であり、この3種類の特設特務艇だけで合計784隻、全体の93％を占めた。また、小型漁船が雑役艇として2,050隻徴用された[1)]。

①特設監視艇

特設監視艇は、日本周辺（特に本州の東方洋上海域）やソロモン諸島などの海域に「碁盤の目」状態に集中的に配備され、日本本土や主要戦闘海域に侵入してくる可能性のある敵艦隊をいち早く発見することが目的である。レーダーの開発が遅れていた日本海軍が考え出した苦肉の敵探知の対策であり、特設監視艇はいわば「人間レーダー」の役割を担った。そして、敵の侵入が確認された場合には、遅滞なく事態を艦隊司令部に無電で報告する義務を負うことになっているが、敵発見の無電発信は直ちに敵が探知するものとなり、反撃のできない特設監視艇は、たちまち敵の攻撃を受けて乗組員ともども撃沈されることが多かった。

特設監視艇に求められる船の規模や性能は、80～150トンの近海・遠洋鰹鮪漁船や底びき網漁船であった。しかし、戦争の激化に伴い特設監視艇の犠牲が増え、また、よりきめの細かい監視活動を行うために、より多くの特設監視艇が必要になり、1944年頃からは60トンの鰹鮪漁船も徴用されるようになった。

②特設掃海艇

掃海艇は、主に敵側が敷設した機雷を掃海するのが目的であり、海軍の主要基地や根拠地周辺の海域での掃海が任務であった。掃海作業は漁労のトロール漁法に似ているので、戦争当初には200～300トンのトロール漁船が使用されたが、1944年頃から80～240トンの他漁法の漁船も徴用された。特設掃海艇は、合計隻数の77％

をトロール漁船が占めた。

③特設駆潜艇

駆潜艇は、海軍の主要基地や根拠地周辺の海域での潜水艦に対する攻撃活動が目的であり、16 ～ 20 個程度の爆雷を搭載する比較的強武装の艦艇であった。特設駆潜艇には、捕鯨船や遠洋鰹鮪漁船、トロール漁船の使用が多かった。

④雑役艇

海軍は、太平洋戦争開戦当初から、特設特務艇として扱われない雑役用の小型漁船の徴用も始めていた。特にソロモン諸島を中心とする日米の攻防戦に激しさが加わるに従い、日本海軍陸戦隊が守備する各根拠地やその他の出先守備地に対する各種物資の補給あるいは将兵の補充の輸送のために、局地での機動性が高い小型漁船を積極的に徴用した。

ここでいう小型漁船とは、沿岸漁業用の 50 トン未満動力漁船である。小型漁船はほとんどが木造で焼玉エンジンを搭載し、最高速力は 7 ～ 8 ノットの低速であった。木造の小型漁船は、敵機の銃撃で容易に破壊され撃沈される船が多数に上った。このため、小型漁船は昼間の行動を控えて夜間行動に切り替えたが、米軍は魚雷艇を夜間に出撃させて小型漁船を攻撃したため多くの小型漁船が失われた。

また、敵襲を受けて小型漁船が損傷しても、修理する工場が皆無であり、応急修理のみであった。さらに、熱帯地特有の海虫による船底の浸食は甚だしいものがあった[2)]。

（3）軍事徴用漁船の活動事例

特設特務艇のうち、特に特設監視艇の存在と働きが注目される事件が突然起きた。米軍機が日本の上空に初めて姿を見せたのは、1942 年 4 月の東京空襲である。米陸軍航空隊のドーリットル中佐の指揮する B25 双発爆撃機 16 機が日中に突然日本本土に侵入した。B25 は、犬吠岬 1,150km の洋上で航空母艦を離れ、東京、横須賀、名古屋、神戸等に銃撃や爆弾を投下して中国大陸に飛び去った。太平洋戦争の開戦間もないこの時期の米軍機による空襲は、日本軍にとっては青天の霹靂であり、しばらくの間軍部内で情報が錯綜し混乱を招いた。

この時、特設監視艇として本州の東方洋上海域に配備されていた山口県下関漁港所属の以西底びき網漁船第 23 日東丸（90 トン）が米軍の動きを監視していた。そして、第 23 日東丸は、海軍司令部に対して、「敵艦上機らしき機体 3 機発見」、その直後に

「敵空母1隻見ゆ」という驚くべき情報を緊急無線により発信した。しかし、同船は、米空母2隻の位置を急報した後、機関銃を撃ちながら米艦隊に突入して撃沈された。米軽巡艦は第23日東丸が沈没した海域で日東丸の生存者を救助しようとしたが、生存者が救助を頑なに拒んだため救助作業を中止した。

日本海軍は、未帰還となった第23日東丸乗組員全員に対し、日本軍最高の武功勲章である金鵄勲章の叙勲を行ったが、軍人以外の乗組員に金鵄勲章が授与されることは、日本海軍において最初で最後のことであった。

また、一方で、小型漁船に対する無謀な出撃命令が大きな惨事を引き起こした。1943年2月、島根県浜田漁港所属の底びき網漁船15隻（14隻が27～37トン、1隻が45トン）が海軍に徴用された。出撃命令を受けた先は、ソロモン諸島のニューブリテン島の要衝ラバウルであった。15隻は、徴用命令を受けると、遅滞なく準備のために広島の陸軍輸送船基地のある宇品港への回航を命ぜられた。そして、ここで必要な装備品を搭載し長距離航海に備えての予備燃料タンクの取り付けや食料品、飲料水の搭載、そして、最低限必要な航海器機の取り付けが行われた。同時にここで全ての乗組員に軍属としての地位が与えられた。3月初め15隻は45トン漁船を指揮船として船団を組み、長期の航海に向けて宇品を出港した。この船団には軍人は1名も乗り込まず、長距離航海に未経験な船長や乗組員にすべてが任された。船団は豊後水道を通過し、最初の寄港地である宮崎港に寄港して給油を行った。その後、沖縄の那覇港、台湾の基隆港・高雄港を経て、ルソン海峡を横断し、フィリピンのマニラ港に到着した。各寄港地では給油や食料品・飲料水の補給を行ったが、フィリピンから先は戦闘海域となる。船団は、宇品港を出港4か月後にラバウルに到着したが、片道7千キロの航海は苦難の連続であった。途中、エンジンの故障や荒天での沈没により7隻を失い、ラバウルに到着したのはわずか8隻であった。非力な小型漁船による全行程7千キロの走破は本来が無理であった。この15隻の船で無事に日本に帰還したものはなかった。それどころか、出撃した105名の乗組員の中で、戦後日本に無事帰還できた者はわずか5名であった[1)]。

（4）戦場での漁業活動

日本の陸軍と海軍にはいずれも、漁労隊なるものはあったが、実態はあまりわかっていない。各種の戦記物には、時々戦場における「漁労班」という言葉が顔を見せているが、これは一般的な軍徴用の漁船が小輸送のかたわら、ついでに漁労をさせられたものであり、当初から漁労目的のために徴用した漁労隊とは異なるものであろう。防衛庁戦史資料室では、「漁労隊というものは存在していた。」ということだけは認めているが、陸軍の小型漁船徴用そのものの資料が皆無に等しいので、実態のほどはわからないとのことである[1)]。

日本軍が占領した南方各地では、現地在留兵員の必需品は可能な限り現地で賄わなければならなかったため、主要水産会社は食糧供給の面で日本軍に協力を行った。日本水産は、政府の南進政策に即応し、共同漁業当時の 1935 年頃国司浩助の漁業南進論に沿って早期に着手した。しかし、開始と同時に施設が米英に接収されたのを契機に引き揚げ、以後は消極的態度をとった。

一方、林兼商店は、南極捕鯨禁止による勢力転換の関係があったとみられ、1942 年 1 月本社に南方部を新設して、ビルマやラバウルなどの占領下の 13 地点に営業所を設けた。そして、鰹鮪漁船 54 隻、底びき網漁船 16 隻など計 100 余隻の漁船を動員した。

しかし、戦争が激しくなるにつれ、人命と船舶の被害が甚大となり、残された漁船で命がけの操業を行うようになった。食糧報国という使命から、休むことは許されず、波間に漂う木片を見ては敵潜水艦の潜望鏡かと緊張し、空飛ぶかもめを見ては敵機襲来かと身構える戦時下での異常な心理状態であった[2)]。

（5）日本国内の漁業活動

日本国内の漁業は、1941 年・1942 年には、沿岸漁業がまだ魚価高に支えられ比較的好況であった。この頃、漁業は減産傾向にはあったが、沿岸・沖合で十分に操業ができており、まだ 300 万トン台の漁獲量を維持していた。しかし、1943 年以降軍事徴用の増加による利用漁船隻数の減少と乗組員の不足、加えて日本近海での米軍の攻撃が激しさを増し漁業操業が危険になった。この結果、日本国内の漁獲量は 1937 年を 100 とすると、1942 年が 83、1943 年は 76、1944 年には 60、1945 年には 40 と急激に減少していった。

また、漁業人口の動静をみると、1944 年には男子が 31 万 6 千名で 1936 年に比べて 33.6％減少し、女子は逆に 4 万 7 千名で 4.2％増加した。男女の合計数は 26 万 9 千名であり、24.4％の減少であったが、青壮年の召集や徴用で男子では 60 歳以下が41%も減少し、逆に60歳以上は9%増加した。このことは、量的かつ質的な漁業労働力の低下を物語っている[3)]。

日中戦争が始まった1937年、陸軍は静岡県に12トン内外の漁船30隻の徴用命令を発した。焼津では鯖漁船14隻がこれに該当し4隻が応じた。翌1938年7月には鯖漁船7隻が徴用され、同年12月には60～70トンの鰹鮪漁船の徴用が始まった。そして、1941年以降100トン前後の鰹鮪漁船も徴用の対象になり、1945年には残存漁船はわずか10数隻となった。焼津の町は確たる漁業もなく、沿岸寒村となんら変わることなき疲弊の街なみと化した[4)]。

(6) おわりに

海軍が特設特務艦艇として徴用した漁船は合計841隻であり、このうち650隻、77%が失われた。また、徴用が確認されている2,050隻の小型漁船は、全数の46%に相当する945隻が失われた。

日本近海で操業中や漁港係留中に空爆により沈没・破損したものを含めた漁船の喪失状況を20トン以上の登簿漁船についてみると(1939年～1945年8月)、鰹鮪漁船が518隻で最も多く、底びき網漁船が415隻でこれに次ぐ。続いて、雑漁業漁船の259隻、運搬船の213隻、鰯揚繰網漁船の121隻、トロール漁船261隻、官庁船41隻、捕鯨船34隻、母船22隻の順であり、保有隻数の多い漁業種類ほど喪失隻数が多い。

トン数の面からみると、喪失トン数は捕鯨船の11万トンが断然多く、母船は全滅したため4.6万トンで2番目に多い。次いで、運搬船(約3万トン)、鰹鮪漁船(2.7万トン)、揚繰網漁船9,000トン、官庁船8,000トンの順であった。太平洋戦争で戦没した軍人・軍属は、海軍では474千名、陸軍では1,647千名に達した。この数字は、海軍の場合は太平洋戦争に参加した軍人・軍属の16%、陸軍は参加軍人・軍属の23%に相当する。一方、同じ時期の民間船舶の全乗組員数は14万名とされ、戦没者6万名を出した。全乗組員数に占める戦没者の割合は43%に達する。この数字は、陸海軍の軍人・軍属の犠牲者の割合の2倍以上に相当する。また、戦没船員の年度別発生数をみると、1941年が1,455名、1942年が2,830名、1943年が7,610名、1944年が25,835名、1945年が21,707名であった。この戦争では漁船等民間船舶の乗組員が極めて過酷な状況にあり、戦争後期になって一層悲惨な状況を強いられていたことを如実に示している。

1）大内建二（2011）。
2）徳山宣也（2001）。
3）大日本水産会（1982）。
4）焼津市史編さん委員会（2005）。

参考文献

大内建二『戦う日本漁船　戦時下の小型漁船の活躍』（NF 文庫　光人社、2011 年）
大日本水産会『大日本水産会百年史 前編』（大日本水産会、1982 年）
徳山宣也編『年表で綴る大洋漁業の歴史』（私家版、2001 年）
焼津市史編さん委員会『焼津市史 漁業編』（焼津市、2005 年）

第 6 章

戦後改革と漁業制度改革

本章の課題は、第二次世界大戦後の日本の水産業がどのように出発し、戦争による被害から脱却したのかを明らかにすることである。アメリカ占領軍による支配のもとで、マッカーサー・ラインの制限内で漁業が開始され、次いで漁業制度改革が行われていく過程の叙述が本章の内容である。

第 1 節　敗戦と漁業の縮小

(1) 敗戦後の漁業と占領体制の出発

1945 年の日本の敗戦後、日本に対する連合国の占領政策が開始された。この時期の日本は旧植民地を失い、また大型漁船もその大半を失った。戦時下においては漁船も軍事用に徴用されて戦争に参加した結果、沈没、座礁する漁船が多かった。1939 年と 1945 年の大型漁船を比較すると表 6-1 のようになる。

これによれば、母船の 100%、捕鯨船の 95%、トロール漁船の 72%、カツオ・マグロ漁船の 49% が失われた [1)]。なおこれは大型漁船であるが、一般の漁船を含めた漁船総数は 1946 年調査で、284,449 隻、563,930 トンである。その内訳と 1940 年の漁船総数は表 6-2 のようになる。

この表のデータから算出すると、1946 年は 1940 年と対比して、漁船総数は 80.3%、トン数は 51.2% となっており。前表からわかる大型船の減少率と比べると漁船総数の残存率は高い。これは、小型船は比較的に戦争による被害が少な

表 6-1　戦前・戦後、大型漁船比較

	1939 年		1945 年	
用　途	隻　数	トン数	隻　数	トン数
捕鯨	78	119,173	44	6,450
トロール	78	25,028	17	7,358
機船底曳	1,264	52,375	849	34,548
カツオ・マグロ釣	901	55,289	383	28,226
イワシ揚繰	365	12,675	244	3,101
運搬	406	62,550	193	32,982
官庁船	101	11,700	41	3,859
雑漁船	355	12,949	96	2,754
母船式	22	46,231	0	0
合計	3,570	397,970	1867	119,278

（出典）水産新聞社 (1948)

表 6-2　漁船総数　戦前・戦後比較

	1940 年		1946 年	
内　　訳	隻数	トン数	隻数	トン数
動力船	75,197	683,500	65,617	342,241
無動力船	279,018	418,500	219,500	221,689
合計	354,215	1,102,000	284,499	563,930

（出典）農林大臣官房総務課 (1972)

かったためと考えられる。地域的にも愛媛県ほかの瀬戸内海沿岸の諸県や日本海の諸県が漁船の被害が少なく、いち早く漁業が復興した[2)]。戦争で失われたものは漁船のみではなかった。漁業に不可欠な製氷、冷蔵、冷凍施設が多く失われた。1943 年と比べ、1945 年の能力は、製氷能力が 38%、冷蔵能力が 25%、冷凍能力が 16% となっていた[3)]。

こうしたなかで第二次世界大戦後の日本漁業が出発した。なお、日本占領は実質的にアメリカによる占領であった。その支配機構は連合国最高司令官総司令部であり、GHQ または SCAP と略称され、頂点にダグラス・マッカーサーがいた[4)]。

漁場に関して GHQ は 1945 年 8 月 20 日、すべての日本船舶の航行を禁止した。その後同年 9 月 14 日、GHQ は木造漁船のみ、沿岸 12 海里以内の水域で漁船の操業を許可した。さらに同年 9 月 27 日、覚書第 80 号により、一定の区域内での漁業を許可した。その面積は 632,400 平方海里であり、遠洋漁業の一部も含まれていた。これは第一次漁区拡張であり、このとき示された範囲はマッカーサー・ラインと呼ばれた。なお、GHQによって規制されていた操業可能な漁区はその後拡張されていった[5)]。

1945年12月30日、小笠原列島近海での捕鯨業が許可された。この海域は第一次漁区拡張の海域と離れていたので、両者を結ぶ航行許可区域が設定された。1946年6月22日に第二次漁区拡張が実施された。1949年9月19日には第三次漁区拡張が行われ、総計2,890,800平方海里が操業可能になった。また1950年5月11日にSCAPIN2097号により、母船式マグロ漁業が許可になり、そのための漁場が開放された。また1946年8月6日に南氷洋の捕鯨が許可された。このように敗戦で失われた漁場の回復が進んでいった[6)]。

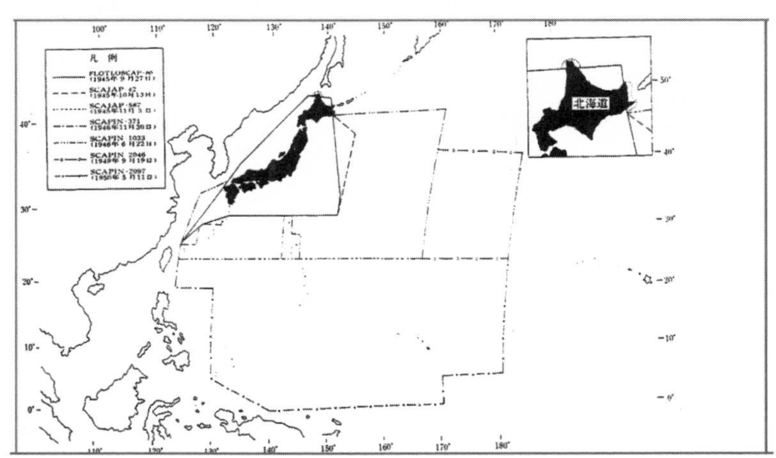

図6-1　マッカーサーラインの変遷

（出典）竹前栄治・中村隆英 監修、小野征一郎・渡辺浩幹訳。北洋漁業総覧編集委員会 (1959)

(2) アメリカ占領軍による漁業の方針

GHQの漁業に関する方針について、その方向を決定したのはアメリカ政府であった。1946年2月11日の合衆国国務省広報は日本の漁業、水産業の方針を示した。その冒頭の文章は「国務省陸海軍聯合委員会は、日本占領期間中日本の漁業および水産業の処理に関する左の方針を承認せり[7]」であり、アメリカの参謀本部からマッカーサーに対して発せられた指示に含まれるとしている。その方針は、大別すると①国内消費に対する対応、②沿岸漁業、養殖業の活用、③日本人が開発した太平洋の漁業資源の調査、④日本漁業が厳守すべき事項、⑤国内消費以外の漁業製品について、⑥地方的占領規則の設定についてとなっている。

このうち、①については、以下の事項が書かれている。

(1) 日本側において保有する、適当なる漁船、施設、漁具装備、および資材を優先的に使用せしむ。

(2) 最高指揮官が、実行可能にして、かつ必要ありと認めたる場合は、漁船に、十分なる燃油を供給するに要する手段を講ずること。

(3) 日本政府に対し、漁業、魚肥、水産処理加工業の諸施設、およびその生産物配給の諸施設の再建を要求する。

(4) 合衆国政府の一般政策を勘案し、日本の産業に対し、最高指揮官において、必要ありと認むる援助をなす方策を講ずること[8]。

②については沿岸漁業、養殖業により、国内需要を満たすよう求めているが、不足する場合には漁業の操業海域を拡大することが書かれている。また、③は漁場等の制限が供給に及ぼす影響を計算するためのものとされている。

④の厳守すべき事項は以下のものであった。

(1) 合衆国を締約国とする、資源保護に関する取決めの諸条項。

(2) 合衆国を締約国とする、資源保護に関係あるその他の取決めの条項。

(3) 沿岸漁業に関し、合衆国により発せられたる政策にのっとり、合衆国またはその他の政府より発せられたる特定の漁業を管理する政策または法規。

(4) 漁業の資源保護に関し、日本政府または地方庁の発したる規則。

⑤では国内需要を満たす以外に、アメリカ国民の需要向けや外貨獲得のための輸出向けの漁業も可能であることが示されている。また⑥では、占領の要請と海産食糧品の最大限を確保することが考慮されるべきとされている。

ここで戦後の漁業の実態を、漁獲量の変化を通じて見れば、表 6-3 のようになっている。漁獲量の合計が 1941 年の水準を超えるのは 1951 年になる。海面漁

表 6-3 漁獲量の推移（トン）

年	合　計	海面漁業	内水面漁業	海面養殖	内水面養殖
1941	3,834,841	3,702,877	73,011	111,421	20,543
1945	1,824,529	1,750,763	59,420	61,091	12,675
1946	2,107,041	2,075,382	44,788	24,851	6,808
1947	2,285,639	2,257,402	49,107	23,742	4,495
1948	2,518,476	2,477,192	67,693	36,514	4,770
1949	2,761,484	2,666,096	37,730	53,768	5,890
1950	3,376,814	3,256,469	63,271	51,500	5,574
1951	4,290,511	4,133,586	60,775	89,862	6,488
1952	4,626,803	4,449,541	53,489	114,489	9,284
1953	4,523,860	4,313,170	57,437	144,519	8,735

（出典）農林水産省統計情報部 , 農林統計研究会 (1979)

表 6-4　漁業世帯数

年	合　計	経営する世帯	雇傭される世帯	経営兼雇傭される世帯
1941	501,177	-	-	-
1942	466,632	266,536	150,202	49,894
1944	456,045	271,004	131,069	53,972
1946	554,459	330,551	170,113	53,795

（出典）農林水産省統計情報部 , 農林統計研究会編 (1978)

業漁獲量も同様である。

なお、1941、42、44、46 の各年につき、水産業経営者数及び被傭労働世帯数がわかる。その内容は表 6-4 のとおりである。これによれば、敗戦後、漁業世帯は増加しており、漁業の重要性が増していることがわかる。

第 2 節　漁業制度改革

(1) 漁業制度改革の模索

GHQ（SCAP）による日本占領の方針に関してはアメリカ政府の指示があったが、これとならんでアメリカ、イギリス、ソ連、中国の 4 カ国が連合国対日理事会を結成し、GHQ（SCAP）と協議し、また指示を与えることになっていた。実際、連合国対日理事会はしばしば会合を持って日本の占領政策について意見を述べ、

GHQ はこれを尊重していた [9]。1947 年の第 26 回定例対日理事会でソ連代表の提案である「現行漁業法全部の撤廃」が議論され、またアメリカによる日本漁業の説明もあり、議論の内容が対日理事会議長からマッカーサーに伝えられることになった [10]。

こうした占領当局の動きと並んで、日本側では民間団体による漁業制度改革案の検討が始まった。そうした団体には、中央水産業会、北海道漁業制度改革委員会、日本漁民組合等があった。こうした民間の動きがあるなかで農林省も改革案を作成した。その結果、1947 年 1 月に漁業法の第一次案が作成され、農林省から GHQ に提出された。第一次案の内容は次のようなものであった。

①漁業権はすべて組合有とする。そのため個人有漁業権は 2 年以内に漁業協同組合に強制的に譲渡させるようにする。その後に漁業権の全面的整理を行う。②漁業権の私的財産としての性格を否定、公的管理権とする。③民主的な調整機構として漁業調整委員会制度を作ること [11]。

こうした内容を持つ第一次案は第 26 回定例対日理事会で議論され、ソ連代表が関心を示したものの GHQ が拒否し、実現しなかった。次に 1947 年 5 月に農林省水産局により第二次案が作成された。その内容は以下のようであった。
①専用漁業権は、漁業者および漁業従事者の強制加入組織たる漁民公会が所持。②その他の漁業権は個人にも免許し得るとし、調整委員会の運用によって協同組合に与えようとするものである。③個人有漁業権の賃貸は禁止するが、漁民公会有漁業権の賃貸は認める [12]。

この第二次案も GHQ によって受け入れられなかった。そこで水産局は 1947 年 12 月に第三次案を作成した。その内容は以下のようであった。

①根付漁業権（専用漁業権の内容を大幅に縮小し、海藻貝類、定着性水産動物の採捕を目的とするものに限定）および、ひび建養殖、貝類養殖を内容とする区画漁業権のみは協同組合に免許する。②その他の漁業権即ち区画、定置（身網の水深 15 メートル以上）は経営者へ免許することとし、但し漁民団体が経営する時は個人、会社経営よりも優先的に免許する。③漁業権とする範囲をなるべく縮めてそれ以外を許可漁業とする。④中央、海区、市町村に漁業調整委員会を設け、

免許、許可、調整の審議権を与える[13]。

この第三次案はそれまでの案と比べて漁民団体の権利を大幅に制限したものであったため、批判を受け、第四次案が作成されることになった。第四次案はGHQが賛成し、国会に上程された案である。第三次案から第四次案に変化した際の大きな変更点は以下のようであった。

①第三次案の根付漁業権の代わりに第一から第五の共同漁業権を設け、従来の特別漁業権、小型定置等を吸収し、漁業協同組合有（所有）の範囲を広げた。②第三次案で認められていなかった定置漁業権に対する漁業協同組合の第一次優先順位が第四次案では認められた[14]。

この第四次案は国会で審議され、衆議院の水産委員会では修正案も出されたが、その際、GHQの許可が問題となった。GHQには五大プリンシプルがあるといわれていた。それらは以下のようである。

①全部の漁業権は一応解消して再配分する。②漁業権の貸付は認められない。③優先順位及び適格性は法律に明記しなければならない。④漁業調整委員会は県単位とすることは認めない。⑤ 漁業権そのものの定義は現行法当時と漁業の実態が変わっているのであるから現行法とは変わったものにする必要がある[15]。

このように、漁業制度改革を目指した漁業法案は対日理事会の議論を前提に、GHQの意向が貫徹しつつ日本政府の一部である農林省水産局が原案を作成し、国会においてもGHQの意向が配慮されつつ審議されていった。

(2) 漁業法の成立と漁業制度改革の進展

審議の結果、1949年12月に漁業法が成立した。漁業法と合わせて漁業法施行法も制定され、漁業法と同時に官報号外で知らされた。漁業法施行法は旧体制から新体制に移行する際の補償等を詳細に定めていた。こうして漁業制度改革が実行されていくが、その骨子は次のような内容であった。

旧漁業権の抹消と所有者の損失に関する補償は25年満期の国債で行われる。①新漁業法はできるかぎり多くの漁業者に権利の所有を認め、漁業経験者に優先権を与えている。② 3種類の権利が認定された。それらは (a) 共同漁業権：10

年間有効、権利の保有者が無制限に更新可能、(b) 定置漁業権：5 年間有効、5 年ごとに優先順位に従って更新される、(c) 区画漁業権：5 年間有効、自動的に更新される。③ 2 種類の許可漁業が設定された。それらは、(a) 一定の場所に限定しない漁具を用いて沿岸で定着性でない海洋生物を漁獲する漁業、(b) 遠洋漁業、例えばマグロ漁業。④漁業調整委員会の設置。これらはそれぞれの漁業海区ごとに設置されねばならない[16]。

こうした漁業法の制定とならんで漁業者団体に関する法案の制定が進められた。明治漁業法の下において沿岸漁業者は漁業組合や漁業協同組合の組合員として組織されていたが、個々の漁業組合を合わせた漁連が各地に結成され、1938 年に全国組織としての全漁連が成立した[17]。戦争の拡大とともに政府の水産業統制も進み、1943 年成立の水産業団体法により、全漁連は帝国水産会とともに中央水産業会に編成替えされた[18]。府県には府県水産業会が置かれ、その下に漁業会や製造業会が置かれた。これまでの漁業組合や漁業協同組合は漁業会に再編成された。日本の敗戦の後、水産業団体法の改正が行われ、中央水産業会ほかの団体役員が総会による選任に改められた[19]。また、1947 年には中央水産業会の清算が SCAP により指示された。こうした動きの中で新しい沿岸漁業者団体の組織整備が問題となった[20]。

民間団体や水産局が原案を作成、公表するなどを経て、1948 年 12 月に水産業協同組合法が国会で成立し、1949 年に施行された。これにより旧来の漁業会は解散し、漁業協同組合ほかの水産業協同組合が成立した。

水産業協同組合法と漁業法が成立し、漁業制度改革が進められていった。旧漁業権と入漁権は 1950 年 3 月以後、2 年間存続し、その間に漁場計画が作られ、新漁業権に切り替わることになった。この切り替えは 1951 年 9 月、1952 年 1 月に行われ、これに間に合わないものは 1952 年 3 月には消滅することになった。消滅した漁業権に対しては補償金として漁業権証券が交付された。その金額は総額で 182 億円であったが、証券は資金化されていった。これはこの時期に進行していた GHQ 財政顧問、ジョセフ・ドッジの日本政府に対する勧告に基づくドッジラインが公債発行を抑制しており、漁業権証券も資金化が求められたためであった。こうして多額の補償金が旧漁業権者に支払われたがこのうち130億円は漁業協同組合に支払われた[21]。旧漁業権のうち、専用漁業権の93%、他の漁業権の63%を漁業会が持っていたため、漁業権証券はひとまず漁業会に交付され、それが新たに設立された漁業協同組合に引き継がれた[22]。なお、1953年1月時点で旧漁業権と新漁業権を対比した結果は表6-5のようになっている[23]。

表6-5 旧漁業権と新漁業権

旧漁業権		新漁業権			
漁業権		漁業権	公示	申請	免許
専用	4,603	共同	6,727	6,645	6,583
定置	21,555	定置	5,786	8,070	5,527
区画	4,033	区画	3,497	3,443	3,302
特別	10,966				
合計	41,457		16,010	18,158	15,412

（出典）小沼勇(1988)

第3節　水産物の流通統制

(1) 戦後初期の水産物流通統制

太平洋戦争の戦時下にあって、食糧の統制が進んでいた。主食の米に限らず、生鮮食品や魚介類も統制が行われ、青果物配給統制規則や鮮魚介配給統制規則が施行されていた。こうした統制により自由な商品流通は規制されていた。日本の敗戦後、こうした規制の撤廃を求める声が起こり、日本政府は青果物と魚介類の統制を廃止することにした。このため、1945年9月、魚介類と青果物の統制撤廃が閣議決定された。これに対してGHQは、日本政府が主要物資の割当計画を設定し、維持すべきとして統制の継続を求めた。「鮮魚の出回りをはかるため」[24]として統制解除が実施されたのは1945年11月20日になった。

統制解除の結果、鮮魚が市場に出回るようになり、自由販売店も出現したが、それらの店舗に出回る鮮魚類は高価であり、高級魚が多く、一般大衆の手には届かない商品であった。市場を介する商品以外に闇ルートで販売される鮮魚も多くなった。1946年は特に食糧事情が悪化し、同年5月には食糧メーデーが開催され、また東京では魚よこせデモも起こった。

こうして再度、統制の必要性が発生し、1946年3月16日に勅令第145号として水産物統制令が発せられた。しかしこの水産物統制令は太平洋戦争時の統制と比べると、地方に権限が与えられ、産地から消費地への水産物の搬入が自由化されたため闇市場に魚介類が流れることになり、正規の市場への出回りは減少した[25)]。このため、市場関係者や漁民大会などで統制撤廃の声が上がり、また関係官庁への陳情も行われた。

しかし政府は水産物統制令による統制の強化を図り、1947年4月11日に鮮魚配給統制要綱を発表した。その目的は配給機構の整備にあったが、公定価格の引き上げも企図された。政府は続いて臨時物資需給調整法に基づき、1947年4月16日に鮮魚介配給規則を公布した。この規則は、(1) 鮮魚介の出荷の統制、(2) 鮮魚介の荷受配給の統制、(3) 漁業用燃油等漁業用資材の配給、(4) 鮮魚介の輸送からなり、出荷、荷受とも独占の弊害をさけるため、出荷機関、公認荷受機関、公認配給店舗とも、その数を制限しないことにした[26)]。なお、公認配給店舗は地方長官の定める一定数以上の消費者の登録をなしたものでなければならないとされた。鮮魚介に加えて政府は加工水産物の統制に関し、1947年7月29日に加工水産物配給規則を公布した。

こうした規則の公布に加えて政府は1947年11月、生鮮食料品配給確保に関する緊急具体措置を閣議決定し、同月27、28日に地方長官会議を招集した。この会議にはGHQの担当者も出席し、督励している。ここで指示された緊急具体的措置は以下の内容であった。

(1) リンク制の強化、(2) 産地対策の強化、(3) 計画輸送の強化、(4) 市場における施策、(5) 末端配給のマル公確保

これらの項目の下に具体策が列挙されていた。そのうち (1) のリンク制については、漁業者が魚介類を出荷する量とリンクさせて燃油、特別加配米、酒、タバコ等を優先的に漁業者に割り当てるとされている。(2) の産地対策としては全国75の甲級陸揚地（漁港）の駐在官を強化し、水産局事務所を増設するなど、指

導監督を強化するとしている。(3) の計画輸送に関しては、大消費地と主要陸揚地の間に鮮魚運搬貨車を専属配車する。大消費地、海無県については着駅指定を厳重にする。甲級陸揚地に対する貨車の優先配車を強行する。冷蔵貨車の急速な建造を行う。主要陸揚地及び大消費地の小運送の計画的確保を図る。六大都市鮮魚出荷のトラックのガソリン及び代用燃料のリンク制を強化する等である。(4) の市場における施策については、場内ヤミブローカーの強力な摘発、公認荷受機関に対する公正な取締の励行、小売登録業者の不合理の是正、適当な消費者代表による市場の運営の監査、ほかである。(5) の末端配給のマル公確保については、魚介類の公定価格を守らせ、ヤミ売買を禁ずるための各種施策が列挙されている。わかりやすい公定価格表の配布、購入通帳に記入しないで販売した登録小売業者に対して登録取消などを行う等がそれである[27)]。こうして厳格な配給統制の励行が求められた。

1948 年 5 月 22 日、高級魚の価格統制解除が行われた。その魚類はマダイ、ハナダイ、チダイ、サワラ、スズキ、シラウオ、海産性アミ、エビ類、カニ類であった。この措置を発表した物価庁の声明は「・・・本措置が近い時期に他の魚類についても漸次公定価格が廃止されてゆくもののように考えられるのは誤解であって、政府としてそのような意志は全くない。本措置についても統制自体が動揺する危険にさらされると認められるときは、直ちにもとに復す決意であるから、この点生産者、取扱業者及び消費者の正しい理解と積極的な協力を期待している。」[28)]と述べ、統制維持の意志を表明している。

1948 年 7 月 1 日に鮮魚介配給規則ならびに加工水産物配給規則が改正され、鮮魚介配給規則を生鮮水産物配給規則に改めたほか、さきに価格統制を解除した高級魚の配給統制も解除した。また従来加工水産物として統制されてきた冷凍水産物を生鮮水産物として統制するほか、加工水産物のうち、生鮮水産物の代替品として農林大臣が指定するものは生鮮水産物として統制するなどが改正の内容である。指定された加工水産物は塩蔵のサバ、サンマ、カツオ、ホッケなどと、塩干のサバ、サンマ、カマス、トビウオなど、合計 21 品目であった。

1949 年 4 月 1 日に青果物の統制が撤廃されたが水産物の統制は維持され、同年9月27日に生鮮水産物配給規則が改正された。この改正は生鮮水産物18品目（60種）、加工水産物4品目に配給統制を残し、その他は自由販売を許すものであり、公定価格で販売できるとみられる割当配給品、その他の一般配給品、自由品（統制外品）の3種類の区分も設けられた。この措置は同年10月15日から実施されたので10.15措置といわれた[29)]。

(2) 水産物流通統制の撤廃

1950年3月15日に森幸太郎農林大臣は4月1日より水産物全品目の統制を廃止することを発表した。こうして再度自由取引が実現したが、東京、大阪をはじめ、各地の中央卸売市場は取引を復活させる準備に取りかかった。東京では統制撤廃後直ちに仲買人制度を復活させることが不可能であったため、暫定措置として卸売人と買出人の相対取引を行うことにした。大阪では3月24日から仲買希望人の申込み受付を行い、4月9日、鮮魚部360名、塩干部242名の新仲買人の氏名が発表された[30)]。

東京では水産物関係の仲買人制度を復活させるまでに日数を要した。3月27日から4月10日まで公募を行ったところ、2,288名が応募し、その選考が問題となった。仲買人選考委員会が結成され、資格要件や許可要件を定め、これに従って選考することにした。これらは水産物取引の経験や資金の保有状況、経済統制違反がないこと（3年以内に罰金刑以上を受けていないこと）などであり、3年以上の水産物業務経験者でなければならないとされた。こうして6月15日に第1次許可が発表され、1951年の第3次許可まで行われた。こうして合計1709人の仲買人が誕生した。

このように統制撤廃後、仲買人制度の復活や場内店舗の割当、中央卸売市場法の業務規定並びに細則の改定等が行われ、東京、大阪、京都、名古屋、横浜、神戸の6大都市卸売市場をはじめ、各地の中央卸売市場の機能が回復し、入荷が順調に進むようになった。しかしこの後、それまで5分（5%）に抑えられていた荷受機関の手数料を8分に引き上げたいという要望が出された。この問題につき衆議院水産委員会は「政府は生産者並びに消費者の窮状に鑑み、現状以上の手数料値上げを認めざるよう速かに適切なる措置を講ずべし[31)]」という決議を行うなど、難航した。農林大臣は1950年12月に6分への値上げの裁定を出した。

こうした中央卸売市場のみならず、産地や地方の消費地に市場が開設された。なお、中央卸売市場は人口15万人以上の都市で農林大臣が指定する地方公共団体に開設されるということになっており、これは1923年制定の中央卸売市場法の規定に従ったものであった。なお、地方の市場は知事の許可によって開設された。

第4節　北洋漁業の再出発

(1) 北洋漁業の再開

連合軍による日本占領が続き、GHQが日本政府に指示を与えていた期間においては漁業に関しても種々の制約があった。こうした制約は連合国と日本との講和条約が締結され、日本が独立した後には撤廃されることになっていた。しかし敗戦以前の日本漁業のあり方に批判的で、その復活を危惧する見方が国際的に存在した。その一つがアメリカの見解であった。その原因はアラスカのブリストル湾で第二次大戦以前に日本が行ったサケ・マス漁業であり、日米間の交渉の対象ともなっており、アメリカの資源ナショナリズムを刺激する面があった。

サンフランシスコ講和条約締結と前後して、日本は周辺諸国と漁業規制につき交渉を始めた。まず、講和条約締結前の1951年11月から12月にかけて日本、アメリカ、カナダの3国間の漁業会議が開かれ、漁獲の抑止について議論が行われた。交渉は難航したが、1953年6月2日に北太平洋の公海漁業に関する国際条約である日米加漁業条約が発効した。その内容は西経175度を抑止線とし、日本はこの線以東ではサケ漁業を行わないことにし、またニシン、オヒョウについてはアメリカ、カナダ沖合での漁獲を行わないこととし、一方アメリカはこれらの魚種について漁獲抑止はせず、カナダはベーリング海のサケ漁獲を抑止することであった。こうした制約が設定されたが、この条約の目的は漁業資源の持続的生産性を維持することであるとされた[32)]。この条約の締結により、公海自由の原則に大きなひび割れを産むことになった。

日米加三国の交渉が続いているさなかに、水産庁は再開される北洋漁業に関して方針を決定した。それによると、サケ・マス、カニにつき、出漁を認めるが、自粛と規制を求め、特にブリストル湾についてはカニのみの漁業とし、1隻のみの出漁にとどめるというものであった[33)]。この方針に従い、水産庁と関係水産会社の話し合いがなされ、母船式サケ・マス漁業(西経175度以西)については母船3隻、独航船50隻、調査船12隻以内とし、1952年から出漁が始まった。

最初の母船式サケ・マス漁業は3船団となり、それぞれの母船は大洋漁業の第三天洋丸（3686トン)、日本水産の天竜丸（545トン)、日魯漁業の第一振興丸（521トン）の3隻であり、第三天洋丸に30隻の独航船が付き、他の2隻にはそれぞれ10隻の独航船が付いた。

2年目の1953年も母船式サケ・マス漁業には3船団が出漁した。独航船は前年度よりも35隻多くなり85隻となった。その道県別内訳は表6-6のとおりである。また調査船も増やされた。なお、1954年には独航船はさらに増加が認められた。

表6-6　道県別航船数
(母船式サケ・マス独航船)

	1952年	1953年	1954年
北海道	25	40	67
青森県	4	7	15
岩手県	1	3	8
秋田県	1	2	4
宮城県	8	13	24
山形県	1	2	4
福島県	4	7	18
茨城県	1	2	4
千葉県	1	2	4
新潟県	2	3	4
富山県	1	2	3
石川県	1	2	5
合　計	50	85	160

（出典）北洋漁業総覧編集委員会編(1959)

独航船の選定はまず千葉県及び石川県以北の漁船とし、その上で関係道県水産部課長会議において、戦前の独航船の出漁実績、50～70トンの適格船の現有隻数を基準として割り当てられた。なお、日本海側の諸県には適格船が少なかったため、要件が40トン以上に引き下げられた[34)]。1953年については各道県ともに独航船の数が増加された。しかし1952年の出漁の際に不具合を起こした漁船が少なくなかったため、検査の上、必要な改造や修理が求められた[35)]。

母船と独航船の関係は1952年には共同経営方式であったが、1953年には母船側の主導的立場が認められ、独航船から漁獲物を買い取る買魚方式となった。交渉のなかで、独航船の自力出漁準備は廃止され、漁網、燃油等、必要な資材は母船が準備することになった。1954年には母船の大幅な増加が認められ、日魯漁業が2船団となり、合計7船団が認められた。母船名と漁業者は以下のとおりであった。

永仁丸（大洋漁業）、独航船32隻
明清丸（日魯漁業）、同20隻
協宝丸（日魯漁業）、同27隻
宮島丸（日本水産）、同33隻
銀洋丸（北海道公社）、同20隻
サイパン丸（大洋冷凍母船）、同14隻
三共同丸（函館公海・極洋捕鯨共営）、同14隻

このように、順調に母船式サケ・マス漁業は復活した。1955年においてはアリューシャン海域のみならず、オホーツク海域での試験操業も行われた。

ところでブリストル湾のカニ漁業については、出漁希望が多く関係各水産会社の調整がつかず、1952年の出漁は見送られた。1953年については大洋漁業、日本水産、日魯漁業の3社が均等の条件で東慶丸を母船とし、6隻の独航船と6隻の搭載漁船と合わせて操業した。以後も同様の操業が続けられた。またカムチャッカ沖の公海でのカニ漁業についても出漁希望が多かったが、水産庁は1955年から出漁の許可を出したが、日本水産と日魯漁業の共営、北洋水産と大洋漁業の共営の2船団のみが認められた。

サンフランシスコ講和条約締結後、マッカーサー・ラインが撤廃されると、サケ・マス流し網漁船も出漁を希望した。しかし、母船式サケ・マス漁業の制限もあるため自由な操業は認められず、1952年は113隻に許可が与えられ、また1953年には180隻に許可が与えられた。なおこれは30トン以上の大臣許可の漁船であり、このほかに30トン未満の知事許可の漁船があった。このほか、1956

年からサケ・マス延縄漁業の許可も行われるようになり、その他、タラ延縄漁業や北洋捕鯨も順次再開された。

(2) 日ソ漁業交渉

ところで北洋漁業はソ連近海の公海で行われていたが、ソ連はサンフランシスコ講和条約に調印せず、北洋漁業の再開後も日本とソ連の国交は回復していなかった。こうした事態を打開するため、日本政府とソ連政府の交渉が続けられたが、難航した。こうしたさなか、1956 年 3 月にソ連はブルガーニン・ラインを設定し、ソ連近海の公海でのサケ・マス漁業を制限すると宣言した。これに対し日本政府は国交回復交渉と併せて漁業交渉も行い、ブルガーニン・ラインのソ連側での漁業が継続できるよう求めた。こうして河野一郎農林大臣を代表とする日本側代表団とイシコフ漁業大臣を代表とするソ連側代表団の交渉がモスクワで行われた。こうした交渉の結果、1956 年 5 月 15 日に「北西太平洋の公海における漁業に関する日本国とソヴィエト社会主義連邦との間の条約」（日ソ漁業条約）が調印された。また交渉の結果、1956 年のブルガーニン・ライン内での漁獲高は 6.5 万トンになった[36]。この時期には日ソ国交回復交渉が難航しており、ブルガーニン・ライン設定の目的についてもソ連の極東漁業振興の意図や政治的な意味など、種々の憶測があった。なお、日本とソ連は 1956 年 12 月に国交を回復した。

1956 年の母船式サケ・マス漁業については当初アリューシャン海域に 12 船団、オホーツク海域に 7 船団の出漁が認められていたが、アリューシャン海域はそのまま出漁し、オホーツク海域出漁予定の 7 船団は 2 船団が出漁し、他の 2 船団がアリューシャンに変更し、残りの 3 船団は出漁を中止した。なお、同年の出漁ではアリューシャン海域に出漁していた船団の付属調査船がブルガーニン・ラインを侵犯したとしてソ連に拿捕される事件もおきた[37]。

1957 年からは日ソ漁業条約に基づき、日ソ漁業委員会を開いてサケ・マス漁獲量を決定し、その上で母船式サケ・マス漁業とサケ・マス流網漁業（48 度以南流し網）に漁獲量を割り当てることになった。1957 年は母船式が 10 万トン、48 度以南流し網が 2 万トンとなった。また同年度の母船数はアリューシャン海域が10隻、オホーツク海域が2隻となった。また1958年の日ソ漁業交渉ではソ連は資源の減少を理由としてオホーツク海域のサケ・マスの禁漁を提案し、日本はこれを呑んだ。こうして北洋のサケ・マス漁業は以後、縮小を余儀なくされた。

第5節　水産業協同組合の設立

(1) 水産業協同組合の設立

1948年12月に水産業協同組合法が成立し、1949年に施行された後、順次水産業協同組合が結成されていった。そのうちで最も多く、且つ沿岸漁業の根幹を担ったのが漁業協同組合であった。各組合の設立状況は表6-7のとおりである。

各種の水産業協同組合が結成されていったが、最も多いのは漁業協同組合であるので、ここでその内容を見ておこう。1952年の各組合について、水産庁はアンケート調査を行っている。それによると漁業協同組合の数については、沿海漁業組合が80%、内水面漁業組合が20%である。また、沿海出資地区組合が全体の76%で最も多くなっている。なお、漁業協同組合には、出資組合と非出資組合、地区組合と業種別組合の種類があり、出資組合が大半で非出資組合は少ない。さらに、地区組合が多く業種別組合は少ない。また業種別組合のなかでも非出資組合は少ない[38)]。

表6-7　水産業協同組合設立状況（実組合数）

	漁業協同組合	漁業生産組合	水産加工業協同組合
1949年末	3,493	109	196
1950年末	4,115	228	222
1951年末	4,362	351	221
1952年3月	4,400	386	222

（出典）1951年末までは水産庁編 (1952)、1952年は水産庁漁政部協同組合課 (1952a)

次に漁業協同組合を組合地区別に見ると、市町村未満及び市町村一円の組合の合計が全体の83%を占め、零細な組合が多くなっている。次に組合の事業内容を見ると、漁業自営と漁業非自営に分かれる。その割合は漁業自営が13%、漁業非自営が 87%である。また、それぞれの組合について、信用事業を含む経済事業を行う組合、信用事業以外の経済事業を行う組合、経済事業を行わない組合に 3 分類できる。信用事業を行う組合が 36.6%、信用事業以外の経済事業を行う組合が 35.8%、経済事業を行わない組合が 27.7%となっている。

こうして漁業協同組合が再出発したが、その多くは地区漁業協同組合に関する限り、戦時下で一時漁業会と名称変更していた第二次世界大戦以前の漁業組合や漁業協同組合が再編成され、復活したものと見ることができる。但し、結成された漁業協同組合の数は 1950 年末の 4,115 組合となっており、旧漁業会の総数 3,053 を 1,000 以上超えている。このことは沿岸漁村の集落に密着した零細な組合が多数誕生したことを示している。

次に漁業生産組合について見よう。表 6-7 に見るように漁業生産組合はそれほど多くない。そしてそれらの組合は特定の漁業を行うために結成されたものである。それらの漁業は先の水産庁によるアンケートによれば、定置漁業を行う組合が回答組合中 26%で最も多く、次に旋網漁業が 18%、曳網漁業が 12%、一本釣漁業が 5%の順になる。こうした漁業を実施するための組合が漁業生産組合である。水産庁のアンケートによると、定款により、特定の地域に居住しなければ組合員になれないとしている組合が全体の 85%となっている。

こうした漁業生産組合は漁業協同組合と併存している事例が多く、また両方の組合員を兼ねている例も多い。実態としては、漁業協同組合の組合員の一部が漁業生産組合を結成して組合員となっている場合が多い。このことは漁業協同組合員のうち、20%未満が生産組合員である事例が、組合員が重なっている組合の 67%を占めていることからわかる。また漁業生産組合が行っている漁業は大規模か多人数が就業する漁業とはいえないが、漁業生産組合に加入している漁業協同組合員はアンケートから漁業の専業度が 77%と高いことが知られ、比較的経済力がある組合員であると考えられる。

次に水産加工業協同組合について見よう。その内容に関しては、同種の加工業者が組合を結成する事例が多く、多様な業種の加工業者が集まって組合を結成する事例は少なかった。業種別では、煮乾品 25%、素乾塩品 12%、練製品 10

％の順である。経済活動を行う組合と行わない組合の比率は37％対63％である。またその原料は、イワシ、ニシン、サバ、イカが多かった。また組合員が営む加工業は中小零細規模のものが大半であった。

以上が個々の水産業協同組合の設立状況であるが、個別の組合は連合会を組織していた。それらは漁業協同組合連合会、水産加工業協同組合連合会、信用漁業協同組合連合会、信用水産加工業協同組合連合会であった。その数は1952年3月で、それぞれ、136、52、29であり、信用水産加工業協同組合連合会のみ、1951年末時点で組合連合会数1であった[39)]。最も多い漁業協同組合連合会について見ると、府県内に1というのは臨海府県では秋田県、福島県、大阪府、鳥取県、高知県、熊本県、宮崎県、鹿児島県であり、また栃木県、群馬県ほかの内陸県が全県1連合会であった。他の都道府県には複数の連合会があった。また水産加工業協同組合連合会が存在したのは全国で7都府県であった。一方、信用漁業協同組合員連合会が存在したのは全国で27都道府県であり、大分県が県内に2つの連合会があったほかは、都道府県内に1ずつ存在した[40)]。

(2) 水産業協同組合の諸事業

こうした組織が成立すると、各種の経済事業を行った。それらは信用事業、販売事業、購買事業であった。このうち、信用制度については漁業手形の利用による金融の仕組みが形成されて漁業者に対して金融上の便宜が図られた。販売事業については1950年前後には漁業協同組合の資金不足や、鮮魚商による前貸制度を利用した集荷などもあって、困難な面もあり、岩手県や宮城県では漁業協同組合の運転資金を補充するための融資の実施につき、県議会で要請がなされた。購買事業についても購買資金の不足もあり、十分な活動は行われなかった。

以上のように設立された水産業協同組合は零細なものが多く、また経営基盤が弱体で負債を抱える組合も多数あったため、全国的に育成強化運動が展開された。こうしたこともあり、1951年3月31日に農漁業協同組合再建整備法が成立し、4月に公布された。この法律はその後林業が加わり、農林漁業協同組合再建整備法と名称変更されたが、当初の法律では「この法律において「農漁業協同組合」

とは、農業協同組合、農業協同組合連合会、漁業協同組合及び漁業協同組合連合会をいう」（第２条）とされ、漁業関係では漁業協同組合と漁業協同組合連合会だけが対象とされ、これらの組合の財政状態を改善するために行政庁が各種の援助をし、また政府が奨励金を交付するというものである。この法律の内容は実際に実施され、519 の漁業協同組合と 35 の漁連が再建の対象となった[41)]。こうして漁業協同組合及び同連合会はその基盤を整備していった。

(3) 占領体制の終焉と漁業協同組合

サンフランシスコ講和条約の締結により日本占領が終わるが、占領中と占領終了後で日本の水産行政は大きく変化した。占領末期の 1951 年、漁業政策の方針として５ポイント計画が GHQ により指示された。それらは次の５点であった[42)]。

(1) 濫獲漁業の今後の拡張を停止し、漁獲操業度に所要の低減を行う。

(2) 各種の漁業に対し、堅実なる資源保護規則を整備する。

(3) 漁業取締励行のため、水産庁と府県に有力な部課を設ける。

(4) 漁民収益の増加をはかる。

(5) 健全融資計画を樹立する。

これらの各ポイントにつき、水産庁は対応策を検討し、対策を行った。操業度の低減については小型底曳網漁業を減船するなどし、資源保護の法令を整備し、関係部局を充実させるなどである。そして第４ポイントと第５ポイントは漁業協同組合に対する対策と密接な関係があった。漁民の収益の増加のためには漁業協同組合の機能の充実が必要であり、また融資の充実のためには漁民と接する漁業協同組合の再建整備が不可欠であった。このように占領政策と漁業協同組合の再建整備は一体のものであった。

しかし、占領政策によって実施されず、占領終了後に可能になった政策もあった。それは全国漁業協同組合連合会（全漁連）の設立である。水産業協同組合法は全漁連の結成を禁じ、占領継続中はこの規定が厳格に守られていた。しかし占領終了後、この規定が削除され全漁連の設立が可能になり、1952 年に設立された。GHQ が全漁連の結成を認めなかった理由は、前身である中央水産業会が閉鎖機関に指定されていたからであった。しかし、漁業協同組合の全国組織の存在は全国漁民が期待するところであり、占領終了後に実現した。

---

1)『水産庁50年史』編集委員会編 (1998)、p.59 参照。

2) 農林省大臣官房総務課 (1972)、p.625。

3) 同前、p.622。

4) 大日本水産会 (1982)、p.11。

5) 水産庁 (1951)、p.145。

6) 同前、pp.146 ～ 147。

7) 前掲、農林省大臣官房総務課 (1972)、p.633。

8) 同前。

9) 同前、p.622。

10) 同前、p.633。

11) 同前、p.709。

12) 山本皓一 (1955)、pp.225 ～ 226。但し、表現の一部を変更した。

13) 同前、p.226。

14) 同前、p.227。

15) 同前、p.228。

16) 竹前栄治・中村隆英監修、小野征一郎・渡辺浩幹訳 (2000)、pp.140 ～ 141、但し、文章はそのままではない。

17) 全国漁業協同組合連合会・水産業協同組合制度史編纂委員会 (1971)、pp.745 ～ 748。

18) 大日本水産会 (1982)、pp.454 ～ 455。

19) 前掲、『水産庁50年史』編集委員会編 (1998)、p.753。

20) 前掲、竹前栄治・中村隆英監修、小野征一郎・渡辺浩幹訳 (2000)、p.145。

21) NHK 産業科学部編 (1985)、p.61。久宗高の発言による。

22) 平林平治・浜本幸生 1988（初版、1980）、p.248。

23) 小沼勇 (1988)。

24) 前掲、農林省大臣官房総務課 (1972)、p.865。

25) 同前、p.866。

26) 東京都中央卸売市場 (1972)、pp.380 ～ 383。

27) 同前、pp.506 ～ 510。

28) 同前、p.614。大阪水産物流通史研究会編 (1971)、p.188 も見よ。

29) 前掲、東京都中央卸売市場 (1972)、pp.618 ～ 623、前掲、大阪水産物流通史研究会編 (1971)、p.189。

30) 前掲、大阪水産物流通史研究会編 (1971)、pp.190 ～ 191。

31) 水産庁編 (1951)、p.332。

32) 同前、pp.40 ～ 41 及び、北洋漁業総覧編集委員会編 (1959)、pp.45 ～ 48。

33）前掲、横山進編 (1995)、p.46。
34）同前、p.51。
35）同前、p.58。
36）前掲、横山進編 (1995)、pp.80 ～ 89。
37）同前、pp.94 ～ 95。
38）水産庁漁政部協同組合課 (1952a) 及び水産庁漁政部協同組合課 (1952b)。以下のアンケート結果はこれらによる。なお、回答数は 3545 組合で全体の 4400 組合の 81％である。
39）前掲、水産庁漁政部協同組合課 (1952a)、信用水産加工業協同組合のみ、水産庁編 (1952)。
40）同前。
41）全国漁業組合連合会・水産業協同組合制度史編纂委員会編 (1971)、p.643。
42）小沼勇 (1988)、pp.102 ～ 103。

参考文献

青森県『青森県水産史』(同、1989 年)
岩崎寿男『日本漁業の展開過程―戦後 50 年史』（舵社、1997 年）
NHK 産業科学部編『証言・日本漁業戦後史』(日本放送出版協会、1985 年)
官報号外、142 号、1949 年 12 月 15 日発行
大阪水産物流通史研究会編『資料大阪水産物流通史』(三一書房、1971 年)
小沼勇『漁業政策百年―その経済史的考察―』(農山漁村文化協会、1988 年)
財団法人水産研究会『戦後日本漁業の構造変化 (Ⅱ)―第二編戦後の漁業政策―』(同、1955 年所収)
近藤康男編著『北洋漁業の経済構造』（御茶ノ水書房、1962 年）
水産新聞社『戦後版水産年報 1948 年』（水産新聞社、1948 年）
水産庁編『水産業の現況 1951 版』(内外水産研究所、1951 年)
水産庁編『水産業の現況 1952 年版』(内外水産研究所、1952 年)
水産庁漁政部協同組合課『昭和 27 年水産業協同組合調査報告』(同、1952 年 a)
水産庁漁政部協同組合課『昭和 27 年水産業協同組合調査報告解説』(同 1952 年 b)
『水産庁 50 年史』編集委員会編『水産庁 50 年史』(同、1998 年)
全国漁業組合連合会・水産業協同組合制度史編纂委員会編『水産業協同組合制度史 2』(全国漁業協同組合連合会、1971 年)
大日本水産会『大日本水産会百年史 前編』(同、1982 年)
大日本水産会『大日本水産会百年史 後編』(同、1982 年)
竹前栄治・中村隆英監修、小野征一郎・渡辺浩幹訳『GHQ 日本占領史 42 水産業』(日本図書センター、2000 年)
辻信一『漁業法制史―漁業の持続可能性を求めて―下巻』（信山社、2021 年）
田平紀男『日本の漁業権制度―共同漁業権の入会権的性質―』（法律文化社、2014 年）
東京都中央卸売市場『東京都中央卸売市場史 下巻』(同、1972 年)
農林水産省統計情報部 , 農林統計研究会編『水産業累年統計 第 1 巻』(農林統計協会、1978 年)
農林水産省統計情報部 , 農林統計研究会編『水産業累年統計 第 2 巻』(農林統計協会、1979 年)

農林大臣官房総務課『農林行政史 第 8 巻』(同、1972 年)
平林平治・浜本幸生『水協法・漁業法の研究』第 10 版、(漁協経営センター出版部、1988 年)（初版、1980 年）
藤井賢二「韓国の海洋認識―李承晩ライン問題を中心に―」『韓国研究センター年報』11、2011 年
北洋漁業総覧編集委員会編『北洋漁業総覧』(農林経済研究所、1959 年)
山本皓一「漁業制度改革―沿岸漁業の調整―」財団法人水産研究会『戦後日本漁業の構造変化（Ⅱ）―第二編戦後の漁業政策―』(同、1955 年) 所収。
横山進編『日魯漁業経営史（現ニチロ)』(株式会社ニチロ、1995 年)
全国漁業協同組合連合会・水産業協同組合制度史編纂委員会『水産業協同組合制度史 1 』（全国漁業協同組合連合会、1971 年）

特論　6

魚利用の地域性－日本海と太平洋／東洋と西洋

はじめに

魚と人との関わりは実にさまざまである。マグロやカツオ、タイ等のようにどこでも一定の市場価値で流通する魚もあれば、地域によって価値の異なる魚、つまり「地魚」や「雑魚」もある。近年、「隠れた地魚」を活用する動きが、官・民双方で進められている。農林水産省は、各地で投棄されている魚を活用する「未利用魚」や「投棄魚」の活用を唱え、各地の漁協・自治体に援助をしている。筆者は、未利用魚を、Ａその地域で現在は未利用だが過去に食用だった魚、Ｂその地域では未利用魚だが他地域では食用になっていた魚、Ｃ全く食用にされていなかった魚に区分されると考えている（橋村 2010)。ＡとＢの場合は、地域の魚として培われた食文化や漁撈が存在し、地域の魚というふうにとらえることができる。ＡＢの範疇に入る魚としては、ゲンゲ(ノロゲンゲ)、シイラ、バリ、ヤガラ、ウツボなどが挙げられる。

本コラムでは、隠れた地魚の範疇に位置づけられるシイラを取り上げる（橋村 2003)（橋村 2013a)（橋村 2013 ｂ）(橋村 2013 c)。シイラは、マグロやカツオ等の多獲性大型回游魚やタイなどと違って、現在では雑魚として扱われることの多い魚のひとつである。今でも国内外においてひどく嫌われる地域がある一方で、好んで食用にされる地域や祭事で出される地域もみられ、近年では「未利用魚」利用、「地魚活用」の観点からも注目されている。このような非経済的な魚利用については、地域の魚（地魚）の観点から歴史軸、地域軸、民俗的な問題からの議論が不可欠であるが、研究は少ない。こうした魚の利用の研究には、その利用をめぐる歴史軸・地域軸での違いや伝播、魚のタブー（いい魚、悪い魚、不完全かつ弱者としての魚)、地魚・雑魚を見直し流通網の開発や地域おこしを進める等のいくつかの論点がある。本コラムでは、国内外におけるシイラ利用の地域性について、経済的価値に加えて地域の文化史としての視点も加味しながら紹介していく。

シイラ（*Coryphaena hippurus Linne*）の体長は約 0,5 ｍ～２ｍになり，浮き魚で

日本近海には夏場に黒潮や対馬暖流に乗って北上し（上りシイラ），夏をすぎると南下（戻りシイラ）する回遊性の魚である。雄は眼前部が張り出していることを特徴とする。台湾では鬼頭刀，ハワイではマヒマヒ、アメリカではドルフィンフィッシュ、またはドラード、地中海のマルタではランプーキと呼ばれ、これらの地域では高級魚や国の魚としての利用がみられる。世界では統計上約６万ｔの漁獲があり、日本、台湾、コスタリカが主な漁獲国となっている。この魚は，日本において周年で見られるが，群れをなして回遊するのはおよそ４月から１２月までである。また多獲性大型回游魚のマグロやカツオなどと比べると漁獲量も少なく経済性は低い。

国内のシイラ利用をめぐる評価の違い

昔シイラ漁をやっていたという村に話を聞きに行くと「そんな魚は捕らないよ、食べないよ」と言われるが、「よそでは食べている、外国では高級な魚です」と話すと、「そういえば昔はよく食べていた、あんな塩辛いのを」という話になってきて、昔話に花が咲くことになる。シイラの評価には、通時的な変化、そして冒頭に述べたように地

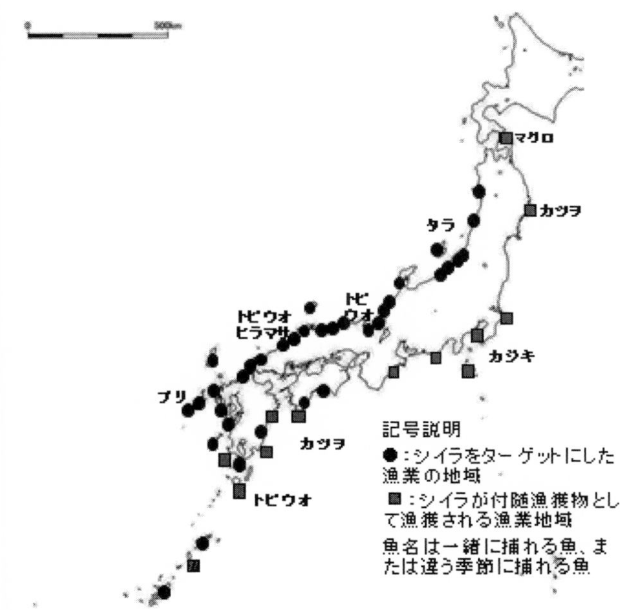

図　特論 6-1　昭和 40 ～ 50 年代におけるシイラ漁業の分布

域によって大きな違いがあるようだ。

図特論6- 1は昭和40 年～ 50年代ごろのシイラ漁業をおこなっていた漁港の分布である。日本海側では北の秋田から山口、そして九州西岸の鹿児島甑島までと沖縄においてシイラをターゲットにしたシイラ漬漁業（シイラの習性にヒントを得てつくられた竹を束ねた浮き漁礁）がおこなわれていた。他方、太平洋側では高知県においてシイラ漬漁業がみられるが、他はカツオ漁やマグロ漁の付随漁獲物としてシイラも捕られていたように太平洋と日本海で大きな違いがみられる。なお太平洋にシイラが少ないわけではなく、日本で一番シイラの水揚げ量が多いのは宮城県気仙沼港である。日本海のシイラ漁は海が穏やかな夏期にシイラ漬木を沖合に設置しておこなわれていたのに対し、太平洋側は通年で海が荒いためシイラ漬木の設置が難しかった。しかし、太平洋と日本海の違いの出る要因は自然環境や漁法のみではなかった。

次にシイラ呼称の地方名をみていこう。シイラは標準和名で、中国地方、山陰から北陸方面にかけての日本海沿岸部で広く使われているが、実のない籾のシイナ、シイラを連想させるのでいい名前ではないとされている。山陰や中国山地では、シイラの名前を嫌って「マンサク」として流通している地域も広島県北広島町など各地でみられ、お盆の魚「マンサク」として店頭に並んでいる。マンビキは、九州南部から高知（クマビキ）、福島などにおいて、曳きの強い魚、回游魚を連れてくる縁起のいい魚の意味で広く使われている。高知や和歌山では「トウヤク」（十百）とも呼ばれている。「ヒウオ」は九州西海岸（長崎、熊本、鹿児島（「ヒイオ」））での呼称であるが、年配の人しか知らない場合が多い。この系統は、奄美のヒー、沖縄のフーヌイュにつながる南西諸島から九州西岸の対馬暖流域で見られる呼称と推測できる。一方、関東地方、とりわけ千葉県や神奈川県では「シビトックレェ」「シビトバタ」の呼称が今でも残り、食用魚として見なしていない漁師や魚屋も多い。新潟県佐渡島姫津の旅館経営者によると、昭和５０年代の半ばに日本海のシイラ（夏から秋は脂がのって美味）が不漁だったので太平洋のシイラを購入したところ淡白でまずかったそうだ。同じシイラでも日本海産と太平洋産で味覚に違いがあるとの評価があるのも漁業の分布の地域差と関連するかもしれない。

シイラの用途をみていこう。塩干物、白身フライ、ムニエル、かまぼこやさつまあげの原料としてのすり身等の加工食用などが多い。刺身で食べられるマグロ、タイ、カツオ、その他の魚等と比べるとかなり安価で、現在、国内で主要な魚として扱われていない。しかし、戦前までは保存に適した塩魚として重宝され、支配者への献上品、カミへの供物としても重用されていた。中世末期の若狭では、タイよりも高級であった。江戸時代の薩摩では、八朔の際に地方から藩主への献上魚となっている。現在でも各地でハレの行事でシイラが使われている。

そのほかにも、滋賀県高島市朽木麻生、福井県若狭町三方の常神、鹿児島県奄美大島では正月の年の魚として現在でも使われている。三方の常神では正月 1 日の歩射神事の前にシイラが運ばれ板の魚の儀がおこなわれ、シイラを俎板に載せ真魚箸と包丁を使って切り身にした雄形（おがた）と雌形（めがた）（骨付きが雄形）が各膳に配られる。16 世紀の若狭地方、江戸後期の鹿児島などでは、誕生祝いや結納の席にシイラが出されていた。江戸時代末の天保期（19 世紀前半）の鹿児島城下の武士の生活を書いた文献（『鹿児島ぶり』）には、結納の時にシイラのつがいを供えたと記されているように、縁起のいい魚だったが、現在ではそうした習俗はみられない。

沖縄県国頭村宜名真では、秋のシイラ漁を始める前（旧暦 9 月 1 日寒露）に「石のうがん」（寒のうがん）という神事を執り行い、シイラの兜煮（口にトビイカをくわえている）を石の前に供える。ちなみに、この宜名真は、天日干しのシイラが沖縄の秋や冬を告げる風物詩として有名で、2000（平成 12）年には「フーヌイユーとパヤオ祭り」というシイラを通した地域おこしの祭りも催され、途中 10 年近い中断を経て、「フーヌイユまつり」として毎年 11 月に開催されている。しかし、共同漁業権内の小型パヤオ（浮き漁礁）の漁場まで 1 日 5 回以上往復していた約 20 年前の頃に比べて、近年はシイラ漁獲が半減している。この原因について、沖合の大型パヤオ（浮き漁礁）での漁業と温暖化が影響していると語る漁師も多い。

ここでシイラを特別な魚とみなす理由について検討してみたい。シイラは古今東西の漂流記にも頻出する。20 世紀のノルウェーの人類学者で探検家でもあるトール・ヘイエルダールの『コン・ティキ号探検記』には、大西洋や太平洋を漂流するコン・ティキ号の周りにやってくる魚のことが記録され、とりわけシイラやトビウオのことを詳しく記している。神宮滋（2006:28）は、「船に寄り付いた「ぶり」や「しいら」を食べて飢渇をしのいだ話は他の漂流記にも見える。これらの海魚は漂流者の命の恩人と言ってよい。」と解説している。このような漂流者がシイラなどの魚によって救われたという記録はシイラをハレの魚とみなす地域が出てくる理由を考えるヒントになるのではないか。

シイラが嫌われている地域では、シイラが死人につくという語りを聞くことができる。千葉県鋸南町岩井袋では、カジキ突きん棒漁業をやっていた元漁師たちが、「シイラはシビトクライじゃ。カジキといっしょにかかる。」と笑顔で話していた。また、千葉県旭市飯岡港や神奈川県各地でも同様の語りがある。シイラのルアーフィッシングで有名な神奈川県平塚市のある魚屋さんでは、シイラの話題を出しただけで、「あんなのは食べ物ではない」という反応であった。

近年、日本ではそれほど価値のない魚として位置づけられているシイラを見直す動きが各地でおきている。好まれない関東地方では、「未利用魚」推進事業の下で、千葉県安房地方や茨城県那珂湊、そして平塚市などにおいて、その魚食普及が推進されているが、ここ数年漁獲が少ないことから途半ばである。生活者と魚食普及の側との間でズレがみられるようだ。

また、九州沖縄地方では地域の旬の魚であるシイラを使った地域おこしや「食育」の活動がみられる。先に記したように沖縄本島国頭村宜名真ではシイラを通した地域住民主体の祭りが 2014 年から「宜名真にフーあり、フーヌイユ祭り」として復活し 2019 年現在、継続して開催されている。

シイラの地方名に注目してシイラの見直しを進めている地域もある。2009 年 11 月には、秋の時季に約 300 トンのシイラ水揚げ実績のある長崎県平戸市生月島において「シイラフォーラム」がシイラを活用させる目的で開催された。生月島では大きいオスのシイラを「カナヤマ」と呼び、カナヤマ（金山）ブランドとして売り出しを試みた。ここでは、定置網へ回遊する 10 月 11 月という季節限定でしか味わえないシイラの付加価値を強調している。このセールスポイントは、限りある水産資源をどのようにして未来に残していくのかという点でも重要である。ここでは正月の「かけの魚」としてシイラが使われている。

海外でのシイラ利用―マルタ、ハワイ、コスタリカ

海外では、シイラが高級魚として扱われている地域もみられる。ギリシャ、マルタ、さらにイタリアのシチリア、チュニジアなどの地中海各地では、古くからのシイラ漁業と食文化が形成されていた。ＢＣ 17 世紀ごろとされるギリシャ・サントリーニ島のティラ遺跡から両手に 15 尾ほどのシイラらしき魚（Dietrich Sahrhage, Johannes Lundbeck1992）を持つ漁夫を描いたフレスコ画が出土しているように古い歴史があ

った。この漁夫が神に魚を捧げる様子を描いたのではとの解釈もある。この絵で描かれたシイラの長さは２０～３０センチ程度で日本のシイラと比べるとかなり小さい。

この理由は次のマルタのシイラ利用（橋村 2013c）をみると少し納得できる。マルタではランプーキと呼ばれるシイラが国の魚であり、ユーロ加盟前の通貨マルタリラの硬貨にはシイラが描かれていた。シイラ漁は政府による厳しい資源管理の下で８月から 12 月までの期間限定でおこなわれている。漁法は日本と同様に集魚装置の浮き漁礁（マルタ語でカニザッテイ）であるが竹ではなくパーム椰子の葉が使われている。漁師たちは漁業開始前にヤシの葉や漁礁の錘にするライムストーンのまばゆい黄色のマルタ石を準備して各船 100 個以上の浮き漁礁を決められたラインに設置する。マルタ随一の漁村であるマルサシュロック村では８月前半にシイラ漁開始儀礼が教会の司祭によりおこなわれ、司祭の乗った船が港内のシイラ漁船を回ってブレシングをおこなう。この儀礼にはマルタ農水省の大臣や重役も参加し、マスコミも必ず取り上げている。もちろんマルタではカジキやマグロの漁船も多いが、このような漁業開始儀礼はシイラ漁のみである。マルタの人々は半年ぶりのシイラを楽しみに待っている。首都バレッタの魚市場ではシイラの初物が高値で取引されるが、その大きさは 20 センチほどである。レストランで出されるシイラも皿に載る程度の大きさである。マルタでは日本のような１ｍ超級は食用にならず、見た目も良い１ｍ以内の小さいサイズが利用されている。これはギリシャのフレスコ画のサイズとも一致する。同じ魚でも食用で適したサイズが地域により異なることがうかがわれる。

ハワイではシイラがマヒマヒとして知られ、サンドやムニエルとして観光客が一度は口にする。シイラをハワイへ最も早い段階（1960 年代）から冷凍加工して輸出していたのが台湾であった。アメリカ本土でもくせのない白身の魚としてタラやティラピアと並んで好まれている。周辺海域に豊かなシイラ漁場のあるコスタリカでは、元々この魚を食べる習慣はなく七色に変わるのでむしろ嫌っていたが、1980 年代初頭からアメリカ（ハワイ）輸出用の延縄漁業が始まり、今では日本や台湾と並んで世界で最も多くのシイラを漁獲する国になっている（橋村 2013a）。

まとめ

シイラは、冷蔵庫普及前において、塩乾物として加工され、日常の食用のほかに儀礼でも使われていた。しかし、保存器具の普及後はこうした加工の文化は急速に失われていたが、地魚、雑魚を通した地域おこし事業のなかで、シイラへの注目が集まっている。この動きは、マグロのような特定の魚をとって食べることによる資源枯渇を防ぐために、旬の魚をバランスよく食べる習慣を伝えることにもつながる。つまり、「隠れた地魚」とでもいうべき存在の魚利用が注目されている。

しかし、その時に注目したいのが、各地に残る魚（「地魚」）と人との関わりのあり方である。表特論 6-1 では国内外のシイラ利用の特徴を漁業形態、伝統的な慣習、未来志向的な事業（地域おこし）に区分し地域別にまとめてみた。これらの形態がほぼ揃っている場所は、シイラとの関わりが深く「愛着」のある地域といえよう。この表の中には入っていないが、生産地から遠く離れた山村のような消費地でもシイラへの「愛着」がみられる。シイラのみならず多くの「地魚」「雑魚」には地域との深い関わり、「愛着」がある。こうした点に注目しながら地域の魚の普及に努めると、消費者の魚への見方や価値観も変わってくるのではないか。画一的な魚食文化の展開が見直されるなかで注目されている地域固有の魚食文化のあり方を再考するためには歴史や文化の究明も必要であろう。

表　特論 6-1　日本・世界のシイラ利用

シイラ利用の地域	漁業の有無	伝統儀礼の有無	地域おこし
佐渡姫津	(○→) ×	×	(○→) ×
若狭湾常神	(○→) ×	○正月	×
島根県太田市和江	○（山陰最後の シイラ漬漁業）	×	○
長崎県平戸市生月島	○定置網	○懸けの魚	○カナヤマ社中
熊本県牛深市	○シイラ漬漁業	×（マンビキ縁起いい魚）	×
鹿児島県甑島瀬々野浦	○シイラ漬漁業 熊本へ祭り魚送る	○ツノツケ開始儀礼	×
鹿児島県奄美大島西海岸	○シイラの待ち釣り	○正月	×
高知県興津	○シイラ漬漁業	×	○マヒマヒ丸
宮城県気仙沼	○カツオ、マグロ漁業	×マンビキ呼称	×
地中海マルタ	○ FAD	○開始儀礼	○地魚見直し
ハワイ	○（輸入）	△？	△観光
台湾蘭嶼	○	○	？
国頭村宜名真	○	○	○

参考文献

Dietrich Sahrhage, Johannes Lundbeck“*A history of fishing*”Berlin、1992 年、348 p
神宮滋『秋田領民漂流物語―鎖国下に異国を見た男たち』（無明舎出版、2006 年）
橋村修「亜熱帯性回游魚シイラの利用をめぐる地域性と時代性―対馬暖流域を中心に―」『国立民族学博物館調査報告』46、2003 年、pp.199 ～ 223
橋村修「地域の魚の見直しを！」『Ship　&　Ocean Newsletter』223、2010 年、pp.2 ～ 3
橋村修「コスタリカにおけるシイラの漁業と利用」『国際常民文化研究叢書』１、2013 年 a、pp.47 ～ 55
橋村修「沖合集魚装置漁業をめぐる漁場利用の史的展開」『国際常民文化研究叢書』１、2013 年 b、pp.127 ～ 151
橋村修「地中海マルタにおけるシイラ漁業と沖合集魚装置漁業」『国際常民文化研究叢書』１、2013 年 c、pp.153 ～ 160
橋村修「日本列島周辺海域における回游魚シイラの漁業と利用」『国際常民文化研究叢書』２、2013 年 d、pp.159 ～ 178

第7章

高度経済成長下の漁業

本章の対象期間は、高度経済成長が始まる1955年から200カイリ時代を迎える1977年までの約20年間である。高度経済成長は1973・79年の2波にわたるオイルショックによって腰折れした。高度経済成長期には国民所得が上昇して食生活では洋風化、高級化、インスタント食品の普及、食の外部化が進行した。漁業生産量は倍増して1,000万トンを超え、世界一の漁業大国となった。大量漁獲漁業の発達が著しい。魚価の上昇が漁業の高度成長を牽引し、漁業技術の発展と潤沢な水産金融がそれを支えた。当初は未開発漁場と漁業の自由があったが、次第に漁場は開発し尽くされ、資源の減少が現れ、沿岸国による規制が強化されるようになった。それにも増して代替資源が量産されるようになった。

漁業の発展は漁獲物の大量処理（加工・流通）の発達となり、高速道路網の整備、コールドチェーンの形成、量販店の普及によって大量消費時代が現出した。水産物貿易では輸入が急増して日本は輸出国から輸入国に替わった。世界最大の漁業国でありながら、世界最大の輸入国となった。それでいて、国民1人あたりの水産物消費量はわずかに増加しただけであった。大量漁獲を代表する底曳網＝スケトウダラはねり製品原料に、まき網＝サバ、マイワシは養魚餌料等に向けられ、迂回して国民消費につながった。

以下、漁業の高度成長を支えた背景、漁業・養殖業の飛躍的発展、漁業経営・漁業労働の変化、水産加工・水産物流通の拡大の順にとりあげる。なお、現代の捕鯨業は特論7で、高度経済成長が漁業に及ぼした負の側面である漁場の埋立て・喪失と漁業公害については特論8に委ねる。

第1節　漁業の高度成長を支えた背景

(1) 漁業政策の展開

1) 沿岸漁業等振興法の制定と構造改善事業

1963年に沿岸漁業等振興法が制定された。高度経済成長政策（所得倍増計画）の漁業版で、沿岸漁業・養殖業等の生産性の向上、近代化と合理化を図り、他産業従事者並に漁業所得をあげることを目標とした。それは反面、生産性の低い経営体の脱漁業化、他産業、とくに都市の工業労働力の輩出を促すことになった。1962～70年度に沿岸漁業構造改善事業（第一次）が行われた。その規模は従来の沿岸漁業対策に比べて格段に大きい。補助事業と融資事業とがあり、補助事業は養殖漁場の造成、養殖・蓄養施設、漁船漁業近代化施設等に向けられ、融資事業は沿岸漁業近代化資金、沿岸漁業経営安定化資金を貸し付けるものであった。その他、自治体による補助事業、府県や漁協系統組織による融資もあった。

第二次沿岸漁業構造改善事業は1971～80年度の期間、行われた。広域の構造改善を図るもので、補助事業では漁場整備、大型魚礁設置、漁業近代化施設（共同利用施設）整備が行われた。

この後も構造改善事業は名称、重点項目を変えて継続実施された。

2) 中小漁業振興対策の実施

1967年に中小漁業振興特別措置法が制定され、沖合・遠洋漁業の中核となる中小漁業経営の近代化が推進された。業種としてカツオ・マグロ漁業、以西底曳網、まき網、沖合底曳網が指定され、主に漁船建造資金が融資された。最新鋭の漁船・漁具、航海・漁撈機器が取り入れられた。1973年のオイルショックに際し、漁業振興から漁業再建整備へと方針を転換した。

(2) 国際的漁業規制の強化

1) 海洋秩序の変動

1960年代は海洋への関心が急速に高まった時代である。東西冷戦の先鋭化の下で、軍事、海運、漁業、海洋資源開発の発達で伝統的な海洋秩序との矛盾が膨れあがってきた。1958年に第一次国連海洋法会議が開かれ、大陸棚主権等が認められたが、領海幅の統一ができず、1960年の第二次国連海洋法会議に持ち越された。そこでも領海幅の統一はできなかったが、12カイリ漁業水域は世界の大勢であることが明らかとなり、日本は12カイリ漁業水域設定国と漁業協定を結ばざるを得なくなった。また、大陸棚主権が認められたことから大陸棚上の漁業資源について米国、ソ連と協定を結んだ。2国間協定の他に資源保護のため各種の多国間協定も結ばれた。日本は遠洋漁業を守るため拠り所としていた狭い領海（3カイリ）、広い公海、公海自由の立場は大きく崩れ始めた。

1973年に開幕した第三次国連海洋法会議は、開催途中の1977年に米ソ等が12カイリ領海、200カイリ経済水域（または漁業水域）を実施して、200カイリ時代に突入した。

沿岸国による漁業規制が強化されるなか、日本は1973年に海外漁業協力財団を設立し、エビトロール、カツオ・マグロ漁業等の海外進出（主に合弁事業）を支援した。また、1971年に海洋水産資源開発センターを設立し、海外での新漁場、新魚種の開発に携わった。

2）漁業の国際的規制の強化

1950年代半ば頃から領海の拡大、12カイリ漁業水域を設定する国が増え、日本はそうした国と漁業協定を結ぶようになった。代表的なものが北洋漁業の規制と中国、韓国との漁業協定である。

1. 北洋漁業の規制

1952年にソ連は日本のサケ・マス漁業が隆盛となって資源への脅威が高まったとしてブルガーニン・ライン（ブルガーニンは当時の首相）を設定して、漁獲規制を行った。漁業交渉の結果、1956年に日ソ漁業条約が締結された。以後、サケ・マスの漁獲規制は年々強化された。また、ソ連は大陸棚条約を批准し、カニも大陸棚資源であるとして規制を強化した。

北東太平洋では日米加漁業条約（1953年発効）によってサケ・マス漁業は自

発的に取りやめていた。カニ漁業については米国も大陸棚主権を主張して規制を始めた。

サケ・マス以外の北洋漁業は、1960 年代後半に日本漁船の進出が活発となったが、ソ連は 1977 年までほとんど規制しなかった。米国も 12 カイリ漁業水域を設定したが、日本の実績は尊重された。サケ・マス、カニと比べれば漁場は開放的であった。このため、北洋漁業が躍進した。

2. 日中・日韓漁業協定

1955 年に日中民間漁業協定が結ばれ、東シナ海・黄海での漁業秩序が取り決められた。国交正常化が実現すると、1975 年に日中漁業協定（政府間協定）が結ばれた。協定内容は民間漁業協定を受け継いで、資源および中国漁民の保護のため中国周辺海域での日本の以西底曳網、大型まき網を規制（トロールは他地域に転出しており、対象外）したもので、規制は次第に強化された。

韓国との間では、1952 年に日本漁船の航行を制限していたマッカーサー・ラインが撤廃されると、韓国は周辺水域に李承晩（りしょうばん）ライン（李承晩は当時の大統領）を設定し、日本漁船の進出を防止した。日韓会談が始まったが、日韓基本条約、日韓漁業協定が結ばれたのは 14 年後の 1965 年である。この間、李承晩ラインを侵犯したとして多数の漁船・乗組員が拿捕された。漁業協定は、韓国の 12 カイリ漁業水域の外側に共同規制水域を設定し、規制措置をとるとした。これによって以西底曳網、大型まき網、釣り・延縄等の操業が規制された。

（3）漁業技術の発達

1955 ～ 75 年の漁船隻数は 36 ～ 39 万隻で推移しているが、うち無動力漁船は 6 割余から 1 割ほどに、動力漁船は 4 割弱から 9 割近くへと一変した。動力漁船のなかでも 3 トン未満、3 ～ 5 トンは急増したが、5 ～ 10 トン、10 ～ 100 トンはほぼ横ばい、100 トン以上は大幅増となり、沿岸漁業の動力化と沖合・遠洋漁船の大型化が進行した。発動機関は焼玉式、電気着火式からディーゼル機関へと転換した。船質は木造が圧倒的に多いが、遠洋漁船と一部の沖合漁船は鋼船となった。小型漁船では FRP 船（強化プラスチック船）と船外機が実用化され始めた。

漁網、漁具の合成繊維化は 1953 年頃から始まり、1960 年代には完全に天然繊維に代替した。漁網は腐敗せず、軽くなり、網干しが不要となって、省人化、長期航海が可能となった。

漁業機器の装備は体系的に進められ、一部で自動化が進み、多くの機器は遠隔操作が可能となった。各種機器は小型軽量化して沿岸漁業にも取り入れられた。また、漁労過程の省力化のため油圧装置の導入も進んだ。養殖業技術の発展も目覚ましい。

漁船機器の開発は、漁船運航、魚群探知、漁労、船内保蔵・加工の 4 分野で併行して進み、統合化も進んだ。事例をあげると、漁船運航機器では、船位測定器（方向探知機）は 1960 年代にロラン（地上系電波航法システム）が開発され、1970 年代後半には衛星航法受信機(GPS)が出始めた。魚群探知機器はソナー(全自動全方向魚群探知機）が主流となった。漁労機器は、マグロ延縄ではラインホーラー（揚げ縄機)、オートリール、底曳網ではウィンチ、ロープリール、ネットレコーダー（水中での網の動きを知る)、まき網ではネットホーラー、網さばき機、サイドローラー、釣りでは自動釣り機の開発があった。

船内保蔵・加工では、遠洋トロールは魚体処理機、フィッシュミール・魚油、冷凍すり身等のプラントを設置した。冷凍施設は 1970 年代には超低温（とくに遠洋マグロ延縄）となった。

漁法も大きく変化した。トロールや底曳網はサイド式からスタントロール式(船尾から網の上げ下ろしをする）へと改良され、まき網では 2 艘まき中心から 1 艘まき中心に替わり、生産性の向上と省力化が進んだ。

(4) 水産金融の拡充

高度経済成長期に水産金融は著しく増大し、漁業貸付残高は 1963 年度末の 3,500 億円が 1975 年度末の 1 兆 7,000 億円へと約 5 倍になった。金融機関別では、一般金融機関（都市・地方銀行等）の比重が低下し、その分を系統金融機関(農林中央金庫、信用漁業協同組合連合会、漁協）が伸長した。政府金融機関（ほとんどが農林漁業金融公庫）の比重も低下した。一般金融機関からの融資は制度資金（政策金融）が充実すると比重が低下した。制度資金（低金利）はほとんどが系統金融機関か政府金融機関が扱った。資金の目的別では、遠洋漁船の代船建造や大型化、設備の高度化等のための設備資金の伸びが著しい。

系統金融の伸びは沿岸漁業・養殖業にも融資対象が広がったことによる。それは、農林中央金庫からきた農協資金の増加、漁協経済事業の進展、漁協貯蓄運動の推進によってファンドを増強し、それに政府の利子補助がついたことによる。とくに 1969 年度から始まった漁業近代化資金制度が大きな役割を果たした。これは、系統金融機関が行う長期、低利の設備資金の融通に国や府県が利子補助を行うもので、漁船、養殖用施設、加工施設、共同利用施設等への融資を促した。農林中央金庫、信用漁業協同組合連合会はそれらの低利資金を漁協を通じて貸し出したのである。漁協は組合員の預貯金を上部機関に預け、組合員への貸付は上部機関から借りる「再預け転貸方式」をとった。漁協単独では信用力が低く、自己資金による貸付額は少ない。

農林漁業金融公庫の資金は、「沿岸から沖合へ、沖合から遠洋へ」の発展を代表する以西底曳網、遠洋カツオ・マグロ漁船の大型化に振り向けられた。融資の対象は漁船から漁網綱、養殖施設、漁具倉庫等へと拡大し、さらには小型漁船にも及んだ。1967 年の中小漁業振興特別措置法は、沖合・遠洋漁業の生産性を高め、経営の近代化を進めるために低利融資を準備した。

第 2 節　漁業・養殖業の飛躍的発展

(1) 漁業生産の増大

図 7-1 は 1956 ～ 76 年の部門別漁業生産量を示したものである。全体は増加傾向で 480 万トンから 1,060 万トンへと 2 倍余となった。1960 年代後半からの増加が顕著であり、1972 年以降、1,000 万トンを超えている。

部門別にみると、内水面漁業・養殖業は生産量が極めて少ない。沿岸漁業は

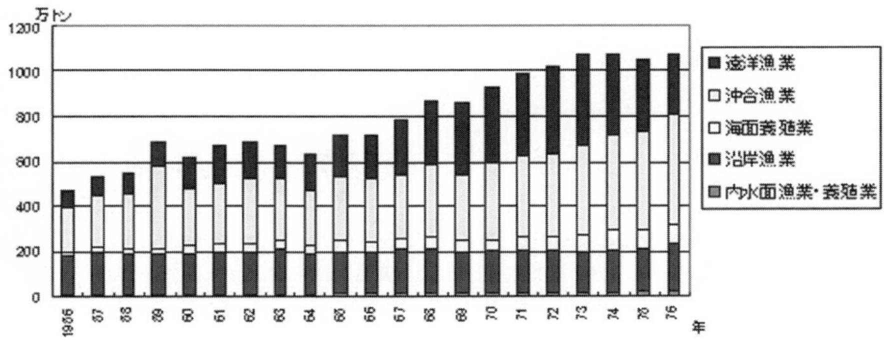

図 7-1　部門別漁業生産量の推移

（出典）農林水産省統計情報部・農林統計協会編『水産業累年統計　第 2 巻　生産統計・流通統計』（農林統計協会、1979 年）

200 万トン前後で推移している。海面養殖業はこの間 20 万トン前後から 80 万トンへと飛躍的に増加した。沖合漁業は 200 万トン前後から 450 万トンへと大幅に増加した。遠洋漁業も増加が著しく、とくに 1960 年代後半から急増し、1973 年には 400 万トンに達したが、その後、反転した。

1960 年代後半から沖合漁業ではサバまき網が、北洋ではスケソウダラ漁業の 2 大量産型漁業が躍進した。サバはまき網漁法の近代化もあって漁獲量は 100 万トンを超えた。スケソウダラはねり製品原料となる冷凍すり身の製法開発を契機に 300 万トン近い漁獲量をあげるようになった。

図 7-2 は、1956 ～ 76 年の部門別漁業生産額を示したものである。全体は 2,300 億円から 2 兆 500 億円へと 9 倍の飛躍をみた。とくに 1960 年代後半の増加と 200 カイリ時代を控えた 1976 年の急増が目立つ。生産量が 2 倍余に増加したことも目覚ましいが、金額が 9 倍になるとは驚異的である。これは魚価の急騰と養殖魚、高価格魚の増加による。

部門別では、内水面漁業・養殖業は生産量は少ないが、生産額は急増して一定の地位を築いた。主にウナギ養殖の盛行による。沿岸漁業は生産量が横ばいであったのに生産額は 9 倍と大幅に伸びた。とくに 1970 年代の伸びが大きい。海面養殖業の伸びも大きい。魚価上昇の他、新品目の台頭が特徴である。沖合漁

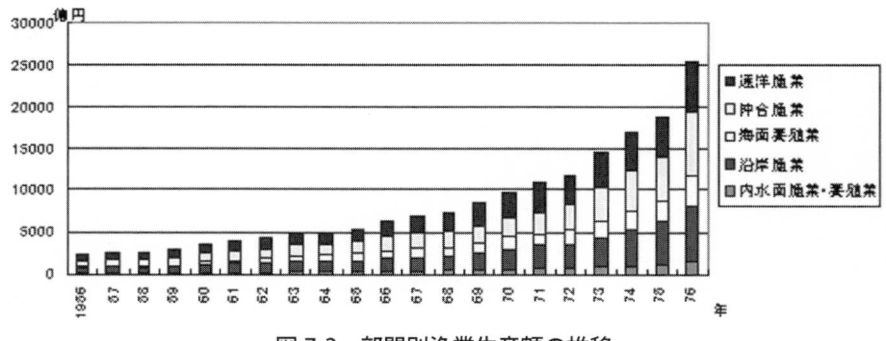

図 7-2　部門別漁業生産額の推移

（出典）図 7-1 と同じ

業は増えているが、量的割合に比べ金額割合が小さい（平均魚価が低い)。1960 年代前半までは ” 大漁貧乏 ” 現象があったが、その後は大量処理（加工・流通）体制が確立して発現しなくなった。遠洋漁業も 1960 年代後半から急増した。漁獲量は 1973 年をピークとしたが、金額は増加を続けた。

（2）主要漁業の展開

主な沖合・遠洋漁業の展開過程を概観しよう。

1）サケ・マス、カニ漁業

ソ連からのサケ・マス漁獲割当量は 200 カイリ制をとるまでは安定的であった。大臣許可の母船式、中型流網・延縄、知事許可の小型流網とも概して安定していた。サケ・マス漁業は漁期が短く、独航船や流網漁船は他の漁業と兼業した。

カニ漁業は母船式は西カムチャッカ（ソ連の大陸棚)、ブリストル湾（米国の大陸棚）で操業していたが、ともに規制強化で縮小し、西カムチャッカでは 1975 年に、ブリストル湾では 1981 年に禁止となった。これで「蟹工船」は完全に終わりとなった。

2）底曳網漁業

底曳網漁業の種類は、沖合底曳網、以西トロール・底曳網、北洋の底曳網、南方トロール等多様である。沖合底曳網は日本周辺水域で操業する沖合漁業の代表格で、北海道が中心である。漁船隻数は北洋底曳網船等への転換と漁船の大型化（漁船の総トン数が定められており、漁船を大型化するにはその分隻数を減らすことが条件）によって減少した。大型化にあたってスタントロール型に切り換えたことで生産性は著しく向上した。多様な魚種が漁獲されるが、最大の魚種はスケソウダラで、陸上すり身加工の原料供給に大きな役割を果たした。

東シナ海・黄海を漁場とする以西トロール・底曳網（戦前は汽船トロール、以西底曳網と呼ばれていた）の漁獲量は資源の減少により、1960年代に入ると増加から減少に転じた。漁船隻数は、以西トロールは南方トロールへの転換、以西底曳網は大型化に伴う隻数削減と自主減船によって減少した。さらに北洋冷凍すり身の出現でねり製品原料の価格が低迷したことで惣菜向け生産への転換を図った。

北洋の底曳網は、1950年代後半に発展した母船式底曳網、北方トロール（漁船規模は4,000～5,000トンが中心)、沖合底曳網から転換した北転船等からなる。1960年代後半から漁獲高が急増し、主要魚種は魚粉・魚油目的のカレイから冷凍すり身原料のスケソウダラに替わった。

母船式底曳網、北方トロールは、船上で冷凍、ミール、魚油等に加工したが、1960年代後半からスケソウダラの船上冷凍すり身加工を中心とするようになった。北転船は冬期はスケソウダラを漁獲し、生鮮で陸上すり身工場に供給し、春夏期にはメヌケ類、ギンダラ、カレイ類を漁獲し、船上冷凍した。漁法はサイド式からスタントロール型へ転換した。

北洋の底曳網漁業が急速に発展した背景は、①資源が豊富で米ソからの規制がほとんどなかったこと、②冷凍加工品の需要が拡大したこと、③スケソウダラの冷凍すり身技術の開発で1960年代後半からねり製品原料として需要が爆発的に拡大したこと、である。一方、乱獲による漁獲効率が低下し、魚体の小型化が進んだ。

南方トロール（漁船規模は1,000～3,000トンが中心）は南方という名前はついているが全世界の海域に進出しており、北方トロールを除くトロールの総称といえる。以西トロール等からの転換で増加した。外国を基地とする。漁獲物の一部は輸出したが、大部分は日本へ送られた。1960年代にアフリカ沖漁場が開発され、タコ、タイ類、イカ類を漁獲したが、その後、沿岸国による規制の強化、操業条件の悪化に伴い、NZ海域、北西大西洋に転進し、対象魚種もアジ、ホキ、ミナミダラに替わった。漁獲量は200カイリ体制に突入した1977年の39万トンをピークに、その後、減少傾向となった。

南米北岸のエビトロールは1960年代に始まり、合弁企業を設立して操業する形で発展した。1970年代に入ると200カイリ規制やオイルショックによる燃油の高騰等で経営不振となり、撤退が相次いだ。

3）カツオ・マグロ漁業

マグロ漁業の中心となる遠洋マグロ延縄は、講和条約発効後、漁船の大型化、漁場の拡大、他漁業からの転入で飛躍的に発展した。急激な発展によって、①太平洋全域・インド洋、大西洋、地中海、さらに高緯度漁場とマグロの生息する全海域に出漁するようになった。②マグロは米国への冷凍品・缶詰輸出、国内向けにハム・ソーセージ等の原料となった。③冷凍技術の革新で、品質保持ができるようになり、漁場拡大、長期航海が可能となった。④各種漁業の再編の受け皿として1,000隻を超える転換船を受け入れた。

一方、マグロ延縄の漁獲効率が資源の減少で顕著に低下した。加えてコスト増加、労働力不足、韓国・台湾漁船との競争の激化で1960年代後半から米国向け輸出から超低温冷凍による国内さし身向けに転換した。操業形態は、外国基地操業から国内根拠操業へ切り換えた。1950年頃から始まった母船式操業も終息した。韓国・台湾漁船も米国向けから日本向け輸出に転換したこともあって、マグロ延縄漁船は急減した。

カツオ釣りは漁船の大型化と餌の船内低温蓄養技術の普及によって南方海域の漁場開発が進んだ。

南太平洋のカツオ・マグロを対象とする海外まき網は、1964年に諸外国に対抗して始まり、1970年代に米国式巾着網を小型化したまき網漁船を建造し、周年操業するようになって安定した。漁獲物は缶詰及びカツオ節原料となった。

4）まき網漁業

まき網には1艘まきと2艘まきとがあるが、漁船の大型化、漁労機器の整備、漁場の拡大とともに1艘まきが優位となった。まき網は底曳網と並ぶ大量漁獲漁業で、主にイワシ、サバ、アジ等の大衆魚を対象とする。主体となるのは大中型まき網（網船が40トン以上）で、船団は大きく西日本と北日本に分かれる。そのうち西日本の大中型まき網は漁船を大型化して東シナ海・黄海漁場を開発した。併せて魚価安定のため冷蔵庫群を建造し、ついには専用の漁港（松浦漁港）を建設している。漁獲物はアジが主体であったが、1970年代はサバが主体となった。

サバの漁獲量は1960年代に急増し、100万トンを超えるようになったが、1980年代に低下する。他方、イワシの漁獲量は1960年代は全くの低水準であったが、1970年代に急増して100万トンを超える。

5）イカ釣り漁業

1950年代後半からイカの需要増加、価格上昇に支えられて漁業規模の拡大や沿岸漁業からの参入が相次いだ。1960年代後半に自動イカ釣り機の出現、冷凍装置の普及で全国漁場を渡り歩く操業が可能となり、また、専業化が進んだ。

1970年代半ばまで漁獲量（ほとんどがスルメイカ）は30～60万トンであった。北海道太平洋岸を主漁場としたが、1972年頃極端な不漁となり、日本海沖漁場が開発されてそちらに漁場が移動した。日本海沖漁場は1980年代まで続くが、漁獲量は10～20万トンに低下し、漁船数は激減した。日本周辺のイカ漁が不振となって1970年代に北部太平洋でスルメイカとアカイカを漁獲するようになった。海外漁場を求めてNZ出漁が始まった。

（3）養殖業の発展

1）養殖業の発展

養殖業については、高度経済成長期だけでなく、最近までの発展過程をみることにする。経営体数（海面のみ）は、1970年の約7万が1990年は約4万、2010年は約2万へと大幅に減少している。生産量（海面と内水面の合計）は1960年の30万トンから増加を続けて1990年には140万トンに近づいたが、その後、減少に転じて2010年は110万トンとなった。生産額の変動はさらに大きく、1960年の385億円が1990年には7,000億円余に跳ね上がり、その後は低下して2010年は4,700億円となった。

海面と内水面の割合は海面が圧倒的に多い。漁業全体に占める養殖業の割合（金額）は1960・70年代が10％台、1980年代が20％台、1990年代以降は30％台である。経営体が著しく減少し、生産高が増加（後には減少したが）したので、経営体あたりの生産高は飛躍的に高まった。新規に養殖場を開発するか、やめていった人の漁場を残った人が使用し、技術開発、機械化によって生産性を高めている。

種苗生産技術の開発は1962年に瀬戸内海栽培漁業センターが開設されて以来本格化し、1960年代にノリ、ワカメ、コンブ、ホタテガイ、アワビ、クルマエビの種苗量産技術が確立した（マダイは1970年代半ば）。併せて老朽化した養殖漁場の改善、沖合養殖場の造成が行われ、給餌養殖では1970年代に入ると生餌から配合飼料への転換が始まった。養殖経営はほとんどが家族経営で始まった（企業経営の真珠養殖以外）が、生産高が1億円を超える企業的経営体も現れている。

養殖漁場では魚類、貝類、藻類とも過密養殖が行われ、病害の多発を招き、魚類・貝類養殖では漁場の自家汚染、老朽化が進行し、生産が落ち込むという苦い経験をした。

主要魚種の生産量の推移をみたのが、表7-1である。養殖種目は1960・70年代に増えて多様化した。伝統的な種目のカキ、ノリ、真珠に、1960年代にブリ、ワカメ養殖が、1970年代にマダイ、ホタテガイ、ホヤ、コンブ養殖が、1980年代にギンザケ、ヒラメ、フグ養殖が加わった。内水面では伝統的なコイ、ウナギに1970年代にニジマス、アユ養殖が加わった。この他、高度経済成長期には金魚、錦鯉等観賞魚の養殖も増加したが、その後、高度経済成長の終焉と輸出不振で後退した。

多くの養殖種目は1980・90年代に生産量のピークを迎えた。高度経済成長期以来の食の高度化を支えたといってよい。1990年代以降、養殖生産高が減少

表 7-1　主な種類別養殖生産量の推移　　　単位：トン

	1960年	1970年	1980年	1990年	2000年	2010年
ブリ類		43,300	149,311	161,106	136,834	138,936
マダイ	-	460	14,757	51,636	82,183	67,607
フグ類	-	26	69	2,895	4,733	4,410
ヒラメ	103	-	-	6,039	7,075	3,977
ギンザケ	-	-	1,855	23,608	13,107	14,766
カキ類(殻付き)	-	190,799	261,323	248,793	221,252	200,298
ホタテガイ	182,778	5,675	40,399	192,042	210,703	219,649
ホヤ	-	94	5,749	7,272	7,630	10,272
ノリ類(生重量)	-	231,464	357,672	387,245	391,681	328,700
ワカメ類	100,457	76,360	113,532	112,974	66,676	52,393
コンブ類	49	282	38,562	54,297	53,846	43,251
真珠		85	42	70	30	21
コイ	4,629	15,865	25,045	16,309	10,501	3,692
ウナギ	6,136	16,730	36,618	38,885	24,118	20,543
ニジマス	-	-	17,698	15,395	11,147	6,102
アユ	174	3,411	7,989	12,978	8,603	5,676

（出典）水産庁「水産統計年報」

したのは、デフレ不況による需要の減退が基本的な要因だが、種類によっては輸出不振、輸入の増加による価格低迷も影響している。

2）種目別の発展過程

1. ノリ養殖

ノリ養殖では1950年代後半以降、画期的な技術開発が相次いだ。人工採苗法（どこでも養殖が可能となった）の開発、養殖方法は生産性の低い粗朶篊（そだひび）から生産性の高い網を使った水平篊への転換、胞子のついた網を冷蔵保管する技術（網をはずして病気の蔓延を予防したり、網を張り替えることで何回も収穫できる）、浮き流し養殖法（支柱が建てられない沖合での養殖が可能）の開発、それに対応した摘採機械の開発、FRP船と船外機の普及、ノリすき加工の機械化（ノリすき機、乾燥機等）で、省力化しつつ大量生産が可能となった。産地は東京湾に偏していたが、愛知、千葉、宮城、瀬戸内海、有明海へと広がり、農業や沿岸漁船漁業との有力な兼業種目となった。

生産量は1950年代半ばまで10万トン前後（原藻重量）であったが、1960

年代後半から増加して1970年代半ばに30万トン、1980年代後半に40万トンとなった。1970年代には価格低迷で生産制限が始まり、零細経営の淘汰が進んだ。この間、養殖漁場は臨海工業地帯の造成、港湾整備で大きく喪われている。その後、生産量は1990年代に、生産額は1980年代に下降した。

2. 海面魚類養殖

海面の魚類養殖は、1960年代に網イケスによる小割(こわり)養殖法の開発とともに瀬戸内海で本格化し、四国、九州へと広がった。1970年代後半以降急成長したが、他方で過剰生産による価格の低下と過密養殖による斃死(へいし)率の上昇、魚病の多発、成長率の鈍化で収益性が悪化するようになった。1980年代に生産量は頭打ちとなり、経営体は淘汰の新局面に入った。

魚類養殖の先陣を切ったのは成長度合いの大きいブリ（ハマチともいう）で、それが飽和状態になるとブリ類のうちではカンパチ、ヒラマサが伸長し、その他ではマダイ、シマアジ、フグ、クロマグロ等に拡がった。ブリの生産量は急増して1977年頃には15万トンに達し、周年供給、全国流通、価格安定性を備えてマグロと並ぶさし身素材となった。その後、ブリ養殖は価格が低迷して横ばいになると、マダイ養殖が始まり、1990年代にはマダイ生産量は7～8万トンとなった。その後は価格の低下で減少に転じる。産地間の分業化も明確となり、ブリ養殖産地のうちから鹿児島県は暖海性のカンパチ、長崎県はフグ、愛媛県・三重県はマダイ養殖が成長した。また、ブリの中間種苗育成と成魚養成との分業化も起こった。

海面魚類養殖全体の生産高は、1990年代は25万トン、2,500億円前後で推移しているが、2000年代には量は横ばいだが、金額は大幅に低下した。天然物との対比では、ブリ、マダイ、フグでは養殖物が大部分を占めている。

種苗はマダイ、フグ、ヒラメ等は人工種苗に替わったが、その他は天然種苗に依存している。魚類養殖には安くて大量の餌料が必要であり、それをマイワシの豊漁が支えた。マイワシの豊漁があって魚類養殖業が発達したともいえる。反対にマイワシの漁獲が激減する1990年代に輸入魚粉を主原料とした配合飼料への転換が進んだ。生餌の大量投入が漁場環境を悪化させたことが、環境負荷が相対的に小さい配合飼料に転換させた一因でもある。

3. 真珠養殖

戦後、真珠養殖の発展には目を見張るものがあり、1953年には戦前の最高水準を超え、1966年にはピークとなる130トンを記録した。この間、アコヤ貝の生産は天然貝の採取から天然採苗、人工採苗へと進化し、母貝の大量安定供給ができるようになった。真珠養殖と母貝養殖との分業化が進み、母貝を専門的に養殖する漁家が増加した。産地は三重県に集中していたが、漁場が飽和状態となって瀬戸内海、九州に拡大した。1966年の過剰生産、輸出不振で「真珠恐慌」に陥り、生産調整が実施された。生産量は3分の1に、経営体は半減した。1973年から市況が回復したが、1980年代には養殖技術の日本独占が崩れ、海外での販売競争が激しくなったうえ、国内に真珠が輸入されるようになって、有力経営体も倒産するようになった。

4. ウナギ養殖

内水面養殖業生産額の大部分はウナギ養殖が占める。ウナギ養殖は戦後復興して1963年に戦前水準を上回り、以後、高度経済成長に伴う需要の増加、価格の高騰に支えられて飛躍的に発展した。生産量は1960年代後半に2万トンとなり、1980年代は4万トン弱を維持した。養殖産地は静岡県（とくに浜名湖）や愛知県であったが、暖地の鹿児島県、宮崎県、徳島県、高知県に拡大した。養殖は種苗（シラスウナギ）の採捕地で、用水の確保が容易な温暖な地域で行われ、米作より収益性が高いことから農漁業からの転業・転作だけでなく、他産業資本からの参入もあった。

技術革新は、餌料を生鮮・冷凍魚から配合飼料へ切り換えたこと（省力化、計画化が可能になる）、給水施設の整備、露地池養殖から加温ハウス養殖への転換（集約的養殖、シラスウナギの歩留まり向上、速成養殖、周年供給が可能になる）、付加価値を高めるための加工部門（白焼き、蒲焼き）の着手であった。

しかし、最大の問題は種苗の不足（需要の増大と不漁）と価格の急騰であった。それで種苗を台湾、中国、ヨーロッパ等から輸入するようになった。その後、種苗輸入はなくなり、種苗の歩留まりの向上が重要課題となった。もう1つの大きな変化は、台湾、中国等は種苗の輸出からウナギの養殖、輸出へ切り換え、さらには加工して日本へ輸出するようになったことで、日本のウナギ供給量の半分近くを輸入物が占めるまでになった。種苗価格の暴騰、生産コストの増加で経営難となり、1990 年代はデフレ不況による需要低迷が加わって経営体の淘汰が進み、生産量は 2 万トン前後に縮小した。ウナギの輸入も停滞・減少するようになった。

第 3 節　漁業経営と漁業労働の変化

(1) 漁業経営の変化

図 7-3 は階層別漁業経営体数の推移を示したもので、全体は 1955 年の 25 万から 1975 年の 21 万に漸減している。沿岸漁業経営体、中小漁業経営体、大資本漁業経営体に分けて、経営体数と経営の動向をみよう。

1) 沿岸漁業経営体数と経営の動向

沿岸漁業経営体は、漁船非使用、無動力船、使用動力船 10 トン未満、定置網・地曳網、養殖業を営む経営体を指す。この間、3 分の 1 を占めていた無動力船層が動力船を使用するか漁業から離脱するかしてほとんどいなくなった。3 トン未

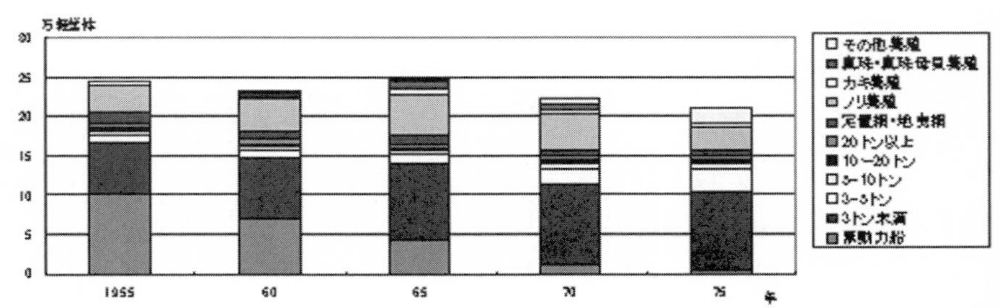

図 7-3　階層別漁業経営体の推移

（出典）農林水産省統計情報部・農林統計協会編『水産業累年統計　第 1 巻　基本構造統計・漁業経済統計』（農林統計協会、1978 年）

満層は常に最多数を占め、1970年まで増えたが、その後横ばいとなった。3～5トン層、5～10トン層は増加している。

定置網は漸減し、地曳網は急減した。定置網・地曳網は魚群の来遊を待つ漁業なので、自然条件に大きく左右されるうえ、労働力を多用するという不利な条件を抱えているものが多い。

養殖業は種目によって経営体の動向が異なるが、多くは1960年代半ばに転換点を迎える。ノリ養殖が最も多いが、増加から減少に転じた。カキ養殖は横ばいから漸減へ、真珠・真珠母貝養殖は急増から急減へと変化した。その他養殖（主に魚類養殖）は1970年代に急成長した。

沿岸漁業経営体は全体としては減少したが、生産性が低い零細経営と労働力を多用する経営が解体し、小型動力漁船階層と養殖業が主体となった。労働力不足に対応して小型軽量化した技術の取り入れが進んだ。

沿岸漁業経営体の大多数は家族労働力を主体とする漁家経営である。漁家の所得は向上し、農家、勤労者世帯のそれより高くなった。漁家の所得向上は漁業所得の向上によるもので、漁業（所得）依存度は高まっている。漁業依存度は漁船漁業の方が養殖業経営より高い。

養殖業はノリ、カキ、真珠の3つが生産額の大部分を占めるが、漁業所得は増加している。

2）中小漁業経営体数と経営の動向

使用動力漁船10トン以上、1,000トン未満を中小漁業経営体（または中小漁業資本）と呼び、沖合・遠洋漁業の主体をなす。その経営体数は減少から増加へ転じているが、業種によって動向は異なる。

中小漁業経営体の特徴は、①漁船規模、漁業種類が多様である、②単一漁業の単船経営（一杯船主）が基本で、上層には複船経営、他業種との複合経営がある、③地場資本で、漁場、販売、労働力も地域的である、ことである。

中小漁業が発展した条件は、①魚価が上昇したこと。1960年代前半までしばしば発生した大漁貧乏現象はその後ほとんど発現しなくなった。②旺盛な設備投資により漁船の大型化、設備の近代化を推進し、生産競争の激化、物的生産性の限界、乗組員不足に対応した。設備資金は、前述したように農林漁業金融公庫の中小漁業向け融資によるところが大きい。

中小漁業の経営は、魚価の上昇で漁業収入も増加してコスト高を吸収し一定の利益を確保している。コスト面では燃油費を含め原材料費が比較的安定し、省力機械の導入によって人件費の増加が抑えられた。反面、借入金によって設備投資が行われたので自己資本比率が低下し、経営費では利払い、減価償却費が増加した。

3）大資本漁業経営体の動向

大資本漁業経営体（使用動力漁船 1,000 トン以上）のうち最上位の独占漁業資本とされるのが、大洋漁業㈱、日本水産㈱、日魯漁業㈱、㈱極洋、宝幸水産㈱の 5 社である。1960 年までに主要な遠洋漁業である母船式のサケ・マス、カニ、底曳網、北方トロール、母船式捕鯨、以西底曳網、南方トロール等で独占的支配を確立した。独占漁業資本と中小漁業資本とは漁業種類、漁場が異なることが多いが、同一漁業で競争関係にあるもの（生産性の格差は小さい）や母船式操業で中小漁業資本を下請け化している場合もある。

中小漁業資本との違いは 5 点ほどある。①資本金、売上高、従業員数において経営規模が懸隔している。②資本・資金の調達方法が違い、中小漁業資本は自賄い、系統金融機関や地方銀行からの借り入れ、独占漁業資本は株式発行、都市銀行、政府系銀行から調達する。③母船式漁業では中小漁業資本を系列企業あるいは独航船として下請け生産をさせる。スケソウダラの冷凍すり身生産は、独占漁業資本が営む母船式底曳網、北方トロールは洋上生産、中小漁業資本が営む北転船や沖合底曳網は陸上すり身工場への売魚と分かれる。④中小漁業資本はほとんどが漁業専業であるのに対し、独占漁業資本は漁業生産だけでなく冷凍、加工、商事、海運、漁業用資材の生産等関連産業をコンツェルン的に統合経営する。とくに遠洋漁業の発展が国際規制の強化で制約される中、国民食生活の変化に合わせて魚肉ハム・ソーセージ、インスタント食品部門へ進出したり、商事部門を拡充して漁業会社から総合食品会社、商事会社へと変身した。⑤海外経済援助政策の後押しを受けながら開発輸入を主目的とした水産合弁企業を設立した。水産合弁事業は 1954 年頃に始まり、1965 年は 28 件、1973 年は 131 件、1980 年は215件となった。合弁事業がピークとなる1970年代に総合商社、各種中小資本による水産投資が行われ、水産系5社のシェアは低下したものの、漁労部門で優位なこと、商社との提携も多く、開発輸入をリードした。

(2) 漁業労働の変化

高度経済成長期に漁村から他産業・都市への人口流出が続き、漁業就業者は年々減少した。1960年と1975年を比べると73万人から48万人へと3分の2になった。とくに沖合・遠洋漁業（雇用就業）での減少が著しく、労働力不足が深刻となった。沿岸漁業（自営就業）では後継者難が現れた。雇用就業は、雇用や賃金が不安定である、海上労働は労働環境が悪い、生活時間が確保しにくいことから敬遠され、漁船設備の改善や労働工程の機械化でも労働力不足を補えなかった。

雇用形態では、1960年代に漁村の過剰人口時代に支配的であった「船頭制」が解体し始めた。船頭制とは船頭（漁労長）が船主から労働、労務面で全面的な委託を受け、乗組員の雇用、役職付け、賃金の決定をする体制で、経験と技能が重要な役割を果たした。船主、船頭、乗組員は地縁・血縁でつながっていることが多い。それが解体した理由は、①労働力不足によって乗組員が各地から公募されるようになり、船頭との地縁・血縁関係が薄れた。②技術革新によって船頭を頂点とする技能の役割が低下した、ことによる。

漁業賃金は、漁獲高を船主と乗組員とで一定の比率で配分する方式（漁獲高の最大化を目指す）形態から漁獲高から漁労経費を引いて一定の比率で配分する方式（経費を節減しながら最大の漁獲高を目指す）に変わった。こうした歩合制賃金では乗組員の賃金が不安定になることから、最低保証給や固定給がつくようになり、1960年代後半に固定給付き歩合制とする経営の比率が高まった。

沖合・遠洋漁業の平均賃金は年々、大幅に上昇し、従業員30人以上の製造業のそれより高いことが多かった。

第４節　水産加工・水産物流通の拡大

(1) 水産加工業の発達

図 7-4 は水産加工品生産量の推移をみたもので、全体は 1955 年の 140 万トンから 1975 年の 490 万トンへと 4 倍余となっている。その内容は、素干し、塩干、煮干し、塩蔵、節類といった伝統的加工品は横ばいであるが、ねり製品、飼肥料、冷凍品の 3 品が急増した。ねり製品は原料のスケソウダラ冷凍すり身の開発で急増した。飼肥料生産はサンマ・イワシ粕、荒粕、北洋底曳網を中心とした魚粉・ソリュブル（魚汁の濃縮液）等の畜産用飼料向けからイワシ、サバ、イカナゴ等の養殖餌料向け中心に替わった。冷凍品（解凍して鮮魚としたり養魚用餌料、加工原料とする）はマグロ、イワシ、サバ、サンマ、イカナゴ、イカ、すり身を主とする。

水産加工業のなかでとくに大きく発展したのはねり製品の分野である。1960 年代に北洋底曳網・トロール漁業が拡大し、その漁獲物のスケソウダラを原料とするねり製品生産が増大した。スケソウダラは直ちにねり製品にすることができないためすり身として冷凍保管する必要があり、1960 年に北海道水産試験場がこの技術を開発した。その結果、北海道、東北の水揚げ港に冷凍すり身工場が急

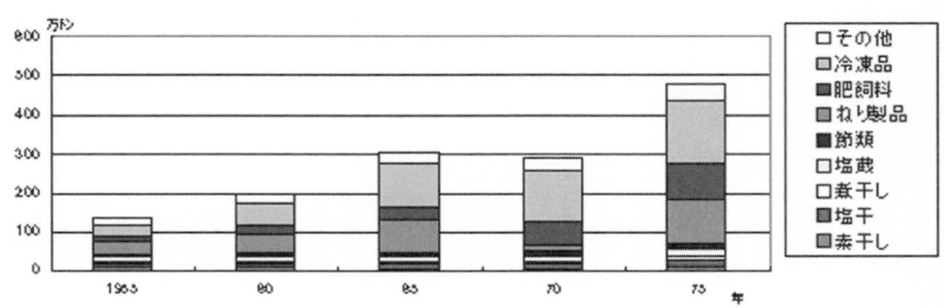

図 7-4　水産加工品生産量の推移

（出典）図 7-1 と同じ
注）その他は缶詰、くん製、調味加工・魚油、海藻製品など。

増した。その後、日本水産、大洋漁業が技術開発した洋上すり身生産が開始され、1970年には陸上すり身の生産を上回るようになった。冷凍すり身の出現によって原料供給の安定、低廉で安定した価格が実現し、品質は均一で、味付けと着色が可能なことから各種ねり製品が開発された。原料革命と呼ばれる。

ねり製品の生産は1960年代後半から飛躍的に伸長し、110万トンを超えるようになった。①原料魚を購入してかまぼこを製造する従来のかまぼこ製造業者にとって原料魚の入手が困難になった。原料魚の最大供給者であった以西底曳網の漁獲が少なくなり、魚体が小型化して歩留まり、品質が低下した（以西底曳網は惣菜向けに転換)。需給バランスが崩れて価格が高騰した。②冷凍すり身は省力化、機械化、周年製造を進め、かまぼこ製造業者を近代的企業に成長させた。コストも原料魚からすり身を製造するより冷凍すり身を購入する方が安い。③原魚から製造すると汚水、廃棄物が多く、これらを処理する施設を整備するには多額の投資が必要となる。冷凍すり身であれば、この公害問題から解放される。

魚肉ハム・ソーセージは1950年代末から大手水産会社によって製造され、爆発的な伸長をみせたが、1960年代半ばには頭打ちとなり。畜肉ハム・ベーコンに押されて1970年代には減少に向かう。主原料のマグロはさし身向けとなった。

水産加工業の発達を支えたのは、1969年度から始まる水産物産地流通加工センター形成事業である。漁港周辺に水産加工団地を形成し、冷蔵庫、給排水、残滓処理、フィッシュミール製造、集配施設を整備して流通加工コストの削減、水産加工の合理化、高度化、公害防止、労働環境の改善を目指すもので、この事業によって主要漁港のほとんどが整備された。

(2) 水産物流通の多角化

水産物流通は1960年頃に大きく変転する。①産地での冷蔵保管、輸送施設等の整備で処理能力が向上し、供給調整ができるようになって漁獲変動が大きい多獲性魚で価格が暴落する大漁貧乏がなくなった。②遠洋漁業の発達、大量漁獲漁業の発達等に伴い、水揚げの大量集中化、産地加工の高度化、大量輸送が求められ、労働力の逼迫もあって前述の水産物産地流通加工センター形成事業が行われた。③水産物の低温流通が進行した。冷蔵庫の貯蔵能力が増大、とくに冷凍水産物の保管が可能なマイナス 20 度以上の庫腹をもつ F 級冷蔵庫の冷蔵能力が著しく増大した。冷凍水産物が陸揚げされる港、流通拠点に F 級冷蔵庫が林立した。

低温流通への移行は水産物流通に大きな影響を及ぼした。①水産物流通が多元化して、卸売市場流通に加えて市場外流通、産地間・消費地間流通が行われるようになった。②水産物の商品性格が季節的商品から周年商品となり、供給が安定し、全国流通が可能となった。大都市卸売市場の入荷量でいうと、1965 年は生鮮品と冷凍・加工品等が相半ばしていたが、1970 年には冷凍・加工品等が 60%、1975 年は 70%台に高まった。③規格化、均一化したことで家庭内食、外食産業で新規需要が発生した。④卸売市場では、水産物の取引方法が委託品のせり売りから買付品の相対・定価販売へ、現物取引から見本取引や情報取引へと変化した。

中央卸売市場の水産物卸売会社の多くは大洋漁業系と日本水産系に色分けされている。大手水産会社は消費地魚市場を拠点として自社製品の販売ネットワークを作り、さらに系列下の卸売会社を通じて市場外の販売ルートを開拓した。大手水産会社に遅れて商社が輸入水産物の内販ネットワーク作りに進んだ。

1971 年に従来の中央卸売市場法に替わって卸売市場法が制定された。急速に膨張する生鮮食品流通に対応して中央卸売市場、地方卸売市場、その他小規模卸売市場を包括し、計画的な市場整備を推進するものであった。一方で、市場取引の実態は立法趣旨を超えて進んだ。卸売市場法は、卸売市場は小規模零細な出荷者と買い手が会合する場所であり、保存性のない生鮮食品の取引を前提とした。ところが実態は、出荷者・買い手ともに大手資本が中心となり、取扱品目も保存性のある冷凍・加工品が増えた。それにつれて取引方法は上述のように変化していた。皮肉なことに卸売市場法が制定された 1971 年は「冷凍元年」と呼ばれた。

卸売市場法に基づく中央卸売市場の整備が進んだ。中央卸売市場は 1971 年には 25 都市、30 市場であったが、1978 年には 41 都市、47 市場に増加した。反対に地方卸売市場、その他小規模卸売市場は減少した。

鮮魚小売商は、1970 年代半ば頃までは量販店が増加している中でも微増した。量販店は生鮮品の取扱いを増やしているものの、調理や顧客サービスが不得手であったため、消費者は最寄り買い、当座買いを主流としていた。同じ水産物でも規格化された加工品等では量販店での購入が増えた。

(3) 水産物輸出国から輸入国へ

日本は水産物輸出国であり、水産物は重要輸出品の1つであった。輸出は増加を続けて1955年の400億円弱が1977年の1,840億円弱へと4.6倍になった。一方、輸入は1960年代に始まり、飛躍的に増加して1971年には輸出額を上回り、1977年には6,580億円となった。1977年の急増は、200カイリ時代を前に供給不足を見込んだ思惑買いと魚価の暴騰が招いたものであるが、それにしても国内漁業生産額の4割に近く、水産物供給上不可欠な地位を占めるに至った。

1960年代後半からわが国の水産物需給は大きく変化した。漁業生産量は増えて1,000万トン時代が到来したものの増産したのは主に多獲性大衆魚で漁獲物はねり製品原料や飼餌料となり、需要が強い高級魚の供給不足は、輸入によって満たされるようになったのである。

1）水産物輸出

1970年代初頭まで日本は世界最大の水産物輸出国であった。輸出額は増加したが、輸出総額に占める割合は低下し、重要輸出品とはいえなくなった。

輸出は冷凍マグロを主体に1950年頃から本格化し、これにサケ・マス、カニ缶詰、鯨油、真珠が加わって全盛時代を迎えた。1960年代後半に転換点がきた。サケ・マス、カニ、クジラの生産は国際規制の影響を受けて漸減する。真珠は過剰生産で価格が低落し、輸出も不振となった。マグロは米国で価格が低下し、国内価格が高騰したことから輸出から内需向けに転換した。サケ・マス、カニに替わってサバ缶詰が発展途上国に向けて輸出されるようになった。

これら品目の輸出先は欧米諸国、とりわけ米国が冷凍マグロやマグロ缶詰等で過半を占め、欧州ではイギリス、西ドイツが多い。一方、安価なサバ、イワシ缶詰は東南アジア、アフリカ向けが増加した。

1970年代には輸出商材の生産量が減少したこと、為替変動で円高となり、輸出競争力が低下したことで、増加から横ばい、ないし低下傾向に変わった。

2）水産物輸入

水産物輸入は1960年以降、高度経済成長で食生活が高級化、多様化したことで高い伸び率を示した。水産物の輸入制度も開放に向かった。1955年にGATT（ガット）（関税と貿易に関する一般協定、自由貿易を柱とする国際貿易制度）に加盟し、1960年代に自由化品目を拡大し、関税も大幅に引き下げた。水産物は輸出品であり、国際競争力は高く、輸入が急増するとは予想されなかった。

水産物輸入は、1956年は2万トンであったが、1972年は48万トン、1978年は101万トンと急増した。輸入額は、1960年代末は世界第4位であったが、1971年は2位、そして1977年以降は1位となった。

主要品目は、エビ、イカ、タコ、カニ、マグロ・カジキ、サケ・マス、タイ、サワラ等の白身高級魚、アワビ、ハマグリ等の貝類、ウナギとその稚魚、スジコ、カズノコ、タラコ等の魚卵、魚粉等である。

水産物輸入は、当初、消費需要に対応できなかった国内生産を補完する形で高級魚を中心に急増した。1960年代後半になるとカツオ・マグロ、サケ・マスの生鮮・冷凍品の輸入が急増し、同一品目の輸出と輸入が交差するようになった。

輸入経路は、商社の買付、大手水産会社による開発輸入、中進国の輸出攻勢がある。①水産物買付は、1971年、1973年の為替変動で円高になったことにより商社が積極的に取り組むようになった。とくにエビは取扱いが容易なことから中小の各種商社や水産企業が買付に参入した。②開発輸入は、遠洋漁業への規制が強化されたため大手水産会社は貿易部門を拡充したこと、総合商社は水産物を有力商材とみて参入したことで、1970年代から急速に伸びた。開発輸入は合弁事業形態をとることが多く、日本側は水産会社と商社が提携するケースも多い。業種は、漁業はエビトロール、カツオ・マグロ漁業、養殖業は真珠、ウナギ養殖、水産加工は冷蔵庫、缶詰、水産加工等である。③中進国の輸出攻勢はマグロで典型的にみられる。米国に輸出していた韓国・台湾漁船に対し、商社は漁船や資金を提供して日本市場への転換を誘導した。

輸入の増加とともに国内での販売網の形成も進んだ。エビは大手水産会社経由の大部分と輸入商社経由の一部は大都市中央卸売市場に出荷されるか、冷食産業の原料に仕向けられるが、過半は内販元卸（商社系列の内販会社）から小エビ問屋、卸売市場、地方魚問屋に卸された。

冷凍マグロの輸入経路は、大部分は韓国・台湾漁船の直接水揚げで、貿易商社、大手水産会社、及び系列会社によって「一船買い」され、カット加工を施して卸売市場・市場外に販売された。商社は1960年代に輸入するだけでその後は卸売市場等に流していたが、1970年代に入ると水産物専門の内販企業の設立、または系列化によって流通チャネルを構築した。

参考文献

水産業協同組合制度史編纂委員会編『水産業協同組合制度史　第3巻』（水産庁、1971年）
岡本信男『日本漁業通史』（水産社、1984年）
岩切成郎・柏尾昌哉・倉田亨・志村賢男・中井昭『漁業経済論』（文人書房、1964年）
中楯興・吉木武一『明日の日本水産業－新海洋時代への課題－』（海文堂、1978年）
水産庁監修『水産庁五十年史』（水産庁50年史刊行委員会、1998年）
大海原宏・志村賢男・高山隆三・長谷川彰・八木庸夫編著『現代水産経済論』（北斗書房、1982年）
長谷川彰・廣吉勝治・加瀬和俊『新海洋時代の漁業』（農山漁村文化協会、1988年）
地域漁業学会編『漁業考現学－21世紀への発信－』（農林統計協会、1998年）
中井昭『北洋漁業の構造変化』（成山堂書店、1988年）
大海原宏・小野征一郎『かつお・まぐろ漁業の発展と金融・保証』（日本かつお・まぐろ漁業信用基金協会、1985年）
金子厚男編著『日本遠洋旋網漁業協同組合三〇年史』（同組合、1989年）
『北部まき網三十年史』（北部太平洋海区まき網漁業生産調整組合、1991年）
増井好男『内水面養殖業の地域分析』（農林統計協会、1999年）
高橋伊一郎編『輸入水産物－輸入制度と国内流通－』（農林統計協会、1982年）

特論　7

現代の捕鯨業

(1) 戦後の大型遠洋捕鯨

戦後の日本における大型遠洋捕鯨の展開過程は大まかに、戦後～ 1960 年代前半の拡大期と 1960 年代後半～ 1980 年代の縮小・停止期に区分できるだろう [1)]。南極での捕鯨が許可されたのは 1946 年であり、第 1 次漁期（46/47 年）には日本水産の橋立丸船団・大洋漁業の第一日新丸船団が出漁する。第 11 次漁期（56/57 年）には、極洋捕鯨もパナマより購入したオリンピックチャレンジャー号を「第二極洋丸」として南氷洋捕鯨に出漁した [2)]。南氷洋捕鯨は順調に拡大してゆき、第 15 次漁期（60/61 年）には、南氷洋に出漁する船団は 7 船団となった [3)]。図特論 7-1 より捕獲頭数の推移を見ると、戦後～ 60 年代まで南氷洋における鯨類捕獲頭数は増加傾向にあり、シロナガスクジラやナガスクジラなど、大型の鯨類が中心であったことが分かる。このころ鯨類の資源管理に、「BWU」(Blue Whale Unit、シロナガスクジラ換算単位) を使用していた。これは鯨種ごとの捕獲頭数をシロナガスクジラで換算し、漁期中の日本を含む各国船団の BWU 捕獲頭数が 16000 頭になったところで操業停止とする管理手法であり [4)]、大きい鯨種に漁獲努力圧が集中してしまうため、南氷洋における鯨類資源状況の悪化を懸念する声もあった [5)]。1960 年代以降は、一層鯨類の資源管理が強化されて行く。早い者勝ちのオリンピック方式は、各国が最高捕獲限度を宣言して行う時期を経て、62/63 年漁期からは BWU の国別割当制度に移行するとともに捕獲枠は順次削減され、72/73 年漁期には鯨種別の捕獲規制となった [6)]。このような状況を受けて各水産会社は、ミンククジラを主な捕獲対象種とするとともに（特論図 7-1 参照）船団を削減し、1976 年には日本水産、大洋漁業、極洋の捕鯨部門と沿岸捕鯨を操業する三会社の統合（日本共同捕鯨）などの対策を講じた [7)]。しかしながらその後も海区別の捕獲規制や禁止対象鯨種の拡大が進み、さらに 1982 年の IWC（国際捕鯨委員会）会議にて、商業捕鯨の一時停止 [8)] が可決され、86/87 年漁期を最後に日本は大型鯨類を対象とする商業捕鯨から撤退することとなった [9)]。

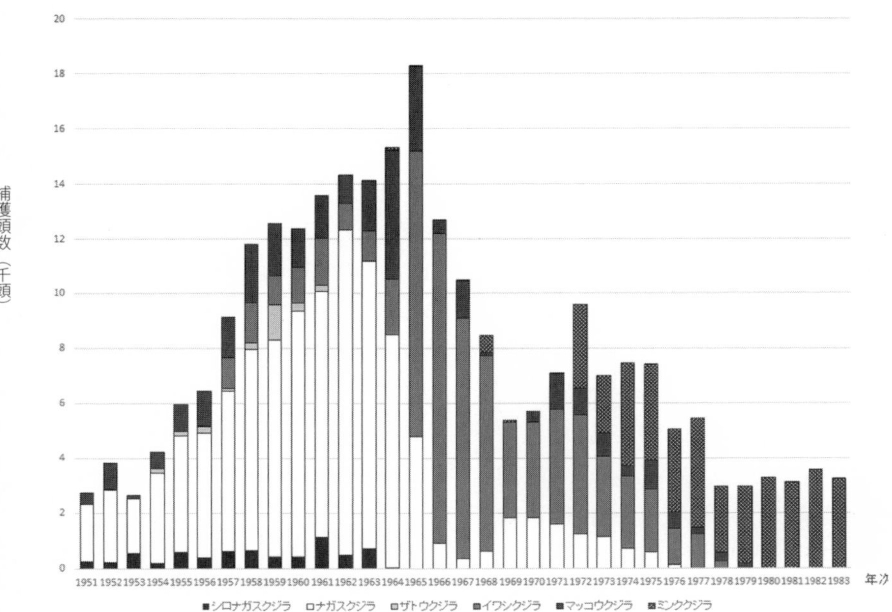

図　特論 7-1　南氷洋における日本の鯨種別捕獲頭数

（出典）多藤省徳 編著（1985）

大型遠洋捕鯨の縮小と停止は、捕鯨船乗組員の離職・還流や鯨肉価格の一時的な高騰という形で、従来の捕鯨地域に大きな影響をもたらした。例えば歴史的な捕鯨地域であり、近代以降も大型遠洋捕鯨に多くの乗組員を輩出してきた和歌山県の太地町では、離職者の多くが町に還流したが、就業機会の少ない同町では多くの失業が生じたことが報告されている[10)]。しかし、町や漁業者は新たな地域産業を創設すべく努力し、モラトリアムがもたらした鯨肉価格の上昇という要因も作用したことで、それまで小規模な捕鯨活動であった突きん棒漁業の拡大や追い込み漁業の組織化など、地域漁業の拡充にもつながった[11)]。だが鯨肉価格が低下した現在、小規模な捕鯨活動の経営維持は厳しい局面を迎えている[12)]。

(2) 現在の捕鯨活動の概要

現在日本の沖合・沿岸で行われている捕鯨活動は、母船式捕鯨業（2019 年より再開）・基地式捕鯨業・突きん棒漁業・追い込み漁業の 4 種類に分けることができる。これらの捕鯨活動に関する概要を、水産庁・水産総合研究センター「令和２年度国際漁業資源の現況」[13]と水産庁ホームページ [14] 等を参考に述べて行く。基地式捕鯨業は、農林水産大臣許可の下で操業する大臣許可漁業である。捕鯨砲を備え付けた基地式捕鯨船で、操業･水揚げを行う。農林水産大臣より許可を受けた鯨体処理場は、網走市・釧路市（北海道)、八戸市（青森県)、石巻市（宮城県)、南房総市（千葉県)、太地町（和歌山県）に存在している。また、2019 年より捕獲対象種が拡大し、これまで枠が配分されていたコビレゴンドウ（タッパナガ・マゴンドウ）やオキゴンドウ・ツチクジラに加え、ミンククジラが追加されている。

突きん棒漁業・追い込み漁業は都道府県知事の許可に基づき行われる。前者の突きん棒漁業は、手投げモリ（沖縄県では石弓）で一頭ずつ鯨類を捕獲する漁業であり、北海道・宮城県・岩手県・和歌山県・沖縄県において漁業者に許可が与えられている。「国際漁業資源の現況」経年データを見ると、同漁業は、小型鯨類を対象とした捕鯨活動において、捕獲頭数実績で最も大きな割合を占めていた。中でも、岩手県の突きん棒漁業者によるイシイルカ（イシイルカ型イシイルカ・リクゼンイルカ型イシイルカ）の捕獲実績によるところが大きかったが、近年の捕獲頭数は減少傾向にある。

追い込み漁業は、船団で小型鯨類の群れを湾内に追込み、湾口を網で仕切って捕獲するという漁法であり、静岡県と和歌山県が漁業者に許可を与えている。生け捕りという漁法上の特色から、鯨肉生産に加えて、研究用・水族館飼育用の生体の供給源という役割も有する。静岡県・富戸では長年操業を行っておらず、和歌山県・太地町の操業が中心的となっていたが、同富戸では 2019 年に 15 年ぶりに漁が解禁された。これらの捕鯨活動に加えて、2019 年には日本沖合での母船式捕鯨業が開始している。捕鯨母船は（一財）日本鯨類研究所による鯨類捕獲調査 [15] においても使用されていたが、今回再開された経済活動としての母船式捕鯨業では、大型鯨類のミンククジラ・ニタリクジラ・イワシクジラを捕獲対象とし、母船 1 隻を含む 1 船団で操業している。

(3) ケーススタディ　－和歌山県太地町における捕鯨活動―

以下では、和歌山県東牟婁郡太地町における捕鯨活動の実態を、既存研究[16)]と近年行ったヒアリング調査（2012 ～ 2016 年）をもとに述べる。同町は、紀伊半島のほぼ南端に位置する、総人口 3281 人（2016 年 8 月末日）の小さな町である。同町では捕鯨活動以外にも定置網漁業やカツオ曳き縄漁業、採貝藻漁業、イセエビ刺し網漁業、棒受け網漁業など様々な沿岸漁業が営まれており、一年を通じて多種多様な水産物が水揚げされる。「海面漁業生産統計調査（2017 年調査）」によれば、太地町における水揚げ量 494t において「海産ほ乳類」は約 30% の 136t を占めており、捕鯨活動は定置網漁業と並んで量・金額共に地域における中心的漁業の一つである。

図特論 7-2 は、捕鯨活動の年間歴（2014 年）である。大臣許可漁業である小型（基地式 /2020 年 12 月 1 日～）捕鯨業は、太地沖では正和丸（15.2t）と第七勝丸（32t）、2 隻の捕鯨船によって操業される。乗組員は年によって異なるが、第七勝丸には約 4 ～ 5 名、正和丸には約 4 名が乗船し、捕鯨活動に従事している。ほとんどが太地出

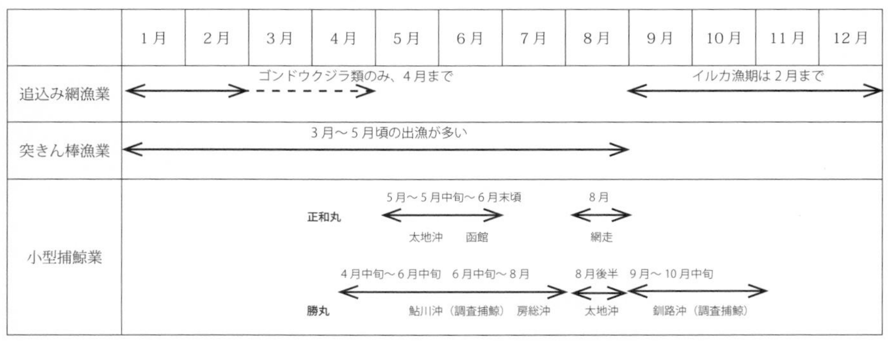

図　特論 7-2　太地町における捕鯨活動年間歴

2014 年ヒアリング調査より作成

身者であり、漁期外に刺し網など地域漁業を兼業する者もある。漁期や操業海域も細かくは年によって異なるが、2014 年は上図 2 のようなスケジュールであり、正和丸は太地沖や北海道沖での操業のみだが、第七勝丸は房総沖や太地沖での操業と共に、北西太平洋沿岸での鯨類捕獲調査に傭船・従事していた。

次に、3 種類の中で最も漁期が長く操業人数も多い追込み漁業は、秋期～冬期が盛漁期となっている。捕獲枠が与えられた鯨種は、2016 年現在はコビレゴンドウ・ハ

ナゴンドウ・オキゴンドウ・バンドウイルカ・スジイルカ・マダライルカ・カマイルカの7種である[17)]。操業隻数は12隻で、1隻に「オヤカタ」(自営漁業者)と「ノリコ」(雇用者)の2名が乗船している。「オヤカタ」は各々が自営漁業者であり、漁期中のみ集団で操業し、漁期外は漁船規模・設備に合わせた地先漁業を営む。2016年の就業人数は24人であり、30~50代の青壮年が過半数を占めている。夜明け頃に出港し、探鯨で鯨類の群れを発見したら漁船で陣形を組み、「テッカン」と呼ばれる漁具を叩き音を立てるなどして群れを湾内に追い込む。操業海域は、「日帰りで帰って来ることができる距離、約15マイル以内」となっている。追い込みが成功した鯨類は、解体したのち鯨肉として入札にかけられるほか、町内外の水族館向けの生体としても販売される。当該漁業は約半年間と漁期が長いことや、生体販売個体は比較的高価格で取引されることなどから、太地の漁業の中では比較的収益が大きく、青壮年漁業者も多く見られることが特徴である。

最後に、手投げのモリで小型鯨類を突きとる突きん棒漁業は、和歌山県南部の9漁業地域の漁業者に許可が与えられている。許可隻数は、勝浦が最も多い30隻で、続いて太地の29隻、浦神の12隻と続き、この3地域で県内の許可の過半数を占めている。捕獲枠が与えられた鯨種は、ハナゴンドウ・バンドウイルカ・スジイルカ・カマイルカ・マダライルカの5種であり、主たる捕獲対象はバンドウイルカ・スジイルカ・ハナゴンドウの3鯨種となっている(2016年現在)[18)]。操業期間は1月〜8月だが、カツオ曳き縄漁の漁期に合わせて春〜初夏に出漁した際、カツオが獲れない時などに補完的に突きん棒漁業を操業する漁業者が多い。商業捕鯨モラトリアムが採択されてのちの1990年代初頭頃は小型鯨類の価格が高く、捕獲難易度が高いとされるハナゴンドウを専門に突く漁業者も多く存在した。だが、浜値の下落が著しい現在、捕獲効率の悪い突きん棒漁業者は全体として減少・高齢化傾向にある。以上が太地町における捕鯨活動の概要である。こういった捕鯨活動は、年ごとに鯨類の資源状況や海況が大きく異なること、鯨肉価格を含む水産物価格の低迷や、鯨類利用に関して国内外から批判の声が高まっていること等から、決して楽観視できる状況にはない。だが、鯨肉・水族館用生体の供給源としての捕鯨活動は、町内の水産加工業・小売店・観光施設の存続を支えており、過疎化・高齢化が進行する紀南地方においては重要な地域産業となっている。

以上をまとめると、近代以降、国策としての遠洋漁業奨励という追い風を受けて水産資本の成長と共に発展してきた捕鯨業は、海外の捕鯨技術を取り入れ装備を拡大しながら、沿岸から遠洋へと漁場を拡張してきた。第二次世界大戦以降は、各水産会社が船団を増加し積極的に操業拡大したことで捕獲頭数は増大し、一時は世界一の捕鯨大国となった。しかしながら、60 年代以降の資源管理の規制強化、80 年代の商業捕鯨モラトリアムにより、かつてのような巨大な装備を必要とする大型遠洋捕鯨は一時期姿を消した。その一方で、小型の鯨類を捕獲する小規模な捕鯨活動は、地域内産業と組み合わさり形を変えながら、社会的、経済的変化に柔軟に対応することで残存してきたのである。今後、2019 年に再開した母船式捕鯨業及び基地式捕鯨業の鯨種拡大が、小規模な捕鯨活動やその基盤である漁村地域にどのような影響を与えるのかを、注意深く見守っていく必要があるだろう。

1）戦後捕鯨の展開過程については、複数の研究者が時期区分をしている。渡邊洋之（2006）は、この時期は南極海・北洋・沿岸で複数形態の捕鯨が操業されているため全体の区分は困難としたうえで、1945 年〜日本が IWC に加盟する 1951 年、クジラの乱獲に拍車がかかった 1952 年〜 1965 年、乱獲に歯止めが生じはじめた 1966 年〜 1972 年と分類している（p.154）。また森田勝昭（1994）では、大隅清治 (1991) を引いて、IWC（国際捕鯨員会）の活動を 4 期に分類している (p.375)。（第一期：1949 年〜 1960 年、捕鯨の経済的利益が追及された時代　第二期：1960 年〜 1972 年、科学がデータ蓄積・解析の時代に入り、その成果が捕鯨規制に反映された時期　第三期：1972 年〜 1982 年、より厳格な資源管理方式が導入され、資源利用と保護が両立した時期　第四期：1982 年〜モラトリアム）。

2)「第二極洋丸」出漁に先駆けて、51/52 年時に極洋捕鯨は、マッコウクジラの捕獲を専門とする「ばいかる丸」を母船とする船団で南氷洋に出漁している。多藤省徳（1985）、p.38。

3）2) 前掲書、p.39、p.176。

4）大隅清治（2003）によれば、戦前のノルウェーとイギリスの捕鯨業者間の生産調整手段として、一頭当たりのシロナガスクジラ採油量を基準として、他鯨種の鯨油生産量に相当する頭数が定められ BWU としては捕鯨規制の基準となった。BWU 制による管理は、戦後大型捕鯨に引継がれた。

5）1953 年以降、IWC 科学委員会の中に「小委員会」が設けられ、BWU 制度の問題点や捕獲枠の削減を意見している。板橋守邦（1987）、pp.130 〜 131。

6）1) 前掲書、p.146。

7）2) 前掲書、p.47。

8）商業捕鯨モラトリアムの下であっても、IWC はアラスカ・グリーンランド・セントビンセント等の一部地域において、先住民の生存のために捕獲枠に基づきホッキョククジラやコククジラなどを捕獲する「先住民生存捕鯨」を認めている。水産庁「捕鯨をめぐる情勢」http://www.jfa.maff.go.jp/j/whale/attach/pdf/index-60.pdf。

9) 2019 年に日本は IWC を脱退し、同 2019 年より IWC では商業利用を禁止されている大型鯨類にも捕獲対象を拡大している。

10）堀口健司（北斗書房、1982）、pp.137 ～ 139。

11）遠藤愛子（2011）、p.241、p.251、今川恵（2011）、p.2。

12）11) 遠藤前掲書において、鯨類捕獲調査の拡大による鯨肉価格の低下が、太地の沿岸捕鯨に大きな影響を与えていることに触れている。

13）令和２年度国際漁業資源の現況「小型鯨類の漁業と資源調査（総説）」kokushi.fra.go.jp/R02_49_whalesS-R,pdf。

14）水産庁「商業捕鯨の再開について」https://www.jfa.maff.go.jp/j/press/kokusai/190701.html。

15）こういった捕鯨活動の他に、日本政府の特別許可を受けた（一財）鯨類研究所が、南極海及び北西太平洋で行う、生態的調査のための捕鯨活動・「鯨類捕獲調査」が 2019 年まで行われていた。南極海ではクロミンククジラ、北西太平洋沖合ではイワシクジラ・ミンククジラ、北西太平洋沿岸ではミンククジラがそれぞれ調査の対象となっており、設定された捕獲枠の中で捕獲調査を行い、調査過程で得られた鯨肉は、副産物として販売されていたが、母船式捕鯨の再開に伴い、終了した。

16）今川恵（2011）、同（2016）。また、11) 遠藤前掲書では、太地町の小規模な捕鯨活動・鯨肉流通についても詳細に述べている。

17）2017 年度漁期より、カズハゴンドウ・シワハイルカの２鯨種が追加されて、合計９鯨種となっている。

18）2017 年漁期よりカズハゴンドウが追加され、合計６鯨種となっている。また 2021 年現在、操業許可が与えられている地域と許可件数（）は、和歌山県東漁協古座支所（6）、同浦神支所（6）、太地町漁協（10）、紀州勝浦漁協（16）、宇久井漁協（6）、三輪崎漁協（9）、新宮漁協（2）（以上和歌山県資料）であり、近年の操業規模は大幅に減少している。

参考文献

板橋守邦『南氷洋捕鯨史』（中公新書、1987 年）

今川恵「『出稼ぎ母村』における青壮年漁業者確保の条件―和歌山県東牟婁郡太地町を事例として―」『地域漁業研究』51 巻第２号、2011 年

今川恵「和歌山県東牟婁郡における突きん棒漁業の存立条件」『地域漁業研究』56 巻第３号、2016 年

遠藤愛子「変容する鯨類資源の利用実態―和歌山県東牟婁郡の小規模捕鯨業を事例として―」『国立民族学博物館調査報告』第 97 号、2011 年

大隅清治「国際捕鯨委員会の活動と鯨類資源調査研究の変遷」桜本和美他編『鯨類資源の研究と管理』（恒星社厚生閣、1991 年）

大隅清治『クジラと日本人』（岩波書店、2003 年）

多藤省徳編著『捕鯨の歴史と資料』(1985 年)

堀口健二「労働市場」、大海原ほか編著『現代水産経済論』（北斗書房、1982 年）

森下丈二「商業捕鯨モラトリアムの真実」岸上伸啓編著『捕鯨の文化人類学』（成山堂書店、2012 年）

森田勝昭『鯨と捕鯨の文化史』（名古屋大学出版会、1994 年）

渡邊洋之『捕鯨問題の歴史社会学』（東信堂、2006 年）

特論 8

公害問題の発生と漁業

（1）高度経済成長期における公害の発生

公害の発生は近代の日本において、足尾、別子、日立などの鉱山での鉱石の製錬により多く発生し、鉱山の周辺地域に重大な損害を与えた。こうした鉱山による公害は、大気中への排煙によるものが大部分で、周辺の耕地や山林に多くの被害を与えたが、製錬による廃棄物の一部は河川に流され、足尾鉱山周辺の渡良瀬川などが汚染された[1)]。

このような鉱山による公害の発生は明治期以来のものであり、発生地域は鉱山周辺にとどまっていたが、第二次大戦後の日本の経済発展は公害発生地域を広げ、高度経済成長期に公害は日本全国に広がった。このうち、水俣病（熊本県水俣市メチル水銀中毒）、第二水俣病（新潟県阿賀野川流域メチル水銀中毒）、イタイイタイ病（富山県神通川流域カドミウム中毒）、四日市喘息（三重県四日市市排ガス汚染）は被害者が裁判をおこし、四大公害事件といわれた[2)]。このうち水俣病は、新日本窒素肥料水俣工場より流出したメチル水銀が不知火海の魚介類に蓄積され、これを食べた漁民やその家族等が被害者であり、また第二水俣病は、昭和電工鹿瀬工場から阿賀野川に流出したメチル水銀を蓄積した川魚を食べた流域の漁民等が被害者であった。これらはいずれも漁業と密接な関わりがあった。

四大公害事件のうち、漁業と関係が深いメチル水銀中毒は化学系の企業による排水が原因であったが、企業による排水が原因の公害は他にも発生した。そのなかで製紙会社による排水も大きな問題となった。東京湾に流れ込む江戸川べりに本州製紙江戸川工場があったが、同工場は 1958（昭和 33）年にセミケミカルパルプ製造設備を稼働させた。この結果、従来よりも多くの排水を江戸川に流出させるようになった。最終的には企業が漁民に賠償金を支払い、新しい防除設備を作るまで操業を中止することで決着した。

製紙工場の排水によって公害が発生した他の例として、田子の浦のヘドロ公害がある[3)]。1966（昭和 41）年に富士市、吉原市、鷹岡町が合併してできた富士市には大昭和製紙、本州製紙ほか、大小の製紙会社の工場が所在していた[4)]。これらの製紙工場は廃液を河川に流した。大量の排水が、田子の浦湾に流され、駿河湾全体に汚染が拡大した。田子の浦湾にはヘドロが堆積した。製紙会社の廃棄物処理は難航したが、最終的に焼却施設が 1980 年に稼動し、一段落した。

（2）閉鎖海域の汚染

高度経済成長期には閉鎖海域の埋め立てが進み、工業用地や都市再開発用地が造成された。その様子は表特論 8-1 のようになっている。全国的にみても、東京湾や瀬戸内海の沿岸地域、とりわけ港湾の沿岸が埋め立ての対象になっている。こうした埋め立ては漁業にも多大な影響を与え、沿岸地域の漁業協同組合等が持つ漁業権の放棄が前提である。また造成された工業用地には工場が建設され、排水や廃棄物が海域を汚染する。実際、閉鎖海域の埋め立てと工業用地の造成、工場建設の進行は水質の悪化をもたらした。

表 特論 8-1 に見るように、臨海土地造成面積が最も多かったのは千葉県であった。千葉県沿岸を含めた東京湾は埋め立て総面積が 1995（平成 7）年時点で 24,000 ヘクタールになり、これは東京湾の総面積の 20％であった。特に残る干潟や浅瀬が埋め立てられ、残された干潟や浅瀬は 3,500 ヘクタールとなった。この結果、東京湾内の沿岸部は 90％が埋め立てられ、残された干潟は富津、盤洲、三枚洲、三番瀬の 4 か所になった[5)]。このうち、三番瀬の開発、埋め立てが社会的に注目され、政治の争点にもなった。

表 特論 8-1　臨海土地造成面積（1954 ～ 1973 年）

工業用地造成面積		都市再開発用地面積	
都道府県	面積 (ha)	都道府県	面積（ha）
千　葉	6,155.2	千　葉	1,904.7
愛　知	4,801.9	東　京	1,839.2
大　阪	2,866.6	神奈川	802.6
広　島	1,666.6	兵　庫	384.1
香　川	1,525.1	大　阪	205.4
全　国　計	360,18.9	全　国　計	6,707.2

（出典）若林敬子 (2000)

埋め立てや閉鎖海域の汚染問題は瀬戸内海でも顕著であった。第二次大戦以前から海洋の水質を研究してきた宇田道隆は 1972 年の論文で、1955 年以降、瀬戸内海の汚濁化が進み、1965、1966 年に急激化したという[6)]。特に大阪湾奥部等の「死の海」化が甚大となり、赤潮が頻発し、底層の無酸素水が年々拡大しているという。そして内海の浄化は水産の滅亡を防ぐだけでなく、人間の滅亡を防ぐという。宇田の見解は海水の透明度の変化から導かれたものであった。宇田が述べているように沿岸からの流出水や海洋投棄による汚染の進行が推察できる。

1971 年に環境庁が発足したが、環境庁は 1972 年から 1973 年にかけて瀬戸内海水質汚濁総合調査を 4 回実施した。その結果、瀬戸内海は「死の海」に近づいていることが判明した。このように、高度経済成長期には、閉鎖海域において、漁業の継続が危ぶまれるほど汚染が進んだ。

（3）公害に対する立法と公害対策

公害の多発は、被害者による損害賠償を求める裁判や抗議活動を引き起こしたが、これ以外にも公害を減少させる行政措置、立法措置、市民運動などを生み出した。1958 年の東京湾で問題となった本州製紙の汚水問題がきっかけとなり、同年に公共用水域の水質に関する法律（水質保全法）および工場排水等の規制に関する法律（工場排水規制法）が成立した。この二つの法律が水質二法と呼ばれる。

水質二法によって指定された水域は 1962 年に江戸川上流、江戸川下流から始まり、北海道の十勝川から九州の福岡市内河川まで、広い地域に存在したが、水俣病、第二水俣病やイタイイタイ病の発生水域は漏れていた。水俣湾については 1969 年に指定されたが、問題発生から汚濁発生の水域としての指定までの期間が長かった。この点は最高裁判所においても指摘された[7)]。

1967 年に、公害対策基本法が制定された。この法律は「事業者、国及び地方公共団体の公害の防止に関する責務を明らかにし、並びに公害の防止に関する施策の基本となる事項を定めることにより、公害対策の総合的推進を図り、もって国民の健康を保護するとともに、生活環境を保全することを目的とする。」（第一条 1 ）と書かれているように、事業者、国、地方公共団体が、公害対策の総合的推進を図ることを定めた法律である。公害が広がり、社会問題となってくるにともない、国会でも公害問題が取り上げられた。特に 1970 年 11 月の第 64 国会は公害国会と呼ばれた。第 64 国会では、14 の公害関係法案が提出され、すべて成立した。

水質に関しては水質汚濁防止法が成立した。この結果、旧水質二法は廃止された。水質二法から水質汚濁防止法への変化について、環境省は、「本法は、旧水質保全法および旧工場排水規制法に代替するものとしてこれらの旧水質二法の制度上の欠陥を改善すべく、その運用を通じて得られた反省の上に制定されたものである。[8)]」と述べている。

また、1970年の公害国会では海洋汚染防止法が成立した。海洋汚染防止法はその後改正を重ねている[9)]。環境庁の出発はこの国会の後で、1971年であった。

（4）環境政策の展開

環境問題は一国だけの問題ではなく、地球規模の問題であり、国連でも環境問題が取り上げられた。1972年にはスェーデンのストックホルムで、国連人間環境会議が開かれ、人間環境宣言が発表された。その宣言は「人は環境の創造物であると同時に、環境の形成者である。[10)]」の文言で始まる。この宣言は環境問題にかんする見解の表明の後、26にわたる原則を掲げた。そのなかには漁業と密接に結びつく原則もあった。国連はその後、1992年のリオデジャネイロで環境と地球に関する国連会議（地球サミット）を開催し、環境と開発に関するリオ宣言やアジェンダ21の提言を発表した。このうち、リオ宣言は、ストックホルム宣言を確認し、発展させることを述べた冒頭の文章に続けていくつかの原則を掲げているがその第1は、「人類は、持続可能な開発への関心の中心にある。人類は、自然と調和しつつ健康で生産的な生活を送る資格を有する」であり、持続可能な開発の重要性を訴えている。このほか、各国に効果的な環境法の制定を求める原則等が掲げられている。また、アジェンダ21は、社会経済的側面、開発資源の保護と管理、主たるグループの役割の強化のパートがあり、2番目のパートで海洋の保護や淡水資源の保護と管理の重要性が指摘されている。

こうした国際的な動向は日本国内の環境政策にも取り入れられ、1993年に環境基本法が成立した。この法律は1967年制定の公害対策基本法と1972年制定の自然環境保全法の内容を前提としたもので、法案の成立に伴って公害対策基本法は廃止され、自然環境保全法は改正された。市民運動としては1975年の入浜権宣言から始まる入浜権の思想が生まれ、環境運動の一環として定着してきた。こうした運動の成果が司法によって認定されるまでには至っていないが、一般市民が海洋環境に関心を持つきっかけになり、環境改善政策の推進につながっている。

（5）原子力利用と漁業問題

2011年に東日本大震災があり、福島原子力発電所が被災して周辺に放射能を放出した。このことは原子力発電所の建設が招いた公害といえるが、このような原子力発電所などの原子力利用は、高度経済成長期以来、漁業に影響を与えてきた。

1954 年太平洋のビキニ環礁でアメリカが行った水素爆弾の実験による放射能により、日本の漁船、第五福竜丸が汚染された。これにより 23 人の乗組員が被曝し社会問題になった。しかし、一連のアメリカによる核実験で、のべ 992 隻の漁船が被曝したという見解もある[11)]。また南方で漁獲したマグロが放射能により汚染されているとして廃棄された。

1955 年に原子力の平和利用の目的のために原子力基本法が制定された。同法の第二十条には、「放射線による障害を防止し、公共の安全を確保するため、放射性物質及び放射線発生装置に係る製造、販売、使用、測定等に対する規制その他保安及び保健上の措置に関しては、別に法律で定める。[12)]」とあり、障害の発生に対する措置が規定されている。具体的な原子力による被害に対する対応は、1971 年に制定された原子力損害の賠償に関する法律によって定められた。

原子力発電所が建設される過程では漁業者や市民との軋轢があり、政治問題化した地域も多かった。原子力発電所は海岸線沿いに建設されるため、漁業者と利害が反する面がある。また、原子力発電所から排出される温排水の漁業への悪影響を指摘する意見もあった[13)]。さらに、入浜権を主張する市民の反対運動もあった。一方、原子力発電所の建設は立地自治体に交付金が与えられる。その根拠は、電源三法である。電源三法とは 1974 年に制定された「電源開発促進税法」「電源開発促進対策特別会計法」「発電用施設周辺地域整備法」の三法で、周辺自治体に交付金を支払うことを定めている[14)]。こうした交付金の配布は過疎の自治体やその住民には魅力があり、原子力施設を誘致する動きもあった。こうした誘致運動がおこると、誘致派の住民と反対派の住民の抗争も発生した。

原子力の平和的利用と漁業との摩擦が大きかった例として原子力船むつの母港決定や実験航海があった。むつの建造は 1968 年に始まり、1969 年に進水した。1972 年に船内の原子炉に核燃料が積み込まれた。以後、青森県むつ市の大湊港を定係港とし、1974 年に実験航海を行った。しかし、実験航海の途中、洋上で放射能漏れ事故を起こした。。

むつはその後、佐世保に回航されて修理を行い、大湊港を経て、1988 年に新母港とされたむつ市関根浜に回航された。新母港では原子力船として実験航海を行い、その後原子炉は撤去された。一連の経過の中で大湊港をむつの母港とすることに反対した一大勢力が陸奥湾の漁民であった。またそれらの漁民を支援する政治家や市民も多かった。原子力の利用と漁業の利害は一致するとは言い難いことを示す事例である。

1）飯島伸子 (2007) 他。
2）同前。
3）宮本憲一 (2014) 等。
4）富士市環境部 (2017)。
5）日本海洋学会海洋環境問題委員会 (1993) 所収。
6）宇田道隆 (1972) 所収。
7）こうした水質二法の欠陥を是正しようとして 1970 年に制定され、1971 年に施行されたのが水質汚濁防止法であった。
8）「水質汚濁防止法の施行について」(2017)
9）現行の条文は、「この法律は、船舶、海洋施設及び航空機から海洋に油、有害液体物質等及び廃棄物を排出すること、海底の下に油、有害液体物質等及び廃棄物を廃棄すること、船舶から大気中に排出ガスを放出すること並びに船舶及び海洋施設において油、有害液体物質等及び廃棄物を焼却することを規制し、廃油の適正な処理を確保するとともに、排出された油、有害液体物質等、廃棄物その他の物の防除並びに海上火災の発生及び拡大の防止並びに海上火災等に伴う船舶交通の危険の防止のための措置を講ずることにより、海洋汚染等及び海上災害を防止し、あわせて海洋汚染等及び海上災害の防止に関する国際約束の適確な実施を確保し、もつて海洋環境の保全等並びに人の生命及び身体並びに財産の保護に資することを目的とする。」となっている。同前。
10）「人間環境宣言」環境省ホームページに掲載。
11）住友陽文 (2016)。
12）総務省法令データ提供システム。
13）水口憲哉 (1989)。
14）「電源三法交付金制度」、電気事業連合会ホームページに掲載。

参考文献

飯島伸子『環境問題の社会史』(有斐閣、2007 年)
宇田道隆「瀬戸内海の海況変化と海洋汚染」『沿岸海洋研究ノート』9-2、1972 年
「水質汚濁防止法の施行について」環境省ホームページ。http://www.env.go.jp/hourei/05/000136.html、2017.12.26
住友陽文「原子力開発と五五年体制―国家構造改革論としての原子力開発構想―」小路田泰直、岡田知弘、住友陽文、田中希生編『核の世紀　日本原子力開発史』(東京堂出版、2016 年) 所収
日本海洋学会海洋環境問題委員会「閉鎖性水域の環境影響アセスメントに関する見解―東京湾三番瀬埋め立てを例としてー」『海の研究』2-2、1993 年

「人間環境宣言」環境省ホームページ。www.env.go.jp/council/
富士市環境部『富士市の環境平成 29 年版』(富士市、2017 年)
宮本憲一『戦後日本公害史論』(岩波書店、2014 年)
水口憲哉『海と魚と原子力発電所』(農山漁村文化協会、1989 年)
六車明「環境と経済―基本法を創るものと基本法が創るもの―」『慶応法学』7、2007 年
若林敬子『東京湾の環境問題史』(有斐閣、2000 年)
「電源三法交付金制度」、電気事業連合会ホームページ。https://www.fepc.or.jp/

第8章

200カイリ体制下の漁業

本章が対象とする期間は200カイリ時代の幕開けとなる1977年から2010年代半ばまでの漁業秩序、水産業が激変した時期である。そこに通底するキーワードは国際化、日本経済の変動、漁業資源の変動の3つであり、それぞれ1990年代に大きな転換点がある。

国際化については、海洋制度は1977年の200カイリ時代の到来、1994年の国連海洋法条約の発効、2000年前後の日中韓の新漁業協定によって大転換した。また、1973年の為替の変動相場制への移行、1985年のプラザ合意による円高の進行で水産物輸入が急増し、日本は世界最大級の水産物輸入国となった。

日本経済の変動については、2度にわたるオイルショックで高度経済成長から安定成長に移り、さらにバブル景気を経て1990年以来20年もの間、デフレ不況に陥った。オイルショックで燃油消費量の多い漁業が経営難となったが、バブル景気が到来すると食の高級化が進み、外食産業が隆盛して水産業を支えた。デフレ不況期には水産物消費が停滞し、漁業の国際競争力が低下した。脱デフレ政策の一環として各種の規制改革が行われ、水産業にも及んだ。

漁業資源の変動については、1970年代末から20年近くマイワシの豊漁があって世界最大の漁業国の地位を保ち、魚類養殖（給餌養殖）の発達を支えた。そのマイワシの大群が消えると漁業生産高と世界に占める地位も大きく低下した。

200カイリ体制以降、日本周辺水域での漁業資源管理の取組みが進行して、水産政策の目標も200カイリ対応から持続的漁業へと大きく転換した。

以下、200カイリ体制の形成、水産政策の大転換、漁業・養殖業の縮小再編、漁業経営体と漁業就業者の減少、水産加工業の変容、水産物流通・貿易の変化について述べよう。

第 1 節　200 カイリ体制の形成

(1) 200 カイリ時代の到来

世界の海洋秩序を決める第三次国連海洋法会議は 1973 年に始まり、10 年を費やして 1982 年に国連海洋法条約を採択した。その途中、条約を先取りする形

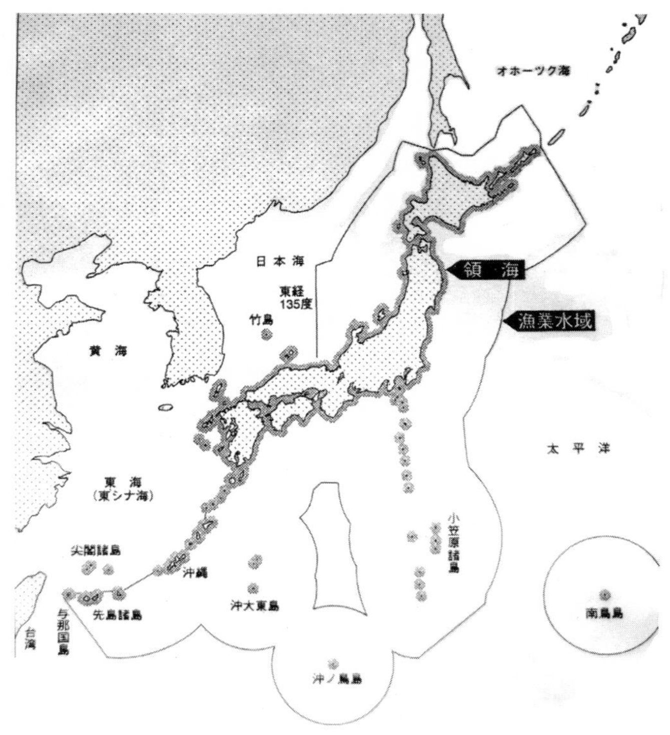

図 8-1　日本の漁業水域

注）東経 135 度以西の日本海、東シナ海には漁業水域を設定していない。漁業水域においても韓国および中国の漁船に対しては漁業規制の規程を適用しない。

で 1977 年に米ソを始め、欧州等が 200 カイリ漁業水域または 200 カイリ経済水域（1 カイリは 1,852m、200 カイリは約 370km。沿岸国はその範囲の経済開発権、とくに漁業権を有する。漁業水域とした国も後に経済水域に切り換えた）を設定した。翌年には発展途上国の多くも追随して、200 カイリ制は世界の大勢となった。海洋自由の時代から海洋の分割、資源の囲い込みへの歴史的な大転換である。日本は遠洋漁業国として各国の周辺水域に出漁していたので、200 カイリ制を前提とした漁業協定を結ぶ必要に迫られた。とくに漁獲量の多いソ連と米国との漁業交渉が重視された。一方、日本周辺で操業する外国漁船はソ連だけであった。ソ連が 200 カイリ漁業水域を設定したことからその対抗上同年に日本も 200 カイリ漁業水域を設定した。ソ連との間で漁業協定、サケ・マス漁業に関する協定等が結ばれた。しかし、韓国と中国は 200 カイリ体制をとらなかったので、既存の漁業協定によって秩序を維持することとした（図 8-1 参照）。

1）ソ連・ロシアによる 200 カイリ規制

ソ連周辺水域で日本の漁船約 6,000 隻が 170 万トンの漁獲をあげていた（魚種はスケソウダラを中心にイカ、カレイ、マダラ、メヌケ、ホッケ等）ので、ソ連が 200 カイリ漁業水域を設定したことの影響は深刻であった。早速、1977 年中に漁業暫定協定が結ばれた（後の日ソ地先沖合漁業協定、1991 年にソ連が解体したが、協定はロシア連邦に引き継がれた）。そこで相互入漁（お互いが相手国水域で操業する）の枠組みが決まった。

漁獲割当量はソ連が等量主義（等量にすることは漁獲量の多い日本への割当量を減らすことを意味する）を主張して等量に近づけ、さらに大幅に削減したので日本は大規模な減船を余儀なくされた。ソ連側の日本水域（魚種はサバ、イワシ）での漁獲実績が低下し、日本側との差が広がるとその差を埋めるために日本側に有償割当て（入漁料の徴収）をするか、漁業資材等の供与を求めるようになった。

一方、遡河（さっか）性魚種（サケ・マス）についてはソ連が母川国主義（産卵した河川を有する国が管轄権を有する）を主張したことから 1978 年に日ソ漁業協力協定が結ばれた。ソ連の 200 カイリ内は禁漁、公海[1]では漁獲割当量（ソ連生まれのサケ・マス）を決定し、日本側が資源管理費を分担することとなった。ここでも漁獲割当量が削減されて大幅減船が実施された。その後、公海上での操業は1992年から禁止となり、代わりにロシア水域での漁獲が認められたが、それも2015年で終わりとなった。

2）米国水域からの締め出し

1977年に米国が200カイリ漁業水域を設定したことから漁業協定が結ばれた。日本側が入漁料を支払い、漁獲割当てを受けることになった。従来、米国周辺水域で約130万トンの漁獲をあげていた（魚種はほとんどがスケソウダラ）。1980年に外国漁船を締め出し、自国漁業を育成する米国漁業促進法が成立し、漁獲割当量は急激に削減され、1988年以降はゼロとなった。

一方、1981年から米国の漁船が獲ったスケソウダラを日本の工船が買いとり、洋上で加工する洋上買付事業が始まった。ただし、それも米国の加工能力が増大するに伴って縮小し、1990年以降、買付枠はゼロとなった。こうして米国水域内での操業は完全になくなった。

3）公海漁業の規制

外国水域から閉め出された漁船が200カイリ外の公海へ殺到したことから資源の枯渇が憂慮され、沿岸国との対立（200カイリ外での漁獲も200カイリ内の資源、漁業に影響する）が激化した。日本の公海上での漁獲量は、1978年は約40万トンであったが、1988年は163万トンに急増した。とくにスケソウダラの伸びは著しく、全体の半分を占めた。ベーリング公海（米ソの200カイリ水域外）でのスケソウダラ漁獲は1990年にピークとなったが、その後は資源状態が急激に悪化し、多国間協定で1994年から禁漁となった。

公海上でのサケ・マス漁業を取り決めた日米加漁業条約は、母川国主義により1989年をもって全面禁止とした。1992年にはロシアを加えて北太平洋公海のサケ・マス漁業を全面禁止とした（サケ・マスを公海で漁獲したのは日本だけであったので、日本が対象となった）。

その他、日本漁船による公海での流網は1970年代にビンチョウマグロやアカイカを対象として始まったが、資源の枯渇とイルカ、海鳥等を混獲するとして国際的な批判が高まり、国連総会の決議により1992年から禁止となった。

公海上での漁業規制については、国連海洋法条約の発効に合わせて1995年に国連公海漁業協定が採択された（2001年発効）。当時、スケソウダラやカツオ・マグロのように200カイリ水域と公海を跨がって分布するか回遊する資源の管轄権をめぐって沿岸国と漁業国の対立や資源の乱獲が激しくなっていた。この協定は国際機関による漁業取締り、紛争解決等を規定している。

4）南方諸国の規制

南方諸国も1977年以降、相次いで200カイリ漁業水域または経済水域を設定した。これによって同海域に進出していた日本の遠洋漁業、すなわち南太平洋諸国のカツオ・マグロ漁業、南米諸国のエビトロールとイカ釣り、NZのトロールとイカ釣り、豪州のマグロ漁業、西南アフリカのトロールとマグロ漁業等は重大な危機を迎えた。それぞれの国と漁業協定が結ばれたが、入漁を認めない国もあった。沿岸国は自国の漁業を育成するため外国漁船の規制、入漁料、漁業・経済協力等の条件を年々厳しくしたので日本漁船の撤退が相次いだ。

（2）日中・日韓の漁業関係の再構築

国連海洋法条約は、沿岸国に領海12カイリ、経済水域200カイリ、大陸棚の資源開発権を認める等海洋制度の基本を定めた条約で、1994年に発効した。日本、韓国、中国は1996年に批准し、200カイリ経済水域を設定した。これまで200カイリ体制をとっていなかった3か国の漁業秩序の構築が焦点となった。

前述したように1977年に日本も200カイリ漁業水域を設定したが、東経135度以西の日本海、東シナ海には漁業水域を設定せず、また、韓国・中国漁船には適用していない。変則的対応をとったのは、①領土問題がヒートアップすることを避ける（東経135度以西に竹島、尖閣諸島がある）、②韓国とは1965年、中国とは1975年に漁業協定を結んでおり、漁業秩序が保たれていたからである。これには日本の漁業が優勢で、従来の漁業秩序が有利という判断があった。

しかし、1980年代以降、韓国、中国の漁業が急速に発達して日本の漁船は次第に圧迫されるようになり、韓国、中国にも200カイリ規制を適用することを模索するようになった。1996年に日中韓3か国が200カイリ経済水域を設定したことから漁業協議が行われ、1999 年に日韓新漁業協定、2000 年に日中新漁業協定が発効した。中国と韓国の漁業協定も発効したので、2000 年前後に北東アジアの新漁業秩序が定まった（図 8-2 参照）。

新漁業協定では、経済水域や大陸棚の境界については別途協議する、領土問題は、竹島は共同利用水域に含め、尖閣諸島は協定の対象外（北緯 27 度以南）にした[2)]。

新漁業協定の内容は以下の 3 点である。①経済水域では相互入漁とする。漁獲割当量は等量化（漁業が劣勢[3)]となった日本への割当量に合わせて相手国の割当量を削減する）を目指す。②双方が主張する管轄権の範囲が重複する水域は共同利用水域（名称は暫定措置水域、中間水域）とし、取締りは旗国主義（自国の漁船だけを取締る）による。設定された共同利用水域は意外と広い（漁業が優勢な国がなるべく広げるよう主張した）。③相互入漁、漁業取締り、資源管理のために漁業管理委員会を設ける。

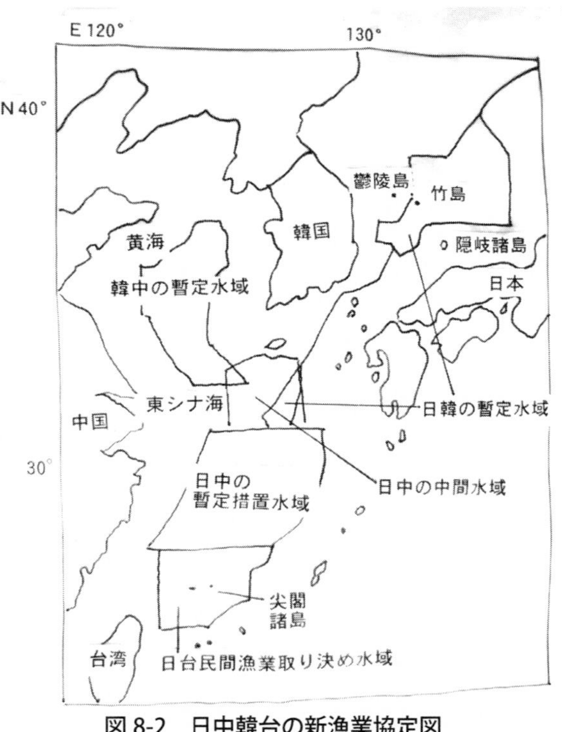

図 8-2　日中韓台の新漁業協定図

新漁業協定の結果、①漁獲割当量の等量化が実現し、続いて双方の漁獲割当量を削減した。②漁業が優勢な韓国、中国は日本から規制されない共同利用水域を独占的に利用し、共同の資源管理（漁獲規制）には消極的である。漁業が劣勢な日本は、相手国水域はおろか共同利用水域からも排除されて自国の経済水域にまで後退した。経済水域や大陸棚の境界画定をめぐる協議は全く進展していない。

この他、北朝鮮とは北朝鮮が1977年に200カイリ経済水域を設定したことから、その水域への入漁に関し民間合意ができ、途中、中断を挟みながら1993年まで続いた。入漁したのは主に中型イカ釣り漁船で、入漁条件は変転したが、入漁料、漁業用資材の提供、北朝鮮側が獲ったスケトウダラの買い入れなどであった。その後、北朝鮮の核実験に抗議して民間交流もなくなった。台湾とは日本が国連海洋法条約を批准した1996年から漁業協議が始まったが、尖閣諸島の領有権をめぐる対立などで行き詰ってしまった。しかし、尖閣諸島をめぐる日中台の対立が先鋭化したことで、2013年に日台漁業取り決めが結ばれた。日中新漁業協定の適用除外である北緯27度以南の東シナ海に共同利用水域を設けた。

第2節　水産政策の大転換

(1) オイルショックと200カイリ対策

1973年と1979年の2次にわたるオイルショックで燃油価格が急騰し、加えて200カイリ体制への突入で漁業、とりわけ遠洋漁業は大打撃を受けた。日本の漁業は高度経済成長期に漁船の大型化と高馬力化で石油多消費体質となっていたが、それでも石油は安く、魚価が高騰したことで高収益が得られていた。第一次オイルショックで石油価格が跳ね上がっても、200カイリ体制への移行に伴う魚の供給不足を見込んで魚価が高騰したことから漁業は保たれた。第二次オイルショック時には、魚価が肉類より高くなっていたことで「魚離れ」と魚価の低迷が起こり、沖合・遠洋漁業は軒並み赤字経営に陥った。大手水産会社も極度の経営不振となり、漁業から撤退して総合食品会社への転換を速めた。沿岸漁業でも所得が低下して漁業からの離脱が進んだ。

オイルショックと200カイリ規制に対応して1978年に農林省は農林水産省となり、3つの転換政策を採った。

1）漁業協定の締結

200 カイリ体制への移行によって従来の漁業条約・協定の全面的な見直しを迫られ、新たに漁業協定を結ぶことになった。その数は非常に多く、漁獲量が少ない国とは協定締結を断念した。交渉は相手国よって様々で、発展途上国は概して入漁料の増額や資金、漁業施設等の支援を求めた。先進国は自国漁業の振興のため漁獲量の割当てを削減した。どちらにしても入漁条件が次第に厳しくなり、排除されていった。

2）緊急融資対策

1976 年に漁業再建特別措置法が制定され、燃油対策資金、経営安定資金、減船による生産構造再編資金、緊急融資の借換資金が準備された。こうした「後ろ向き資金」と形容される緊急融資は 1980 年代初頭をピークにその後、漸減した。この傾向は「前向き資金」も同じで、制度資金による設備投資、とくに漁船建造が減少した。

3）減船事業

減船には、200 カイリ規制に伴う減船（国際規制に伴う減船）と過剰操業を解消する減船（構造再編に伴う減船、漁業者が自主的に減船するもの）がある。国際規制に伴う減船は北洋漁業の場合が大規模で、日ソ漁業交渉に関係して 1,025 隻（全隻数の 3 分の 1）に及んだ。業種はサケ・マス関係が最も多く、次いで底曳網漁船である。北洋漁業減船に伴う乗組員の離職者約 8,000 人の対策、北洋関連加工業対策もあった。その後、日米、日ソ（日ロ）漁業交渉、あるいは公海漁業の規制強化に伴う減船が続いた。

過剰操業に伴う減船は以前から行われていたが、1982 年から特定漁業生産構造再編推進事業として遠洋マグロ漁業を皮切りに、遠洋カツオ釣り、中型イカ釣り、遠洋底曳網、北転船、大型イカ釣り漁業等で行われた。以西底曳網は、中国、韓国からの規制強化と資源の減少、中国、韓国漁船の台頭に押されて減船を繰り返した。

（2）水産基本法の制定

水産基本法は 2001 年に制定された。以前の基本法に相当するものは 1963 年に制定された沿岸漁業等振興法で、高度経済成長に合わせて沿岸・沖合漁業、養殖業等の生産性と所得の向上を目的としてきた。しかし、200 カイリ体制の定着、日本周辺水域の資源の減少、漁業者の減少と高齢化等水産業をめぐる状況が大きく変化したため新たに水産基本法を制定したのである。漁業の生産力を高め、漁場を拡大する方向から日本周辺水域を中心とした持続的漁業への政策転換である。

水産基本法は以下の 3 点を目的としている。①水産資源の持続的利用のために資源管理型漁業を、漁場の環境容量に見合った養殖業を推進する。②他産業並みの所得をあげるために、資源管理に積極的な漁業者組織を育成する、漁業、水産加工、水産物流通が連携して付加価値を高める、海洋性レクレーションを含めて漁村の活性化を図る。③水産物の安定供給のために食品の表示、情報の提供、食生活の見直しを進める。

2002 年に水産基本計画を策定し、自給率の引き上げ目標を立てた。実際の水産物自給率は高まりつつあるが、政策効果というより、生産量以上に消費量が落ち込んだ結果である。1 人あたりの水産物消費は 2001 年度を境に増加から減少に転じて、栄養バランスのとれた和食の見直しが強調されるようになった。

水産基本法の延長線上で、2018 年に漁業法が改正された。1949 年に制定されて以来の抜本改正であり、規制改革の一環である。改正点は主に次の 3 点。①資源管理の基準を明記した。②漁獲可能量（TAC）管理において譲渡可能な個別割当て制を導入した。③漁業権のうち定置、区画漁業権については地域社会の優先制をなくし、企業にも免許されるようになった[4)]。

（3）資源の増殖と資源管理

日本近海の漁業資源の増殖・管理（漁業許可・免許以外）として、沖合漁業では漁獲可能量（TAC）制度、沿岸漁業では栽培漁業、資源管理型漁業、資源回復計画制度等がとられてきた。漁獲可能量制度については特論 9 で詳述するとして、以下ではそれ以外について概要を述べよう。

1）栽培漁業の発達

沿岸漁場では高度経済成長期以来、漁場環境の悪化、資源の減少に対応して、栽培漁業（人工的に生産した種苗を放流し、大きく育ってから漁獲するもの）が始まり、「獲る漁業から作り育てる漁業へ」をスローガンとして種苗放流、魚礁設置、増養殖場の造成、漁場保全が推進された。全国に国及び府県営の栽培漁業センターが設置され、サケ・マス、マダイ、ヒラメ、エビ、ガザミ、アワビ、ウニ等の種苗生産と放流が行われている。地区漁協が管理することが多い。サケ・マスのように明らかに放流効果があるものもあるが、多くは漁獲統計に現れるほどの増殖効果は上がっておらず、資源維持の役割が中心となっている。

（2）資源管理型漁業の推進

地先資源の管理は漁協が主体となって公的規制や栽培漁業と組み合わせて実施してきた。全国漁業協同組合連合会の取り組みに押される形で 1984 年から国が資源管理型漁業を推進するようになった。2013 年の全国の自主的漁業管理組織は以前より増えて 1,825 となり、漁期や漁獲サイズの規制、藻場・干潟の保護等の活動を行っている。

（3）資源回復計画・資源管理計画制度

水産基本法の制定に伴い、2002 年度から資源回復計画制度がスタートした。緊急に資源の回復措置が必要な魚種について、国または府県が漁獲能力の削減、資源の増殖、漁場環境の保全を考慮した回復計画を立てるもので、漁業者の自主管理や漁獲可能量制度と連携しながら取り組まれた。魚種はアワビ、アサリ、ナマコ、ヒラメ・カレイといった管理し易い魚介類、漁業種類は資源への影響が大きい小型底曳網が多い。資源回復計画は 2011 年度から国または府県が資源管理指針を策定し、漁協等が実施する資源管理計画制度に移行した。

第 3 節　漁業・養殖業の縮小再編

（1）漁業生産高は増加から減少へ

図 8-3 は、部門別の漁業生産量の推移（1977 ～ 2013 年）を示したものであ

る。総生産量は増加して1980年代半ばに1,200万トンを超えて史上最高を記録した。1990年代は急激に減少して最盛期の半分以下となり、その後も漸減して2013年は500万トンを下回った。世界一の漁業国であったが、順位は下降を続けて6位となった。総生産量が1,000万トンを超えたのは1972～91年の20年間であった。なお、2011年3月11日に発生した東日本大震災で、一大漁業地帯であった東日本に甚大な被害をもたらした。原子力発電所の崩壊に伴う放射能汚染の被害も重なった[5]。

漁獲量の減少が続き、水産関係者を大いに戸惑わせている。原因として過剰漁獲による資源の減少、資源の変動に加えて海洋環境の変化、地球温暖化の影響が現れており、対応が難しくなっているからである。

部門別にみると、遠洋漁業は200カイリ体制による衝撃を受けて減少したが、それでも1980年代は外国水域での割当てが相当あり、公海への転進があったことから200万トン台を維持した。しかし、1990年代以降は減少が続いて2013年は40万トンとなった。減少した原因は、外国水域内の漁獲割当量の削減または入漁の停止、公海での漁獲規制の強化、資源の減少、国際的な漁獲競争力の低下である。

沖合漁業は漁獲変動が極めて大きい。1980年代半ばはマイワシの豊漁（単独

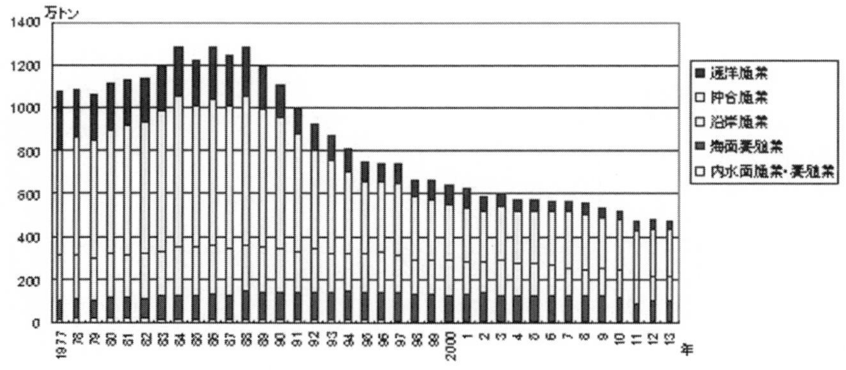

図8-3　漁業・養殖業生産量の推移

（出典）各年次『漁業白書』、『水産白書』

で 400 万トン）によって 700 万トン近くを記録した。その後は急激に低下して 1990 年代は 300 万トンを割り込み、2013 年は約 220 万トンとなった。マイワシの爆発的な増加は遠洋漁業が縮小する中で総生産量 1,000 万トン、世界一の漁業国を支えた。マイワシの急増から急減へのドラスチックな変化は沖合漁業の変動分にほぼ等しい。マイワシのような小型浮魚では海洋環境の変動に伴って数十年のタームで大きな資源変動を引き起こす（レジームシフトという）が、その現れとみなされる。

沿岸漁業は第二次大戦後一貫して 200 万トン前後を維持してきたが、1990 年代に入るとそれを割り込み、近年は 110 万トン程になった。資源の減少が主な原因である。地球温暖化で魚介類の産卵、育成場である藻場の喪失、「磯焼け現象」が拡がったことも大きく影響しているとみられる。海面養殖業は 1977 年の 86 万トンから増加して 1990 年代半ばに 130 万トンとなったが、その後は漸減して 2013 年は 100 万トンとなった。過剰生産、デフレ不況、輸入水産物の急増で魚価が下落したことが原因である。

内水面は漁業と養殖業を合わせると 1980 年代までは 20 万トン余あったが、その後、減少が続き、2013 年は 6 万トンとなった。

図 8-4 は、部門別の漁業・養殖業生産額の推移（1977 〜 2013 年）を示した

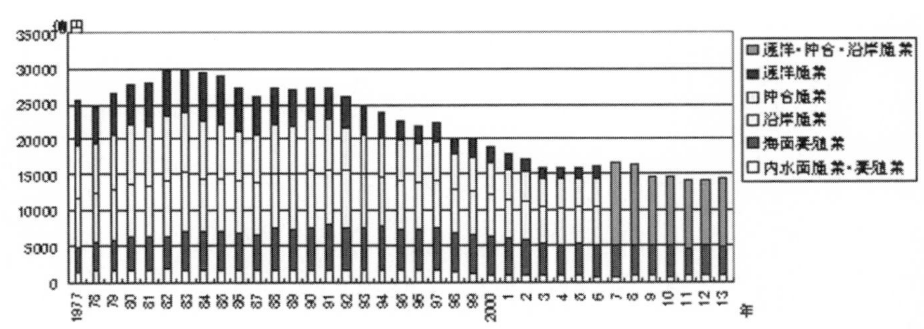

図 8-4　漁業・養殖業生産額の推移

（出典）各年次『漁業白書』、『水産白書』

注）2007 年から沿岸・沖合・遠洋漁業の生産額が一括された。

ものである。総額は1980年代半ばが最大で3兆円に近づいたが、その後は減少を続けて2013年は1兆5,000億円と最盛期の半分になった。それでも生産量より下がり方は緩やかである。魚価の上昇があったこと、大量に漁獲していた価格の低いマイワシ、スケソウダラが少なくなったことによる。

遠洋漁業は漁獲量が維持されていた1980年代前半に7,000億円に近づいたが、その後大きく減少して2000年代は2,000億円を割り込んだ。下落率が最も大きく、部門別では最大から最小に転落した。沖合漁業は漁獲量が最大となった1980年代前半に9,000億円に達したが、その後は大幅に減少して2000年代は4,000億円前後となった。平均魚価が低いので量割合に比べて金額割合は低い。沿岸漁業は1980年代までは7,000億円であったが、2000年代は5,000億円前後となった。下落幅が小さく、部門別では最大となった。海面養殖業は増加を続けて1990年代前半には6,000億円台となったが、その後は減少して2000年代は4,000億円台となった。内水面漁業・養殖業は1980年代が最高で1,700～1,800億円となったが、その後、減少を続けて2013年は最盛期の半分となった。生産量の割に生産額が高いのは価格の高いウナギの養殖を含むことによる。

（2）主要漁業の動向

主要漁業である底曳網・トロール漁業、カツオ・マグロ漁業、まき網漁業、イカ釣り漁業の動向を概観しよう。

1）底曳網・トロール漁業

主にスケソウダラを対象とする北洋の母船式底曳網、北方トロール（以上の2業種は船上で加工）、北転船（沖合底曳網等から転換）は、米国水域から閉め出され、代替漁場としたベーリング公海でも操業停止となり、ソ連・ロシア水域では漁獲割当量が大幅に削減されて、全廃となった。

南方トロール（北洋を除く海域で操業）は、アフリカ西南沖、アルゼンチン沖、北西大西洋等を漁場としたが、200カイリ規制で撤退を余儀なくされ、公海での規制、資源の限界もあって減少が続いた。

以上の遠洋底曳網・トロール漁業は1982年は許可隻数358隻、漁獲量78万トンで一大勢力を保っていたが、2011年は37隻、5万トンに激減している。また、以西底曳網は同じ期間、441隻、16万トンから13隻、1万トン弱に落ち込んだ。

沖合底曳網は1976年に史上最高の145万トンの漁獲を記録し、認可隻数も800隻あったが、その後、減少を続け、2011年は370隻、30万トンとなった。小型底曳網は2012年の許可は約2万隻、漁獲量は45万トンで、以前とほとんど変わっておらず、引き続き沿岸漁業の中核になっている。

2）カツオ・マグロ漁業

日本のカツオ・マグロ漁業は長らく世界をリードしてきたが、漁獲量は1984年をピークに減少を続けている。マグロ漁業の中心である遠洋マグロ延縄は、1971年は1,000隻を超えていたのに2012年は3分の1以下に減っている。マグロの価格が高く、各国の漁船が競って漁獲するので資源の減少が著しい。

遠洋カツオ釣りは1980年代に入って米国への缶詰原料としての輸出がなくなり、海外まき網や近海カツオ釣り、あるいは輸入カツオとの競合もあって隻数、漁獲量は大幅に減少した。市場競合を避けて急速凍結設備を導入し、「冷凍たたき」の原料魚生産に活路を見出した。

近海カツオ・マグロ漁業（生鮮出荷）の漁獲量は全体に占める割合は低く、1980年代に漁船が減少してさらに低下している。カツオ・マグロ漁業で堅調なのは南太平洋で操業する海外まき網（カツオ節及び缶詰原料向け）である。

3）まき網漁業

まき網の対象魚種はイワシ、サバ、アジ等の小型浮魚類で、資源変動が大きい。大中型と中小型とに分かれるが、主力となる大中型の1983年の許可隻数は332隻、漁獲量は411万トンであったが、その後、漁獲量の大半を占めたマイワシの漁獲が激減し、2011年は203隻、76万トンとなった。それでも中小型を含めたまき網は漁獲量全体の3分の1を占める基幹漁業である。

4）イカ釣り漁業

イカ釣りは沿岸域で操業する小・中型、日本海、太平洋北部海域で操業する中型、外国水域で操業する大型に大別される。このうち中型イカ釣り船は1977年には約 2,700 隻あったが、減船が繰り返されて 2012 年は 131 隻となった。イカ釣りによる漁獲量は 40 ～ 60 万トンで推移していたが、2000 年代は 20 万トンに低下した。

1970 年代半ばに日本近海のスルメイカが不漁となって、大型船で海外出漁するものが増加した。しかし、NZ 沖、アルゼンチン沖ともに操業が規制されて急速に衰退した（スルメイカ類）。同時期にアカイカ類の漁場開発（北部太平洋、南米沖）が進み、その主力漁法となるイカ流網は急増したが、前述したように海鳥等の混獲が問題となり、1992 年から操業停止となった。

（3）養殖業の展開

前章で現代の養殖業についても触れたので、ここでは特徴的な事項にのみ触れる。マグロ類のうち価格が最も高いクロマグロの養殖は天然物の漁獲が減少したこともあり、1990 年に始まって以降急増し、2010 年頃には 92 経営体、生産量は約 1 万トンとなった。養殖マグロの供給量（輸入、国産を合わせて）が急増して価格が下がり、トロも回転寿司店の目玉商品となった。幼魚を漁獲し、それを 2 ～ 3 年かけて養殖するが、幼魚の漁獲は資源の減少につながるとの懸念から国際的な漁獲規制が強まっている。クロマグロ養殖は投下資本額が大きいため、協業経営か大中の水産会社、大手総合商社が行っている。

ノリ養殖の生産高は、1980 年代半ばに 100 億枚、1,000 億円超に達したが、以後は需要の減少、輸入の増加で横ばい、次いで減少に向かった。需要は贈答用、家庭用が縮小し、業務用（おにぎりや巻き寿司向け）が伸びて、価格も低迷している。多くの経営体が退出し、残った経営体が養殖規模を拡大し、全自動製造機等を備えて量産体制をとり、低価格化に対応した。

ホタテガイ養殖は、1970 年代に種苗の量産化（採苗器の考案）と地撒き式から垂下式養殖への転換によって飛躍的に増加した。しかし、1990 年代には生産過剰と価格の低下、病害の多発で経営体は減少に転じ、生産量は 20 ～ 30 万トンで頭打ちとなった。2010 年代には生産量は減少傾向となった。北海道と青森県が主産地である。

第 4 節　漁業経営体と漁業就業者の減少

(1) 漁業経営体の減少

図 8-5 は、部門別の海面漁業・養殖業経営体数の推移（1977 ～ 2013 年）を示したものである。総数は 1980 年前後は 20 ～ 21 万であったが、減少が続いて 2013 年は 10 万を割った。

沿岸漁業経営体（漁船 10 トン未満、定置網等）は 1980 年代前半までは 15 万前後あったが、2013 年は 9 万となった。うちでも小規模な漁船階層や定置網の減少が著しい。1990 年代以降、漁業所得が低迷したため漁家所得は勤労者世帯収入を下回るようになり、それが就業者の高齢化、後継者不在、経営体の減少につながっている。

海面養殖業経営体も 1977 年の 5 万が 2013 年の 1.5 万へと著しく減少した。養殖業経営体の半数を占めていたノリ、ワカメ養殖の減少は早くから始まり、減少度合いも大きい。ブリ、タイ養殖経営体の減少も著しい。カキ養殖も減少を続

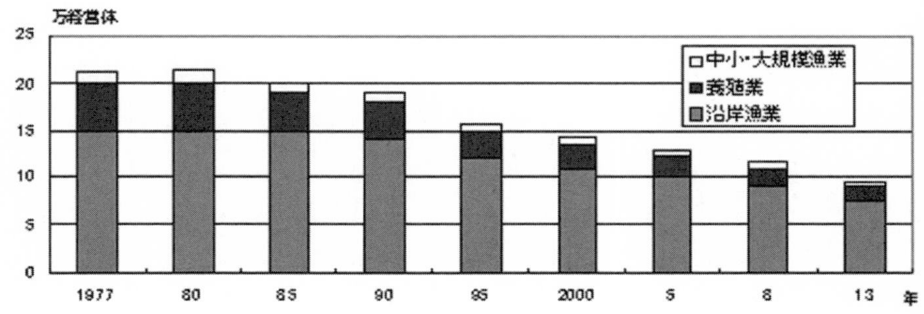

図 8-5　海面漁業・養殖業経営体数の推移

(出典) 各年次『漁業白書』、『水産白書』
注) 沿岸漁業経営体は漁船非使用、使用動力船 10 トン未満、定置網・地曳網経営体、中小・大規模漁業経営体は使用動力船が 10 トン以上階層をさす。

けているが、真珠・真珠母貝養殖、ホタテガイ養殖は遅れて1990年代後半から減少し始めた。養殖業の場合、一般に経営体が減少すると、残った経営体が規模を拡大して全体の生産量が維持されるという生産性競争が繰り返される。経営規模の拡大は技術革新に基づいており、省力化も進んでいる。企業的経営の割合も高まっている。

中小漁業経営体（使用動力漁船が10～1,000トンの階層）は沖合・遠洋漁業の担い手であるが、漁業種類は多様だし、階層差も大きい。経営体数は1980年代半ばまでは1万を超えていたが、その後減少して2013年には半数となった。第二次オイルショック後は200カイリ規制・公海漁業規制の強化に加えて労賃、燃油費、減価償却費が上昇して経営悪化が進行した。技術革新、設備投資が進んだが、それが資源の乱獲、過剰投資、負債の累積を招くという悪循環に陥った。それに乗組員の不足、高齢化が重なって漁業からの退出が続いている。

同一業種のなかでも部門間では漁場、漁法、対象魚種、鮮度、漁獲物の利用目的が違うので競合は少なく、棲み分けが進んでいる。カツオ釣りでは大型船はたたき用の冷凍カツオ、中小型船はさし身用に分化し、カツオ節や缶詰の原料は海外まき網や輸入物に依存するようになった。イカ釣りでは大型船は加工向け、中小型船は生食用に分化している。主要漁法の変化もみられる。カツオ・マグロは海外まき網、サケは沖取りに替わり定置網、スケソウダラは北洋底曳網に替わり沖合底曳網、刺網、延縄が中心になった。

大規模漁業経営体（使用動力漁船1,000トン以上）は1990年代初めまで200～220あったが、2013年は56に激減した。かつて独占漁業資本と呼ばれた最大手は、オイルショックと200カイリ規制で漁業部門から、商業捕鯨の禁止で捕鯨から撤退し、替わって水産物を中心とした加工部門や商事部門を拡充した。加工部門は缶詰、ねり製品、ハム・ソーセージなどに加えて冷凍食品、レトルト、惣菜、業務用食材、健康食品、医薬品に及ぶ。海外では200カイリ規制による漁獲の減少を補完するため、北米へ進出してサケ・マス、カズノコ製品、スケソウダラすり身等を製造する動きが広がった。商事部門は冷凍食品、輸入水産物の取扱い増加、マグロ「一船買い」、すり身原料調達等多様化している。水産物市場の国際化に合わせて海外営業網を拡充した。

大洋漁業㈱は、漁業部門を圧縮し、事業の多角化を進めたが、長期デフレ不況に陥ると社名をマルハ㈱に変え、不採算部門を切り捨て、2007 年には㈱ニチロと経営統合して持ち株会社マルハニチロホールディングスを設立した。ニチロは北洋漁業の壊滅的打撃を受けて 1990 年に日魯漁業㈱から漁業の名前を外して再生を図った。日本水産㈱は漁業部門から撤退し、水産加工、物流、医薬品、船舶事業に軸足を移した。㈱極洋も母船式捕鯨、トロール漁業から撤退し、水産品の買付、加工を中心としている。宝幸水産㈱はカツオ・マグロ漁業、母船式サケ・マス漁業から撤退し、食品加工、貿易、乳製品製造などに転換したが、2002 年に倒産した。

（2）漁業就業者の減少と高齢化

1）漁業就業者の減少と高齢化

漁業就業者数は大幅な減少が続いて 1978 年の 48 万人が 2010 年は 20 万人となった。年齢別では、まず 40 歳未満が減り始め、次いで 40 ～ 59 歳が減少した。60 歳以上は増加から減少に転じたが、近年、全就業者の半数を占めるようになった。男女別では、女子は夫婦での就業が多いので、毎年のように減少し、高齢化している。自営と雇われ別ではどちらも減少したが、減船、倒産が著しい雇われの減少が著しい。

漁業就業者の減少と高齢化は漁業生産の減少、漁協経営の困難等漁村社会の衰退をもたらした。組合員の減少、漁業生産の減少で漁協の合併統合が相次ぎ、沿海地区漁協の数は 1989 年の 2,134 組合から 2014 年の 966 組合となり、1 県 1 漁協の例も出現した。漁業就業者が確保されているか、いないかは漁業所得の高さと密接にかかわっている。

漁家を専業と兼業に分けると、4 割近くが専業（漁家の総収入に占める漁業所得の割合が 80％以上）で、専業割合が高まっている。といっても漁業者が高齢化し、子供達が独立した結果、漁業割合が高まったのであって、後継者を確保して生産力を高めたケースは少ない。漁家の後継者不足の原因として、漁業所得が不安定で低いこと、漁業は3K業種として敬遠されること、漁村は生活の利便性が低いことがあげられる。従来、新規就業者は漁業者の息子がほとんどであったが、今日では外部からの新規参入にも期待を寄せている。

2）漁船員の不足と外国人漁船員の雇用

漁業雇われは遠洋・沖合漁船の減少、陸上労働と比べると就労条件が劣ることから著しく減少した。それを埋め合わせるように1980年代に入ると遠洋漁業で外国人雇用が始まった。急激な円高の進行で漁船員の賃金はドル換算で極めて高くなり、外国人には魅力となった。ただし、単純労働の外国人の入国・雇用は厳しく制限されていることから、別の雇用ルートが考案された。

外国人漁船員の雇用は1990年に海外漁業船員労使協議会方式が公認され、1998年には漁船マルシップ制（海外貸渡し式）が導入された。前者は、船主の海外事務所で雇用し、外国人は海外の港で乗下船する、外国人船員手帳を交付するもので、漁業種類は遠洋マグロ延縄、海外イカ釣り等である。マルシップ制は商船で一般的に行われている方法で、日本の船主が日本人船員を乗せた漁船を海外法人に用船させ、海外法人が外国人を乗せたのをチャーターバックするものである。外国人船員の雇用は、遠洋漁業の衰退で著しく減少している。

この他、1990年代に入ると、外国人技能研修・実習生制度が水産加工業、次いで漁業にも導入された。発展途上国側に技能・技術の移転を名目としているが、受け入れ側は若年労働力の確保、応募側は出稼ぎとみなす傾向にある。2010年から受け入れ漁業種類の増加と技能実習期間の延長が図られ、2019年から単純労働を含む外国人の受け入れへと拡大された。

第5節　水産加工業の変容

1）水産加工業は拡大から縮小へ

水産加工業は、事業所は減少したが、従事者、出荷額は伸長し、1990年代半ばにピークを迎えた。水産加工業の発達を支えたのは、前章で述べた水産物産地流通加工センター形成事業に加えて高速道路網、冷凍冷蔵庫、保冷車、情報通信網の整備、製造機器、着色保存料、包装資材、レトルト加工技術の発達である。

1990年代後半から水産加工業は縮小に転じた。事業所は従事者10人未満の小規模経営が半数を占めるが、出荷額は10%に満たないし、減少も著しい。反対に従事者100人以上の事業所は全体の3%しかないが、生産額では30%以上を占めていて階層差が大きい。

衰退要因は、①長期の不況で水産加工品の需要が縮小した。②輸入品の増加、とくに中国製の低価格品が増加して価格競争力を失い、拠点を労賃の安い海外に移すか、半製品を輸入品に切り換えるようになった。③水産加工業は主婦のパート労働に大きく依存するが、労働力の確保が困難となり、外国人技能研修・実習生に依存するケースも多い。④1990年代後半に食品衛生や品質向上に対する関心が高まり、食品の品質管理システムとしてのHACCP（Hazard Analysis and Critical Control Point 危害分析管理点、食品の原材料から最終消費に至るまでの工程ごとに想定される危害を常に点検するシステム）の導入が進んだ。それができない工場は販路を失った。⑤2011年の東日本大震災で三陸地方の主要産地が壊滅的打撃を受けた、ことがあげられる。

図8-6は、水産加工品の種類別生産量の推移を示したものである。全体は1985年の800万トンをピークにしてその後は減少の一途を辿った。塩干品

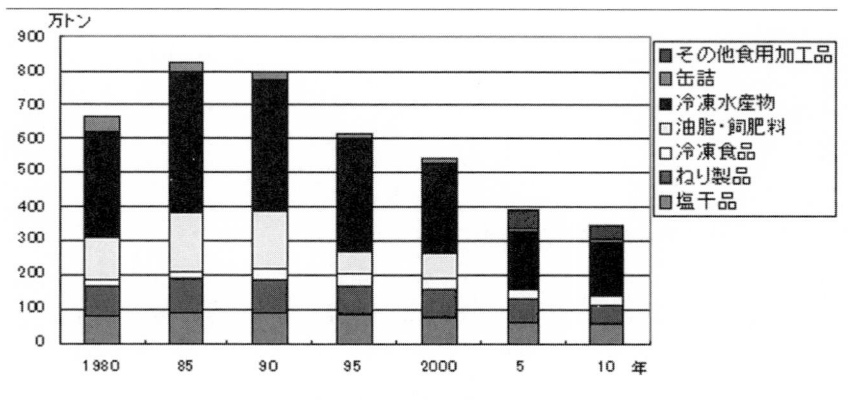

図8-6　海面漁業・養殖業経営体数の推移

（出典）各年次『漁業白書』、『水産白書』
注）油脂・餌肥料は2005.10年の数値がなく、その他食用加工品は2005.10年のみ数値がある。

(2000年までは素干し、煮干し、燻製、節類を含む)、ねり製品は1985年を境に増加から減少へ転じ、冷凍食品（調理済み食品）は1960年代から大手水産会社主導で普及し始め、1995年まで成長が続いた。生産技術の開発、冷凍流通の整備、簡便食品への需要増加、テレビCMに支えられた。冷凍食品の中には切り身、ボイルした魚介類、フライ等の形で水産物も使われる。ねり製品ではかまぼこ・ちくわの生産量は減ったが、カニ風味かまぼこが大ヒットした。カニ風味かまぼこは1973年に開発され、欧米等での日本食ブームに乗って盛んに輸出されるようになり、さらには海外生産も活発となった。節類（カツオ節等）は、つゆ・だし向けの需要が拡大したことで伝統的食品では例外的に2000年まで生産量を維持した。

非常に大きく変化したのは油脂・飼肥料及び冷凍水産物で、マイワシの豊漁とその後の急激な減少を反映している。豊漁時には、その大部分は油脂・飼肥料向けとなるか、養殖魚餌料として冷凍保管されたが、マイワシが獲れなくなると加工事業も縮小した。

2）加工原料の輸入

高度経済成長期以来、水産加工原料の輸入も増加した。国産原料の不足、輸入物の方が価格が安く、規格が均一で安定的に供給されるといった理由による。すり身やアジ・サバ、カツオの輸入が代表である。

ねり製品原料のすり身の供給動向をみると、1973年に史上最高の119万トンを製造したが、その後、米ソの200カイリ規制でスケソウダラの漁獲が激減して1980年代は40万トンとなり、2000年代は10万トンを割るまでになった。一方、冷凍すり身の輸入は急増し、1990年代には国産を上回るようになった。世界最大のすり身生産国から世界最大の輸入国に変わった。2000年代はねり製品の需要が低下してすり身輸入量も減少傾向にある。輸入先も北米産スケソウダラすり身から東南アジアのイトヨリ等のすり身に替わる等、輸入先、原料魚種が多様化している。

塩干品の原料であるアジ、サバは国産原料はあるものの供給が安定しており、規格が均一な輸入物への依存度が高まった。塩蔵サバの例でいえば、1990年代にサバの漁獲量が急減して、ノルウェー・サバを代替原料とするようになった。2000 年代にサバの漁獲が回復傾向をみせたが、小型魚の割合が高く、それらはアジア・アフリカに冷凍輸出され、塩蔵加工原料は依然としてノルウェー・サバに依存している。

第 6 節　水産物流通・貿易の変化

(1) 水産物流通・消費構造の変化

1970 年代に入って水産物の流通・消費構造は大きく変化した。①水産物消費・需要は栄養的消費中心から嗜好、利便性、見栄え、サービスニーズ等に対応した簡便加工品、デリカ（洋風惣菜）、外食、カット物（切り身）やパック物が多くなった。②水産物供給は、生鮮形態から冷凍・加工品、養殖物、輸入物といった定質、定量、定価格の物へ移行した。③物流技術、加工技術が著しく発展した。物流技術では冷凍冷蔵庫、とくに超低温冷蔵庫の増設、冷凍車、保冷車の急増、加工技術では冷凍食品、レトルト食品、調味加工品等の開発が相次いだ。④量販店が普及し、反対に在来の鮮魚小売商は急速に店舗数を減らした。量販店ではバックヤードで調理、パック詰めし、冷蔵ショーケースに並べる方式が中心となった。

食の外部化の拡大経過をみると、外食部門は 1970 年代に急成長し、回転寿司店にみられるように水産物市場も拡大した。惣菜部門は、従来は米食と関連した佃煮、揚げ物、ねり製品であったが、和洋中華風に品揃えを広げた。外食、惣菜部門の成長は余暇時間の増加、所得の増加、女性の社会進出、家庭内食の減少を反映している。

1990 年代に入ってデフレ不況のもと、外食産業が飽和状態となり、替わって外食でも家庭食でもない中食（なかしょく）市場が急拡大した。コンビニ、量販店、百貨店における弁当・惣菜類の充実、持ち帰り弁当・寿司の出店増加が著しい。

1 人あたりの年間魚介類の消費量（純食料）は、横ばい状態が続いていたが、

2001年度の40.2kgをピークに下降するようになり、2011年度は28.5kgとなった。その過程で漸増を続けてきた肉類に逆転された。魚介類の消費量の減少はどの年齢階層でも起こっており、魚食大国・日本の「魚離れ」が顕著となった。若い時には肉類を好んでも高齢化すれば魚食中心になるといった傾向は薄れつつある。肉の方が満腹感があり、力が出る、魚は骨や頭や臭いがいやという人が増え、肉に比べて魚の方が割高になったことが影響していよう。

(2) 水産物卸売市場の変容

1970年代以降、消費地水産物卸売市場では、①大都市と地方との格差が拡大した。大都市周辺の市場では大都市市場からの転送品に依存する傾向が強まった。②冷凍・加工品の取扱高が増加し（後には減少した）、大手水産商社、専門問屋等からの出荷、買付が増え、販売では相対売りが多くなった。生鮮品でも買付集荷、相対取引が増えている。冷凍・加工品では一部だけを現場に並べる見本取引や全く並べない情報取引が行われるようになった。こうして現物取引の原則から逸脱するようになった。③卸売より前の「先取り」が増加した。市況に関係なく一定量、一定品の調達が必要となったこと、卸売開始前に品物を転送することが必要になったことによる。それは量販店の営業に合わせている場合が多い。④卸売業者の取引相手として同一市場内の仲卸業者・売買参加人以外への販売が増えた（第3者販売）。販売先を市場外の問屋、商社、量販店等に広げた。⑤他方、仲卸業者は卸売業者を介さない「直(じか)仕入れ」を始めた。いずれも1971年に制定された卸売市場法が規定する取引原則からの逸脱である。

こうして卸売業者の集荷と仲卸業者の分荷という分業体制が揺らぎ、仲卸業者の評価・価格形成機能が大きく後退して仲卸業者の経営破綻が目立つようになった。卸売市場法は実態に即して改正が繰り返され、1999年にはせり入札の原則、2004年は委託集荷の原則が廃止された。買付集荷、相対販売の増加に対応している。そして2018年には農水産物流通の競争や効率化を促す規制改革として、卸売市場法の抜本改正が行われた[6)]。これにより、①中央卸売市場の民営化が可能となった。②卸売業者の第3者販売、仲卸業者の直荷引きが容認され、商物一致原則（現物取引）も緩和された。卸売業者と仲卸業者との垣根が崩され、場外での業務の拡大が可能となった。即ち、市場業者は与えられたものを販売するだけであったのを消費者や需要家のニーズに応じた仕入れと販売ができる体制（マーケティング）へと大きく舵を切ったのである。

産地市場では、①水揚げ高の減少で取扱高が減少した。とくに北洋漁業や東シナ海・黄海の漁業で著しい。イワシの水揚げが増えた漁港もあったが、イワシが姿を消すと漁港は閑散となった。②魚価が低迷すると輸送コストのかかる遠隔地市場への出荷を敬遠し、周辺市場への出荷に切り換える動きが広がった。③消費の多様化、高級化を背景に付加価値をつける活魚出荷、チルド化に取り組んだ。

卸売市場流通の地位は低下したものの、生鮮品の流通では欠かせないし、冷凍・加工品についても卸売市場がもつ金融、決済、情報機能は重視されている。

水産物卸売市場の市場数、取扱高は 1980 年頃がピークで、その後、減少に転じた。1989 年と 2012 年を比較すると、中央卸売市場数は 88 から 72 に、同場での水産物取扱高は 3 兆 3 千億円から 1 兆 6 千億円に、地方卸売市場数は 1,626 から 1,144 に、同場での水産物取扱高は 2 兆 6 千億円から 1 兆 3 千億円になった。取扱高が減少するなかで、競争力のない市場、卸売会社の統廃合が進行した。

（3）市場外流通の拡大

1970 年代から冷凍・加工品が増加して市場外流通（消費地卸売市場を経由しない流通）の比率が高まった。水産物の卸売市場経由率は 1989 年の 75％から 2012 年の 56％に低下した。冷凍・加工品は保存性があり需給調整が容易、安定的な価格、規格が均一で市場外流通に適している。

市場外流通の特徴は、①市場外流通の拡大は商業マージンを肥大化させただけで、生産者の所得は増加していない。②冷凍エビ、冷凍マグロ、冷凍サケ・マス、冷凍すり身といった市場規模が大きい品目では独自の流通機構が構築され、卸売市場はその一環に組み込まれた。③市場外流通の担い手は全国的、国際的な集荷と分荷、商品評価、価格形成能力をもった大手水産会社、大手商社、専門問屋が主体となった。大手水産会社は系列の卸売業者へ供給できるし、大手商社は国内販売網を構築するようになった。

その他、流通資本、量販店、生協、生産者団体が水産物流通に参入し、産地と直結した取引、共同販売等に取り組むなどして流通経路が多様となった。取引方法もカタログ販売からネット取引に拡大している。その背景に消費の多様化、少量品目を扱う宅配企業の成長、鮮度の保持・管理技術の革新、情報システムの整備がある。とくに情報システムは1990年代のIT化で企業レベルから個人レベルへと普及し、パソコン、スマートフォンを通じて商品情報を得て、受発注するようになった。生鮮品の宅配は保冷車の投入で爆発的に増加した。

一方、産地側の取組みとして、1980年代に「活魚ブーム」、1990年代にブランド化、2000年代に地産地消運動が進展した。

① 1980年代に外食の増加とともに活魚消費が大衆化した。その背景に、消費者の高鮮度、高級化志向を受けて、活魚の流通体系の整備、技術開発が進み、活魚取扱業者が増加した。漁業側は漁村活性化の手段として漁協が活魚水槽を備え、活魚出荷に取り組むようになった。

②バブル経済を彩った「活魚ブーム｝は1990年代のデフレ不況の中で急速に萎縮し、替わって各地の自治体、漁協が水産物の付加価値を高めるためにブランド化に取り組んだ。水産物のブランド化は工業製品に比べると困難な面もあるが、養殖・蓄養技術、冷蔵保管技術の進歩で不安定供給、腐敗性を克服するようになったこと、消費者が健康志向、安全・安心志向、個性化商品を求めたこと、流通側も量販店の店舗間競争が激化し、消費者ニーズに即した品揃えと販売戦略に取り組むようになったことが支えとなった。

③ 1980年代後半には大型産地にお魚センターができ、旅行客、買い物客を誘致して華々しく展開したが、デフレ不況で勢いを失い、2000年代には各地に住民向けの直販所が林立するようになった。直販所は、消費者の新鮮、安価、安全・安心というニーズに応え、流通コストの節約、半端物も販売できるという利点がある反面、地域産品に限られ、品揃えが劣る、水産物は調理機能がないと扱われにくいといった限界がある。

2010年頃から漁協と量販店との直接取引が出現した。出荷と仕入れ双方の極一部が対象である、卸売市場流通（価格や品揃え）を前提としているものの、生産者と消費者を繋ぐ点で注目される。

(4) 水産物輸入の拡大と輸出の停滞

1) 水産物貿易の変動

図8-7は水産物の輸入と輸出の動向（1977～2013年）を示したものである。輸出に比べて輸入が断然多い。量よりも金額の格差が大きく、輸入の方が単価が高い。

輸入と輸出の動向は対称的であり、為替相場が大きく影響している。為替相場は1977年は1ドル300円に近かったが、1980年代前半は200～250円に、1985年のプラザ合意で円高誘導が行われると一挙に100～150円に突入した。その後、100～120円で推移し、2010年代には一時100円を割ったが、また戻すようになった。円高の進行で輸入が増加し、輸出が減少した。

水産物輸入は1990年代半ばまで一直線に伸び、しかも金額より量の伸びが大きい。世界最大の漁業国でありながら世界最大の輸入国を続けてきた。2000年代後半から水産物消費が飽和状態となって輸入は低迷するようになった。数字で

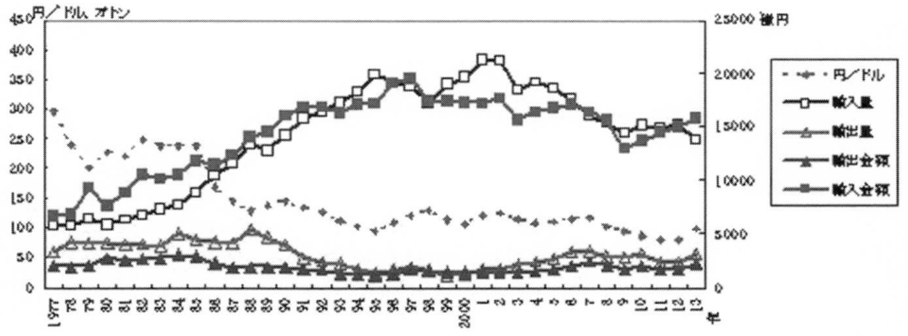

図8-7　為替と水産物輸出入高の推移

（出典）各年次『漁業白書』、『水産白書』

いうと、1977年の100万トン、6,500億円が1990年代半ばには350万トン、1兆7,000億円と頂点に達した。その後、2010年代には250万トン、1兆5,000億円ほどに落ちている。水産物輸入額は漁業生産額と肩を並べるようになった。

水産物輸出は、量は1990年頃まで横ばいであったが、金額は大幅に低下した。円高と価格の低いイワシ製品がメインとなったことによる。1990年代はイワシ製品の輸出が減って、量の減少が著しい。2000年代になると水産物輸出はいくらか回復するようになった。数字でいうと、1990年代初めまで70～80万トン、2,000～3,000億円であったが、その後、20～40万トン、1,000～1,500億円に低下し、2010年代は50万トン、2,000億円前後に戻している。

このように2000年代には輸入減、輸出増に反転したが、そこには世界各地で水産物需要が高まり、購買力が低下した日本の輸入確保は不確実となり、国内需要があっても輸出される事態も含まれている。

2）水産物輸入の拡大

1970年代後半からの輸入増加には200カイリ規制によって減少した分を輸入によって補完する動きが加わる。とくに米国は漁獲割り当てを輸入強制と結びつけた。1981年以降、米国からの輸入は韓国を抜いて1位となった。輸入先は米国（サケ、魚卵、タラ）、韓国（マグロ、イカ）、台湾（マグロ、ウナギ）、タイ、インドネシア、インド（いずれもエビ）が多かったが、その後、韓国、台湾の地位が低下し、替わって中国（ウナギ、イカ、エビ）が急伸して最大の輸入先となり、ロシア（カニ）、チリ（サケ、魚粉）が上位国に加わった。

輸入品目は、エビ、マグロ、サケが常に上位を独占する。4、5位はイカ、タコからカニ、ウナギ（加工品を含む）、魚卵等に替わり、近年はカニ、タラ（すり身を含む）、イカ等となっている。

エビは和洋中華のどの料理にも使える、骨や臭いがないことから嗜好され、日本は長らく世界最大のエビ消費国であった。1980年代初めに台湾で養殖が成功したことにより低コストで安定生産されるようになり、輸入が急増した。その後、消費は飽和状態となり、輸入は漸減した。エビ消費の9割はアジアからの輸入である。

マグロは高級さし身商材として日本が独占的市場を形成しており、世界中からマグロが集まった。漁獲量の減少を補うように輸入が増加し、1990年代後半には養殖物が加わった。需要の強さを象徴するように大西洋、地中海方面からクロマグロを空輸するようになり、グアム島からも空輸するようになった。2000年前後から輸入量は減少に転じた。近年、マグロの自給率は4割弱であるが、養殖物が増加して安定供給、品質の安定、価格の低下が実現している。

サケ・マスは、味、価格、調理が簡単という点で優れており、洋風にもさし身にもなることから需要が広がった。漁獲は北洋サケ・マス漁業が衰退し、替わって孵化放流した物が主体となった。輸入は国産とほぼ同量で、1990年代半ばに増加から減少に転じた。当初は天然物が主体であったが、近年は養殖物が中心となり、形態も塩蔵品中心から生鮮品中心に替わり、輸入先も変化した。

水産物輸入の増加要因、形態変化は次の通りである。①量販店、外食産業、水産加工業ともに大量消費の特性として定質、定量、定価格の仕入れを必要とし、それに対応できるのが輸入物であった。②大手水産会社、大手商社、食品大手が開発輸入をした。200カイリ体制への移行で遠洋漁業が縮小した結果、商材確保のため水産合弁事業の件数が最高になった（とくに北米の水産加工分野)。その後、次第に合弁事業から撤退し、発注、単純買付に切り替わった。③輸出国は対日輸出を目的に生産流通技術の向上と生産体制の強化を図った。デフレ不況や円安で日本の購買力が低下すると、輸出先の多角化を図り、日本は思い通りの購入ができない場面も現れるようになった。④かつては国産の不足を補う物が中心であったが、国産品と競合する物も増えた。輸入水産物の増加によって水産物の価格形成が左右されるようになった。⑤マイワシの漁獲減少に伴って養殖魚餌料として魚粉の輸入が急増した。

3）水産物輸出の停滞

200カイリ時代に入り魚価の高騰、円高の進行で輸出は不振となった。輸出額の半分を占めた缶詰ではカツオ・マグロが減少し、サバ、イワシ缶詰が漁獲に恵まれたことで増加した。当時の主要な輸出先と輸出品目は1位が米国でカツオ・

マグロの冷凍品と缶詰、2位がオランダで水産油脂、3位がナイジェリアでサバ缶詰、4位が台湾で魚粉、5位が香港で加工品、真珠であった。

水産物輸出は真珠が常に1、2位を占めるが、近年、金額は大幅に低下した。1980年代はカツオ・マグロやサバの缶詰も多かったが、1990年代はイワシの大量漁獲に伴って魚粉が上位に現れた。2000年代は中国や香港向けの中華料理の材料や加工原料（中国が輸入原料を加工して､製品を輸出する加工貿易）が多い。2000年代後半からの輸出回復の背景には、国内市場の停滞と円安の進行、アジア諸国の経済発展と購買力の上昇、西欧諸国における水産物評価の高まり、中国等における国際水産加工基地の形成と原料需要の増大がある。水産政策においても輸出促進策が講じられている。

1）公海は、一般には領海の外側をさすが、本論では200カイリ外をさす。

2）漁業水域・経済水域の設定は領土問題と直接かかわる。この問題に焦点をあてたものに濱田武士・佐々木貴文2020『漁業と国境』、みすず書房がある。

3）漁業の優劣という表現を使うのは、漁場が競合する場合、「強い者勝ち」になるという漁業の特性を示すためである。したがって、共同利用水域を巡って漁業が優勢な国は広く、かつ自由操業を、劣勢な国は狭く、かつ漁獲規制(資源管理の名目で)を主張した。

4）水産庁ホームページ参照。

5）東日本大震災における漁業被害、漁業復興については濱田武士『漁業と震災』（みすず書房、2013年）が詳しい。

6）農林水産省ホームページ参照。

参考文献

廣吉勝治他『アジア漁業の発展と日本』（農山漁村文化協会、1995年）

地域漁業学会編『漁業考現学 -21世紀への発信 -』（農林統計協会、1998年）

廣吉勝治・佐野雅昭編著『ポイント整理で学ぶ水産経済』（北斗書房、2008年）

小野征一郎『水産経済学―政策的接近―』（成山堂書店、2007年）

倉田亨編著『日本の水産業を考える―復興への道―』（成山堂書店、2006年）

多田稔・婁小波・有路昌彦・松井隆宏・原田幸子編著『変わりゆく日本漁業―その可能性と持続性を求めて―』（北斗書房、2014年）。

片岡千賀之『西海漁業史と長崎県』（長崎文献社、2015年）

水産庁監修『水産庁五十年史』（水産庁50年史刊行委員会、1998年）

『海外漁業合併事業の概要』（海外漁業協力財団、1995 年）
多紀保彦編著『世界の中の日本漁業』（成山堂書店、1993 年）
『新北海道漁業史　1945 ～ 2000 年』（北海道水産林務部、2001 年）
婁小波・波積真理・日高健編著『水産物ブランド化戦略の理論と実践』（北斗書房、2010 年）
『20 年史』（日本底魚トロール協会、1989 年）
佐野雅昭『サケの世界市場―アグリビジネス化する養殖業―』（成山堂書店、2003 年）
奈須敬二・奥谷喬司・小倉通男編『イカ―その生物から消費まで―三訂版』（成山堂書店、2002 年）
大海原宏『カツオ・マグロ漁業の研究―経営・技術・漁業管理―』（成山堂書店、1996 年）
小野征一郎編著『マグロの科学―その生産から消費まで―』（成山堂書店、2004 年）
中居裕『産地と経済　水産加工業の研究』（連合出版、2015 年）

特論 9

TAC（漁獲可能量）制度

（1）TAC 制度とは

海洋制度を統括する国連海洋法条約は 1994 年に発効した。同条約では沿岸国に 200 カイリ (370km) までの排他的経済水域 (資源の開発権) を認めている。このうち生物資源は自律再生資源なので適正に管理すれば持続的利用が可能なことから沿岸国に管理を義務づけている。管理方法は 200 カイリ水域内の資源評価を行い、MSY(Maximum Sustainable Yield 最大持続生産量、毎年最大の漁獲量が得られる点＝資源の再生産力が最大となる点) の実現を目標に TAC(Total Allowable Catch 漁獲可能量) を定め、次いで自国の漁獲能力を勘案して自国漁獲分を決め、余剰分があれば他国に配分するように定めている。日本は 1996 年に国連海洋法条約を批准し、200 カイリ経済水域を設定し、「海洋生物資源の保存管理に関する法律」(以下、資源管理法という) を制定し、翌年から TAC 制度を実施した。

TAC 制度に入る前に資源管理の方法について概説しておこう。水産資源は無主物であり、先取り競争が行われるため乱獲に陥り資源が枯渇し易い。このため適切な資源管理が必要で、その管理方法には、許可制などで漁船隻数、漁船トン数、漁具などを規制する投入量規制、操業期間や操業区域などを規制する技術的規制、年間の漁獲量の上限である TAC を設定する産出量規制がある。このうち TAC 制度には、自由競争で漁獲させ、TAC に達したら一斉に操業を停止させるオリンピック方式、TAC を個々の漁業者または漁船に割り当て、個々に漁獲量を管理する個別割り当て (IQ、Individual Quota)、個別割り当てに譲渡性を持たせた譲渡性個別割り当て (ITQ Individual Transferable Quota) がある。

日本の資源管理は長らく投入量規制、技術的規制によって行われてきた。従来の規制に加えて導入された TAC 管理は、産出量そのものを規制する点で画期的である。

（2）TAC 制度の設計

TAC の対象魚は、マアジ、マイワシ、マサバ・ゴマサバ (サバ類という)、ズワイガニ、サンマ、スケソウダラ、スルメイカの 7 魚種とした。選定基準は、漁獲量が多い、資源状態が悪く、緊急に TAC を設定する必要がある、日本周辺水域で外国漁船が漁獲している、の 3 条件のいずれかに該当し、かつ TAC を設定するに足る科学的知見があるものとされた。この 7 魚種は主要な沖合漁業を含んでおり、全漁獲量の過半を占めている。

TAC 設定の基礎になるのが ABC（Allowable Biological Catch 生物学的許容漁獲量）であり、MSY を管理目標とすることが多い。資源の最大限利用のためには TAC は ABC 以下に設定されるべきだが、実際には社会経済的な要因を考慮して ABC を超えることがある。ABC の算定は不確実性を伴うことが言い訳となる。

日本は漁獲能力が高く、外国漁船に配分するような余剰分はないが、相互入漁をしていることから TAC 対象魚を含めた漁獲割当量を与えている。TAC 管理は漁獲割当量削減の大義名分になっている。

TAC 制度はオリンピック方式で実施されている。この方式は魚をより早く、より多く漁獲するために過剰投資を生む、漁場へより早く行こうとすることで燃油消費量の増大、漁獲が集中するために魚価の低落、小型魚でも漁獲してしまうといった欠点がある。こうした欠点をカバーするために投入量規制、技術的規制とともに漁業者の自主規制を組み合わせている。日本型 TAC 管理と呼ばれる。

欧米諸国の中には TAC 管理に個別割り当てを導入している国がある。個別割り当ては、漁獲競争や過剰投資が抑制され、計画生産が可能となるが、反面、価値の低い魚種や小型魚が投棄されたり、あるいは虚偽報告が行われやすい、個々の漁獲実績を把握するための情報収集、取締費用が膨大になるという欠点がある。日本は漁船数、水揚げ港、魚種が多いので全面的に個別割り当てを行うのは難しい。しかし、TAC 対象魚ではないが、漁船数は少なく、水揚げ港も限定されているベニズワイガニ、ミナミマグロ等で個別割り当てを実施しており、そうした条件がある TAC 対象魚についても個別割り当ての導入が検討されている。2018 年の漁業法改正によって譲渡性のある個別割当て制の導入が可能となった。

なお、2014 年末に中西部太平洋まぐろ委員会で資源の減少が著しいクロマグロの国別漁獲枠が設定され、自主的な取組みを経て、2018 年から小型魚の TAC 管理が始まった [1)]。

TAC 制度の実施方法は、①農林水産大臣が水産資源の保存と管理のために基本計画を定める。基本計画では TAC 対象魚の動向、漁業経営に与える影響を勘案して TAC を決定する。TAC を過去の漁獲実績に基づいて大臣が管理する漁業と知事が管理する漁業とに配分し、さらに前者は漁業種類毎、後者は都道府県毎に配分する。

②知事は基本計画に即して計画を定め、大臣の承認を得る。都道府県は TAC 対象魚以外の地方的魚種について漁獲限度量を定めることができる。

③ TAC の割り当てを受けた関係者は漁獲量を毎回、報告する義務がある。大臣、知事は漁獲量が TAC に近づいた時点で助言、指導、勧告を行う。漁獲量が TAC を超えそうな場合には操業停止を命令 (強制規定という) することができる。

④漁業者が協定を結び、配分量を自主的に管理することが認められている。

（3） TAC 制度の問題点と改良

TAC 制度は開始して 20 年余が経つが、小型浮魚 (マイワシ、マアジ、サバ類、サンマ) や寿命が 1 年のスルメイカは資源変動が大きく、予測が困難で消化率 (TAC に対する実際の漁獲量) は大きく上下し、時には 100%を上回るなど管理が難しい。それに比べ底魚 (スケソウダラ、ズワイガニ) の消化率は高い水準で推移しており、小型浮魚に比べれば管理効果が現れやすい。

TAC 管理の実施過程で種々の問題が浮上してきた。① TAC は全国一本で決められ、本来の系群別管理 (ABC は系群別に算定している) とはなっていない。マイワシ、マアジ、サバ類、スルメイカは系群の分布が重複しており、同一漁場で複数の系群を漁獲している。このため系群毎の管理が難しく、またかえって多大な労力を必要とするためである。スケトウダラとズワイガニは TAC の配分を系群別に対応した海域別に行っているので、実質的に系群管理となっている。② TAC 管理は総重量管理であって質的管理ではない。雌雄、成魚・未成魚を問わないので、技術的規制や漁業者の自主的管理が欠かせない。③ TAC は実績に応じて配分されるが、漁場形成は年次変動があるので、配分枠とずれる。④ TAC 制度と 200 カイリ経済水域との矛盾も生じた。日本の経済水域は領土問題等により境界を画定できず、韓国、中国との新漁業協定では共同利用水域を設けている。日本が主張する水域に対して TAC を設定しているが、共同利用水域では外国漁船に TAC を適用できないし、日本漁船には強制規定を適用していない。同じく、ロシアが実効支配している北方四島周辺水域についても日本の

TAC 管理は及ばない。⑤隣接する韓国、ロシアでも TAC 制度を実施しており、日本の対象魚と一部重なる。資源は境界域を跨がって分布、回遊するので共同管理が望ましいが、資源・管理情報の交換、共同の管理は全く進んでいない。

TAC 制度は経験を積み重ねるなかで様々な見直しがなされてきた。①期間は暦年でスタートしたが、魚種の生態・漁期に合わせて期間設定をするようになった。② TAC は翌年の資源量の推計をベースにしているが、その精度は低い。また、海洋環境の影響は予測し難いので、実際の状況と大きく異なる場合には期間中でも ABC、TAC を見直すようにした。③ ABC は単一の算定をしていたが、管理目標（回復を図る、親魚量を維持する、最大利用を図る等）毎に複数算定し、資源の状況、漁業の実情を踏まえて ABC を絞り込むようにした。④資源が突発的に増加したマイワシやサバ類では TAC を超過したことがある。強制規定を適用しない代わりに超過分は翌年の配分量から差し引く措置を取った。⑤浮魚類では漁場形成が変わり、当初配分量と実際の漁獲状況との間にズレが生じるので、当初配分量では不足する場合に追加配分することにした。

こうした TAC 制度の運用の見直しの背景には、資源管理に対する基本的な認識の変化がある。それは単一資源、環境一定を前提とした資源の再生産モデルを見直し、ある魚種の漁獲量を減らしてもその魚種が回復するとは限らないし、海洋環境に大きく左右されるので、状況に応じて運用する順応的管理の方法へと切り換えている。

1）水産庁ホームページ参照。

参考文献

水産庁監修『水産庁五十年史』（水産庁 50 年史刊行委員会、1998 年）
倉田亨編著『日本の水産業を考える－復興への道－』（成山堂書店、2006 年）
小野征一郎編著『TAC 制度下の漁業管理』（農林統計協会、2005 年）
桜本和美『漁業管理の ABC － TAC 制がよくわかる本－』（成山堂書店、1998 年）

第9章

現代社会における「漁村」と民俗

—山口県萩市玉江浦の歴史民俗誌を中心に—

本章では、200年にわたる日本漁業の歴史的理解を深めるために、民俗に焦点をあてる。民俗は、人々の営みの慣習的な側面をさす。それは、生活を共にする者との間で、継承されるだけでなく、変化を加えられ、時には創り上げられたりする。その変動は、時代や政治体制の区切りによっては捉え難い側面を有している。

民俗を把握するためには、その担い手に焦点をあわせ、生業や信仰がどのように組み合わさっているのかを紐解き、その生活世界に潜む意識を捉えることが肝要である。ここでは、その担い手として、生活上の必要に応じて組織され、慣習的に形成された生活の組織に注目する。それを「漁村」と設定し、その民俗とそれらの変化を明らかにしながら、現代社会における様相を歴史的文脈に位置づけることを目的としたい。

具体的事例として、山口県萩市玉江浦を取り上げる。明治国家による遠洋漁業政策に先んじて韓（朝鮮）海へ出漁していたこの「漁村」は、平成の時代まで遠洋漁業基地として知られていた。この「漁村」へ民俗学的にアプローチすることは、本書の歴史理解を深める上で意義があると考えられる。筆者はこの地でのフィールドワークを断続的に実施している［中野　(1999)、同 (2001)、同 (2003a)、同 (2003b)、同 (2005)、同 (2018) ］。本稿は、これらの成果を基盤に置きつつ、新たなデータを盛り込み、歴史民俗誌としてまとめている。描かれる時間的枠組みに留意すると、玉江浦で遠洋漁業が営まれていた当時の様相を再構成する第2節と第3節、第4節の1、沿岸漁業へ回帰した1990年代後半（第4節の2）、および、その後の2015年（第4節の3）とで構成される。歴史民俗誌の記述は、2015年現在の観点から「漁村」とその民俗の変化を統合的に描こうと試みるものである。

第1節　「漁村」の現在—山口県萩市玉江浦の事例から—

遠洋漁業で知られる玉江浦は、現在、細々と沿岸漁を営む「漁村」である。ここでは、「漁村」の民俗に対する民俗学的視角に触れながら、現在の「漁村」を概観する。

1）玉江浦—「漁村」という対象—

玉江浦は、萩市の橋本川の左岸の「漁村」であり、近世中期には、萩湾で沿岸漁業を営んでいた。幕末より、沖合いへ出漁するようになり、明治～昭和時代においては、遠洋漁業の基地として知られていた（608世帯、人口1330人、2015年6月末萩市統計。倉江を除く）。

玉江浦の自治会は1区・2区で構成されているが、別に「地下」と称する慣行的な区分がある。上組、中間組、角屋組、下組という4つの組は遠洋漁業を支え、各組には、「青年宿」と称する漁業訓練施設兼、若者の宿泊施設があった（図9-1）。

現在、玉江浦は萩市山田に属する。近世の萩藩による郷支配から見ると山田と玉江浦は異なる支配地であったが、玉江浦は明治初期に山田の一部に合併された。しかし、玉江浦の鎮守である三見八幡宮は、山田とも異なる三見村に所在し、今日もその神職が玉江浦を訪れて鎮守祭祀を行っている。玉江浦は行政支配の境界的な位置にあった。周縁的な位置にありながら、遠洋漁業を展開できた理由の一つは、組（生活組織）が地域社会をまとめる重要な役割を担っていたからであろう。生活組織が、玉江浦を「漁村」たらしめていたものと考えられる。

2）「漁村」を捉える視角

漁業を営む地区は、地域や時代により様々な形をとる。民俗学的な「漁村」概念に基づき、整理してみよう。

桜田勝徳は、漁村を２つのタイプに分け、１つを専業的漁村、もう１つを農村的漁村とする。専業的漁村については、その系譜が「海部」に連なる古態を有しており、農村的漁村においては、農業などと複合的に連関する生活様式が認められるという［桜田（1954)、pp.207~209.］。この定義の前提に桜田は、「漁村」を「漁業従事者という明らかに他の職業者とは異なる産業従事者の居住する村」であるとする認識を有していたとみられる［桜田（1948)］。主たる生業の専業的な程度を基準とするこの考え方は、やや単純に過ぎると言えるが、桜田は、このような定義には３つの困難が伴っていることにも注意を向けていた。１つ目は、著しい漁業変化である。具体的には、大正時代から昭和十年代にかけての漁船の動力化の進展によって「目覚ましい漁業の発展」が認められたことを挙げる。２つ目は、漁家や漁村における複合的な生業形態である。３つ目は、漁業者の移動とその背後にある漁業の大規模化である。この指摘は、第二次世界大戦後の漁業について挙げたものであるが、現在の「漁村」を捉えていく上でも示唆的である。生活習俗を含めて「漁村」を捉える立場に立つ筆者は、基本的に桜田による「漁村」定義と留意点を首肯できるものと考える[1)]。以下、３つの困難さに沿って事例とする「漁村」を見ていこう。

図 9-1　青年宿
角屋組の青年宿。「漁業集落環境整備事業」(注 1) のため、撤去されて現存しない。

3）漁業の著しい変化

萩市玉江浦の例に則して漁業の著しい変化をみてみよう。玉江浦のそれは、３段階に整理できる。１つは、「改良漁船」の登場によって沿岸漁から沖合漁へ展開したことである。近世において、玉江浦は地先に広がる萩湾の漁場を利用し、魚介藻類の採取、釣り、定置網を行う平凡な「漁村」であった。この船は、山田村（当時玉江浦が属した行政村）の原田儀三郎が明治 16 年の第一回水産博覧会

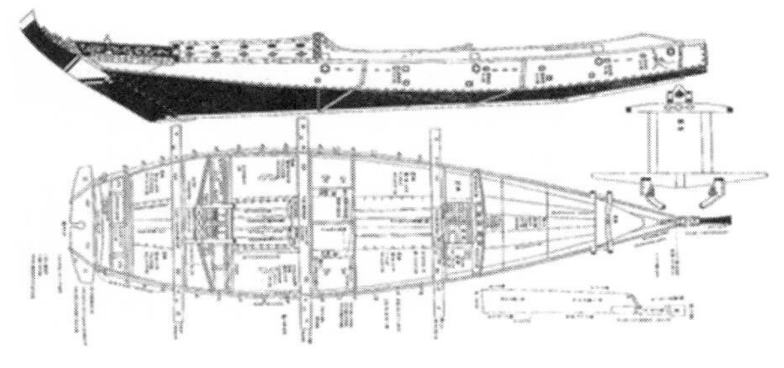

図 9-2　改良漁船

『大日本水産会報』88 号の複写。この漁船のひな形は全国へ紹介された。

へ出品して受賞した。沖合い操業に優れた船であったため、明治政府の進める勧業政策、遠洋漁業奨励法を後ろ盾として、玉江浦の漁業は、朝鮮半島近海にまで漁場を拡げた（図 9-2）[2)]。

２つ目は動力漁船の登場である。1915 年に動力化され、焼き玉エンジンの導入を経て（1924 年頃）、漁船も大型化した（18 馬力、20 頓前後）[明治大学政経学部　(1969)]。1960 年代にディーゼルエンジン化が進み、30 頓と大型化した漁船も、1980 年代には 50 頓を越える登簿船となり、漁場は東シナ海全般に広がった。

３つ目は、東シナ海を漁場とする遠洋漁業からの撤退である。遠洋漁業は、高度経済成長下の昭和 40 年代に最盛期を迎えたが、50 年代以降、斜陽化し、1970 年よりイカ釣り漁へ転業する船が増えた。最盛期で 569 人（昭和 49 年）いた漁業協同組合の正組合員数は、平成 7 年には 240 人と半減した。多くの働き盛りの漁業者が内航船へと転業した。残る漁業者は中型イカ釣り漁へと転業し、沿岸漁業に従事している。若年者は漁業に就業することが少なくなり、浅海の採取漁業や釣り漁業等に従事するのは高齢者ばかりとなった。

図 9-3　玉江浦漁港

1997 年の景観。
手前の部分は「漁業集落環境整備事業」(注 3) で埋め立てられた。

玉江浦漁港は橋本川の下流に位置する川湊である。祭礼の際、最盛期にはその港に 80 隻もの登簿船が繋留され、眼を瞠る光景を呈した。平成に入ると、早朝に出航する漁船のエンジン音や、ペンドルと称する防舷材同士がこすれて発する音への苦情が寄せられ、2005年には港の一部が埋め立てられた（図9-3）[3)]。漁業に対する住民の意識が変わってきており、海は心理的に遠くなりつつある。

4）生業の複合性

生業の複合性をみてみよう。日本には多様な「漁村」が各地に存在している。桜田は、具体的には、「産業的に分化確立」していない「所の方が多」く、農業と漁業の複合のあり方が「少しも極ってはいない」こと、それに加え、「漁村」と「漁村」との間の差異、そして、「村内の漁家」の間の差異も無視できないと懸念していた。その後、民俗学は、このような側面を、「農間漁業」、「農民漁業」などという用語を用いて捉えようとしてきた［辻井（1980）、高桑（1983）］。近年は、「海付きの村」と表現し、生業の複合性を前提とする視角の必要性も説かれている［安室（2001）］。

玉江浦の住民は総て漁業に携わる「漁民」であった訳ではない。専業農家は1軒、販売農家は3軒も所在し（2010年農業センサス）、サービス産業や公務員に従事するものもいた。遠洋漁船の乗組員も、隣接する倉江、玉江地区の者や、時には、萩市の他の地区に居住する者、萩市以外に居住する者も含んでいた。玉江浦に隣接する地区に目を向けると、例えば、北側に位置する「倉江」という地区には農家が数軒存在し、専業農家も2軒、販売農家は5軒所在する（同上センセス）が、「漁村」の雰囲気も漂っている。外見的には「漁村」とも「農村」とも区別し難いのである。倉江は、かつて、菊川広家家の預かり地として岩国藩の支配下にあった地で、鰯の干し場を巡って、18世紀中頃以降、玉江浦との間でたびたび紛争が生じていた［萩市編纂委員会　（1983）、pp.690~695.］。農業肥料のために干鰯を製産するようになったことを背景として、倉江は、主たる生業を農業から漁業へ変化させてきた地区である。倉江は今日、地下の組織として、玉江浦の下組に含まれている。神社の注連縄1つをとっても、玉江浦が祀る厳島神社や恵比寿神社のそれは倉江の農家が作成している。このように「漁村」をはっきり線引きしようとしても、その境界線を引くことは困難なのである。専業漁村と農村的漁村の差異に留意しながらも、漁業が農業などと複合的に営まれる形態や、そうした形態がいかに生まれてきたかという形成過程を明らかにすることが重要なのである。

5）漁業と移動性

「移動」について、民俗学は古くから関心を有していた。民俗学は、「海部」という古代に遡る系譜を重視し、「海部」の系譜に連なる古態の要素として、頭上運搬、磯見漁、突き漁、潜水漁などの習俗に注目し、「海部」の系譜を引く漁業者が頻繁に移動を行う点を特筆してきた[4)]。漁業者による「移住」への研究関心は、以後も継承されている［高桑 （1983）、野地 （2001）］。

ここでは、遠洋漁業に伴う移動の社会的側面の重要性を具体的に挙げよう。それは、玉江浦の漁業者が、水揚げ漁港を根拠地とする二重の生活形態を送って来た点である。例えば、長崎、唐津、博多、戸畑、下関などの港で水揚げとともに仕込み等を行い、一定期間滞在をした。1960 年代までは下関にアパートを、1970 年代以降は長崎の宿舎を利用した。拠点港には、玉江浦の漁業組織が滞留の便宜をはかっていた。妻や家族の者も、出港や、寄航の際に拠点まで、見送りや迎えに行った。滞在地との間では人間関係も形成された。婚姻関係を結んだ例のほか、戦前期の朝鮮半島の港では朝鮮人を預けられた。その朝鮮人を、働き手のない家の養子にする目的で連れ帰り、玉江浦の漁業者として育てる例も見られた（1935 年 3 月 26 日「萩の青年宿に多い内鮮結婚」『大阪朝日新聞』）。移動による経験も含めた有形無形の資本は、漁業継承者の確保という形で漁家の持続に寄与し、移住漁村を建設するというよりは、本拠地である「漁村」に持ち帰られ、その発展を支えたのである[5)]。

第 2 節　漁業組織

玉江浦の遠洋組織について、明治以降の変化と特徴を見てみよう。この組織は、大船頭を頂点とする地縁的な組織で構成され、後継漁業者を育成する体制に特徴があり、漁業以外にも多くの民俗行事を担う生活組織としての性格を有していた。遠洋漁業を再構成する記述は、主として聞き書きと資料調査によった既発表論考を基にしている［中野 （1999）、同（2005）]。

1）大船頭

(1) 大船頭組織

明治29年当時、玉江浦の遠洋漁業は、４つの組毎に漁船が組織され、所属船頭の内から２人の船頭が各組を代表し、４つの組の「総長」として大船頭２名が出漁者総員を総括していた。大船頭は、船頭と一般乗組員から選挙によって選ばれた。

大船頭は、出漁船の安否を確認し、寄港中は「商議」のための会合をとりまとめ、全ての漁船が出漁帰港の時期を順守するよう指導した［内国勧業博覧会事務局 （1896）］。昭和時代においては、自宅を事務所として、漁業組合の理事長、区長を兼任し、大船頭を経験した者若干名が顧問となって現役大船頭の諮問の役割を果たしていた。地区内の行事が行われる際は、沖止めと称し、全ての漁船は出漁できなかった。大船頭は、地区内の多数の行事もとりまとめていたのである。大船頭は1935年には漁業に関わる役割を漁業組合へ譲り、祭事のみを管轄するようになったが、祭事の管轄は、1997年に大船頭制度を廃止し、宮総代制度へ改めるまで行われた。

(2) 船頭組織

玉江浦の遠洋漁船は、船主が船頭であり、いわゆる船主船頭の形式をとっていた。これらの船頭は、住居最寄りの組に所属し、4つの組毎に船頭内のまとまりを作る。4つの組の船頭内全部をまとめるのが船主組合であった。この組織には「他部落」の船長は入会できず､玉江浦のみの「船長」で構成された。船主組合は、戦後に互助会と改称した。互助会は、後述する青年協行会と遠洋漁業の組織を構成した（図9-4)。これらの組織はいずれも1992年に解散し、以後、イカ釣り漁へ転業し船頭達は、玉江浦イカ釣漁船団という形で組織的連携を保っている。

互助会は、船主相互の資金調達や親睦をはかり、遠洋漁船経営に関わる問題等、

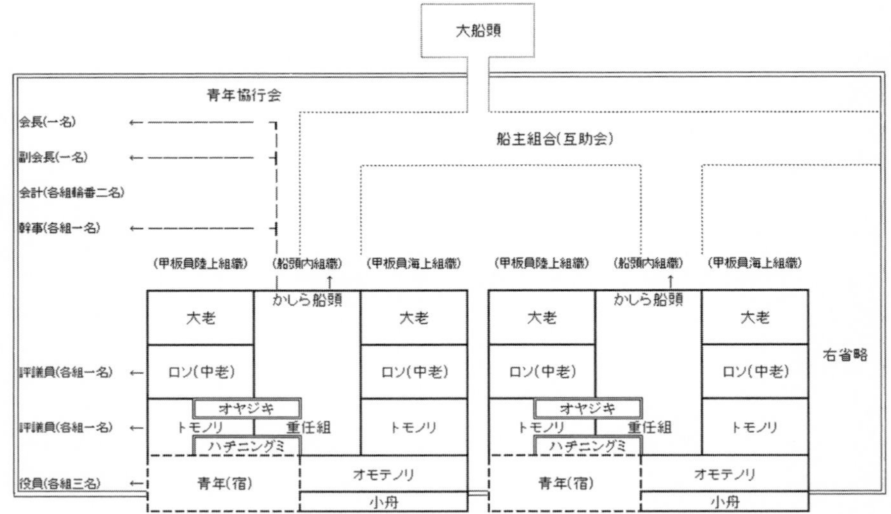

図 9-4　遠洋漁業組織の概念図

＝（二重線）の枠は青年宿との関わりが特に強い組織．漁業組合、機関士会については省略した。(2005)。

組を超えて横断的に対処した。資金調達は「組事に連帯責任にて借入れる」慣行であり、組の結束と義務が大きかった。船主間の病気、慶弔時に加え、遭難時にも相互扶助を行った。漁獲高を分配する際の漁船、漁具（延縄）等の歩合を取り決めたり、乗組の契約についての改革等を青年協行会へ申し入れたりした。

船頭内の代表を重任組と称した。船頭を初体験する者が就き、船頭内の雑務をこなし、青年宿の会計を管理していた。会計は組毎に別々であり、これは漁船の収益の一部をモンギンと称して、積み立てて利用していた。祭礼においては、重任組が船頭内の宴会の場を提供した。

2）乗組員組織

(1) 青年協行会

船頭と、甲板員とで構成されたのが青年協行会である。1914 年設立の青年会が改称（1935 年）した遠洋漁船の中核組織である（1992 年解散）。船頭代表（4

人)、中老代表（4人）・青年宿代表（12人）の計24人の役員で運営され、総会において、帰港期日の取決、乗組員の交替や役割、給与・漁具分配基準、風紀取締、非常遭難・怪我の措置などが協議された。また、青年宿の後援もした。

(2) 青年宿

大正時代中頃には、15歳から25歳までの漁業を志す青年が宿泊し、主として、漁業の知識や技術を修得する「青年宿」が、独立した施設として建てられた（宿泊習俗は1970年代になくなった)。若者は、尋常高等学校を修了すると、最寄りの組の青年宿へ15歳から宿入りし、結婚、もしくは24歳で脱退した。1年、2年と宿入りした順の年次で階梯があり、昇進していく。最後の3年間は、順に横向、横向頭、宿頭と呼ばれ、宿頭の翌年に脱退する。宿入りと脱退は、厳島神社の祭礼にあわせて行われる青年協行会の年度総会にあわせてなされた。宿入りしたばかりの1年次の者は燗付けなどと称され、祭礼の宴席でお酒のお酌をするだけでなく、さまざまな雑務や重労働を担った。若者は、遠洋漁業に従事する際は、オモテノリ（主として重労働や雑用を担う甲板員）として乗船した。

各宿にオヤジキと称する者がおり（2名)、青年宿の若者達を指導監督した。青年宿には「心得」と称する規律があり、この規律を破ったり、注意が行き届かない場合は、該当の若者を中心に制裁が行われた。素行が良い若者は、厳島神社の祭礼においてなされる和船競漕の選手に選ばれ、競漕船の櫓を押して競漕することができた［中野　(2005)］。

3）漁業組織の特徴

大船頭は近世に遡ると考えられる古い漁業制度である。その名称は、萩市の三見、大井浦、越ヶ浜といった近隣の漁村や、近海の見島のほかにも、同じ日本海側では、島根県出雲市大社町宇龍、島根県松江市島根町多古の沖泊、瀬戸内海側では、山口県大島郡周防大島町の沖家室や久賀などにも認められる。中国地方の日本海側、瀬戸内海側に広く分布していたものと思われ、玉江浦もその一例と見ることができる。青年宿については、若者宿という慣行が知られ、沿岸部に類例が多い。太平洋岸に加え、日本海側にも例は認められ、西南日本の分布は卓越して多い。玉江浦の青年宿は、このような地域社会における若者の習俗を背景に、遠洋漁業の発展が加わって形成されてきたものと考えられる。

一人前の漁師になるため、若者は陸上や海上の生活で鍛えられた。働きが顕著であると、その見返りに、若者は漁獲高から特別な賞与金を貰った。これをカンダラと称し、若者は親に渡さずに使っても良かった。配分の方式は、漁獲高から、組合手数料、モンギン、及び、直接経費（氷、油、餌代等）を除き、残った額の一定率を船歩として除いて船頭の所得とし、余ったものを大仲といって、乗組員には、大仲から諸経費（食料費、調理の燃料代等）を引いて均分したものが、歩合として配分された。船歩が加わる船頭を除くと平等分配の方式であった。その中で、若者に対しては特別な賞与が認められ、積極的な働き具合が奨励されていたのである［新川　(1958)］。モンギン（文金）という経費も古い習俗であろう。モンギンは、船頭が管理し、玉江浦の祭礼の経費や4組の青年宿の運営費として用いられていた。

漁獲が玉江浦中で最も多いと、その漁船はイチバンギリと称して組合から賞状等を貰った。漁船乗組員は反物を船頭へお祝いに持って行き、船頭の家では、それを旗にして祭礼時に大漁旗と対で船に立てる。祭礼が終わると、旗の縫い目を解き、着物に仕立て乗組員の妻や子どもへ贈る。これをカコのイワイギ（祝着）といった。船頭と乗組員の間に認められるこのような互酬的な民俗慣行は、広く各地に認められるものではあるが、以下のような条件を伴って行われるものであった。船内、すなわち、船頭と乗組員の間で良い信頼関係が築けている必要があり、気の利いた乗組員が反物を「あげよう」と提案する必要があった。背景には、船内による船頭への配慮がある。操業中にブリッジから降りてくる船頭に対し、甲板員は気を利かし、「おまえはの魚釣ることだけ考えとりゃ良いの」、「邪魔邪魔、上がりさい」と追い返したものであったという。

漁獲高の一部が船頭を通して、地域社会の祭祀等へ再分配される玉江浦の習俗は、平等主義的な船内という労働組織を基盤に、特に若者を一人前の漁業者へ育てることを重視したものであった［中野　(1999)］。

第3節　漁業

ここでは、遠洋の漁業活動を取り上げ、それに関わる民俗知識と、漁業活動の背景となる社会的、歴史的文脈を整理することを通じて、漁業者がいかなる意識で漁業を営んできたかを見ていく。以下の記述は、既発表論考を基にしつつ、フィールドノートから新たなデータを取り上げている[中野　(2003a)、同(2003b)]。

1）遠洋漁業の漁場と延縄漁業

玉江浦では底延縄漁によって、幕末より鱶を、その後はアマダイを主たる漁獲対象とし、戦前は、九州の五島列島から、済州島、朝鮮半島沿岸へ出漁した。15トン・15馬力程度の漁船で、5～6人が乗り込み、第二次世界大戦後は、朝鮮半島近海から、中国揚子江沿岸へと、東シナ海を主たる漁場へ最盛期においては8～9人が乗り込んだ。

戦前には経験的な知識をもとに漁場探索をした。玉江浦を出港した漁船は、長崎県の五島列島男女群島を基点とし、南西方向にコンパスを立て、近い漁場であれば、8時間走り（ハチジカンバシリ）、遠い漁場であれば、1昼夜半走り（イッチュウヤハンバシリ）などといって、航海時間を基準にアプローチし、タチアイといって、縄の先端には測鉛器をつけ、海深を測って位置を確認した。測鉛器の底部の窪みへつけた鬢付け油（後にはグリス）に付着した物から漁船の位置を判断し、底質も見た。底質はソコアイといい、砂、ドベ（泥）、アラス（荒い砂）などと区別された。試行した延縄の釣針等にかかってあがる底生生物（エビ、貝類、珊瑚、海綿動物等）もカカリモンと通称され、判断の手がかりだった。船頭は、ソコアイや潮と漁獲対象の魚を関係付け、操業を組み立てる。例えば、アカアマダイは、アラスからドベといった幅広いソコアイが良く、シロアマダイは、ドベズナといって粒子の細かいドベで深いところが良い。アカアマダイは、潮が通る時に釣れ、ヂの側、すなわち、東シナ海の東側、日本寄りの方に多く棲息する。シロアマダイは、チョウセンガ、シナガと言われる中国大陸側に棲息し、潮が弱った時に釣れる魚であるため、小潮でなおかつ、潮が最も弱まる頃を狙うという［中野　(2003a)、同（2003b）］。

2）民俗知識と歴史文脈

民俗学は、このような民俗知識、とりわけ、ヤマアテの知識と技術についての研究を進め、近年は、科学技術と共存するその姿へ関心が向けられている［篠原(1995)、卯田　(2001)］。玉江浦の経験的知識の特徴は、陸地の見えない漁場を利用する点にある。この知識は船頭が占有するものとみられているが、船頭の間で異なっている面があり、また、乗組員が詳しい知識を有している面もある［中野　(2003a)］。ここでは、「漁村」の社会的文脈を重視しながら、上述の民俗知識を歴史的に位置づけて考察しよう。

初めに、前提となる漁経験の初期過程を概観しておく。この経験は遠洋漁船の乗組員が前提的に有するものだからである。漁師を志す男子は、青年宿に所属し、ゴタイナラシと称し、漁業経験を積む。沿岸漁を行う高齢者の漁船に同乗し、一本釣り、延縄、漕ぎ漁、磯漁など雑多な漁法を１～３年の間行う。櫓の漕ぎ方、潮、ヤマノメ、魚が食う時や星、針の付け方、縄のくくり方等を、見よう見まねで身につける。

次に、知識と関わる漁船内の労働役割としてマエシを取り上げる。船頭の漁場知識を考察する上で、マエシの存在が重要であるからだ。マエシとは、投縄した縄を揚げる際、漁獲物を取り外し、釣り針を縄鉢へ打って縄をまとめる役をいう。年長の甲板員がつとめることが多いこの役は、カカリモンを見ながら作業をすることで、漁場知識に明るい存在と見られている。マエシが有する知識は、船頭と異なり記録性（海図、漁撈日記）を欠くため、部分的なものであったといえる。だが、全ての甲板員に経験知識を重ねる可能性は開かれていたといえる。この知識には個別的な経験に基づく経験的知識の性格がある。と同時にそれは、複数の人間間で共有される民俗知識の性格もあわせ持っている[6)]。ところで、新たな漁場を試みる際、当初の縄整理は船頭が行い、それ以後はマエシへ任せるといわれている。船頭はソコアイを見るために、自ら作業を行うべきとされているのであるが、その作業はマエシへ一任されるようになる。戦後、漁業者も新制高校へ進学するようになると、ゴタイナラシの経験を積まずに東シナ海へ出漁する船頭後継者があらわれた。機器に頼って甲板へ出る機会が少ない船頭はカカリモンを「ブリッジから見てた」という。つまり、近代的機器を利用して漁場知識を増やしていくことと反比例し、経験知識を重ねる機会は減少したと考えられるのだ。漁場知識が多様である理由の一つは、進学率の上昇を背景とし、特性をもった漁船内労働が分業化していくことに伴って顕れた歴史的変化でもあったと考えられるのである。

玉江浦の漁船には、ラジオ・魚群探知機（1950年代）、ロラン（1960年代初め）、潮流計（1970年代半ば）、GPS（1980年代半ば）が導入されていった。船頭は航海中も魚群探知機の反射映像を凝視し、操業へ応用した。海底の起伏のみならず、泥、砂、瀬などの低質も区別し、起伏のある所をチェックしてタチアイや延縄を試み、漁場の知識が深められた。たとえば、アマダイは、「人間と一緒で谷に近い斜面におる」などという。アマダイの棲息地を人間の居住地とのアナロジーで捉えるだけでなく、従来では分かるはずのない立体的な場として認識されている。ある船頭による漁撈日記をもとに、1950年代と1970年代初頭の操業実態を比較してみると、後者においては、限られた漁場内へ、延縄を増加させて効果的に落とし込もうとする記載が認められ、明らかに漁獲量が増加している。漁場認識は質的に変し、操業はより効率的なものとなったのである［中野(2003a)、同(2003b)］。

アマダイ底延縄漁は、自由漁業のため全く規制が存在しなかったが、1960年代から、山口県では東シナ海の漁業資源を保護する機運が高まり、遠洋延縄協議会を結成し、自主規制を開始し（1972年～)、玉江浦でもそれに従って産卵期間を避け、従来よりも早く操業を切りあげるようにした。だが、立縄漁法の漁船(1980年代～)、中国、韓国からの底曳網漁船が参入・増加で、資源枯渇は進み、玉江浦の最後の遠洋漁船は1998年に東シナ海から撤退し、遠洋漁業に終止符を打った。近代的な機器の導入・活用と資源枯渇の進展は相関関係にある。興味深いことに資源再生産に対する民俗知識を窺わせる語りもある。元機関士のある漁業者は、特定の漁場でアカアマダイを釣り続けると、混獲される魚のうち、キダイは大きな成魚から釣れ、次第に小さなキダイになっていくことをツリマケルといい、その小さなキダイが釣れた段階で、その漁場のアカアマダイ漁を止めるものだという。船頭やマエシ（甲板員）との間で交わされる情報とその意味づけが、漁場の知識形成において重要な過程であったとすると、このような魚類の再生産に関わる知識もまた、彼らの話題に挙がっていたものと考えられる。ただし、この発話は遠洋漁業が終了した後の調査（1999 年）で得たものだ。資源枯渇という社会文脈下の解釈が含まれている可能性もあり、字義通りに受け止めることには慎重でいたい。大きく見れば、上述の漁場知識は、近代的な機器の恩恵を受け、東シナ海の資源枯渇を支える働きをもっていたと考えられる。

3）漁家からみた漁業者意識

ここでは、漁業と漁家との関わりを見ながら、漁業者の意識を検討する。

遠洋漁業で用いる延縄の漁具は、従来、各乗組員が自前で準備し、持参するものであった。それに加え、漁家家族が行う作業もあった。たとえば、鱶縄のネソである。延縄は、針にかかった鱶の魚体（鮫肌）にすれて切れてしまうため、枝縄の下部に、苧を巻いて摩擦に耐えるようにする。巻いた苧をネソといい、その作業をサナグといった。苧は、背後農村から入手し、手作業で糸状にする。水に浸けてから晒し、石臼の棒にかけて裂き、次に糸車を用いて糸に撚りをつけた。手先を使って太さを均一にしなければ、切れやすくなる。座って行える作業のため、「苧をウム」といって年寄りが夜なべで紡いだのである。

戦後、延縄漁具の経費は、船内が負担するようになったが、道具の準備、修理は従来通り、乗組員が行った。漁具の内、針については、針を枝縄の先のナイロンに結ぶ作業が必要である。この作業は漁家の内職とされ、船主の家では、次の操業に向けて、乗組員 1 人あたり 7000 本を依頼する。漁家においては、たとえば、3 人の子どもがそれぞれ遠洋漁船に乗船する場合、21000 本の針を結ぶわけである。できあがった針は、船主の家へ持参し、船主の妻が、水揚げで寄港した港へ持参した。たいていは妻が家事の合間、夜なべ仕事で行うものであった。家の事情や、体調が悪い時があると、下請けをしてくれる人に少々金額を上乗せして依頼し、他の人に結んで貰う。針に対する船主側の意識は敏感で、「少し足りないようだが、しっかりやってくれ」といわれる家もあり、そのような家には依頼することがなくなったものだという。次第に「漁村」外で働いた方がお金になり、若い人は行わなくなったというが、この慣行は平成まで続いた。

ある船頭の妻によれば、留守中の家の仕事は多く、気遣いが必要であった。かつての土間にはクドがあり、クドは油で磨く。柱も掃除で拭いて艶を出す。「流しでも汚かったら恥」「家が無茶苦茶になったら恥」であったから、「男衆が出ちょる」間の「仕組みかね、それはきちきちっとしよったよ」という。季節に備えた仕事もあった。11月になると、冬支度と称して、台所の板の間に炭俵を10俵、薪を用意して詰め込み、当面使える分の薪を並べ置くのが「嫁さんの役目」であった。姑がいれば、彼女の指図に従わなければならない。嫁は「給料のない女中」のようなもので、何事にも「ハイハイ」と文句を言わずに対応すべき存在であった。家が揉めると「恥になる」「家が揉めたら沖が儲からん」という言い伝えがあった。そのため、「沖が儲かるよう」に「協力し合う」ものであった。

船内という乗組員による労働組織を基盤とする玉江浦の漁業は、さらには、それら乗組員の漁家家族による家内労働を支えとして成り立っていた。家が協力し、乗組員が競い合って、イチバンギリを指向する漁師の心のあり方は、玉江浦の遠洋漁業を大きく支えていた。その意味で、東シナ海に出漁していく心意気は、単なる経済的な行為にとどまらない、玉江浦という社会の文化とも深く関わっていた。

第4節　信仰と儀礼

玉江浦では、漁獲が多いこと、運の良いことを「フダマが良い」という。逆に運が悪いことを「フダマが悪い」、「フダマがあがる」と言い、不漁を嫌った。漁業者の信仰は、漁業が変化する影響を受けながらも、生活と多面的に関わっている。ここでは、沖止め慣行と、船競漕の例を取り上げ、それらに関わる変化を沿岸漁業への移行期と以後にも視野を広げ、みていく。以下の記述は、（３）が既発表論考［中野　(2018)］を基にしている以外は、フィールドノートから新たにデータを取り上げている。

1）漁業者の信仰

玉江浦の鎮守は三見の三田八幡宮であるが、漁業者の主たる祭事は玉江神社、厳島神社を中心に地区内の神社で行われている（表 9-1)。

漁業者の信仰は漁業組織（大船頭）を中心に采配される。その特徴は、漁の祈願（御日待（オヒマチ）と称する）に認められる。御日待は年に３回行われ（1月５日、５月５日、９月５日)、４ヶ所の社寺（玉江神社、荒神社、恵比須神社、観音院）を組が輪番となって行う（荒神社は玉江神社に合祀されているため、実質３ヶ所)。各組に分かれ、各社寺に籠もる祈願は、かつて二つに分けられ、前半を龍宮祭りと称し、後半を漁申しといった。後半の日の出を迎える段階で御神籤を引き漁の多寡が占われた。大船頭は、お供えを用意し、直会の席で共食した。

表 9-1　社寺を中心とする玉江浦の漁業関連行事（1970 年頃）

月	神社行事				寺院行事
	玉江神社(五鬼権現)	厳島神社(弁天)・大歳神社	恵比寿神社	荒神社	観音院
1	龍宮祭り・お日待		龍宮祭り・お日待	龍宮祭り・お日待	龍宮祭り・お日待
2					
3					観音講
4	春祭				
5	龍宮祭り・お日待	祭礼・漁申し	龍宮祭り・お日待	龍宮祭り・お日待	龍宮祭り・お日待／漁供養・永代経(灯籠講)
6					
7					
8					永代経(灯籠講・大講)
9	八朔・漁申し／龍宮祭り・お日待		龍宮祭り・お日待	八朔・漁申し／龍宮祭り・お日待	龍宮祭り・お日待／観音講
10	秋祭				
11					
12			お日待		

特に、恵比寿神社の祭り・御日待ちにおいては、小豆入りのおにぎりを供え物として準備する。「漁村」中の船主、漁協の役職員へ分けるこのおにぎりを「申しのむすび」と称し、食べると「病気にならん」ものだと言った。

漁申し（御日待）の目的は、玉江神社の秋祭りの民俗芸能（天狗拍子）の由来譚として伝えられている。ある漁師が沖から戻る際に妙な音を聞き、探し当てた老翁から舞を授けて貰った。その後、漁申しの祭として此舞を舞うと毎年大漁となって玉江浦が繁昌したというものである。

漁船と海に関わる信仰を見てみよう。正月には漁船の飾りをする。ブリッジの中に祀るフナガミ様へ、お膳とお神酒を、オモテノリなど若い者が供える。漁期に入ると、デフネ（出漁）の準備を進め、乗子になることを決定した乗組員が船頭の家へ集まり、ノリアイガタメが行われた。出漁前の９月初旬にフナギヨメを行った。大船頭が漁船数を宮司に伝え、依頼した。お初穂を上げ、お米とお神酒一合瓶をお宮に供える。それらを持って漁船の船室にてフナガミ様に祝詞をあげた。この儀礼は、イカ釣りへ転業した漁船において、夏季の休漁期間がまちまちとなって1970年代から行う船が少なくなった。また、観音院を訪れて、航海安全のオツヤといって祈願して貰った。出漁すると、フナガミ様をお祭りし、沖合で食事をする際も、炊いた御飯をお櫃に入れ替え、そこからフナダマさんに供えた。漁船が港口の厳島神社の前を通る際、御神酒を港に注いで祈願する。初乗船の若者がいる場合は、御神酒を供え、必ず栓を開け、海に注いだ後全ての乗組員で飲んだ。貰ったカンダラをまず仏壇に供えるように、オモテノリは神仏に近い存在であった。

玉江浦においては浄土真宗の光山寺が多くの檀家を抱えている。だが、漁業関連行事においては「漁村」内に所在する臨済宗の潮音山観音院が重要である。海中から網で揚げられた聖観音像を本尊とする縁起譚を有する観音院では、玉江浦の女性で構成される観音講が、彼岸行事をとりまとめ、先祖供養が行われている。漁家の信仰は厚く、生活の多方面へ広がっている。家族員が原因不明の病気で苦しんでいる時にはミズセガキの祈祷を依頼し、新築のために旧家を解体する際には、サワリがないよう観音院で祈祷して貰う。海難に遭って行方不明になったり、外国船に拿捕されたりした場合、妻・家族親族、乗組漁船組織の女性達は観音院にて延命十句観音経を唱えて無事を祈願した。観音院では、正月に「観音御籤」と称して、年初の籤を解説したり、個人や船毎の「今年の漁はどうなのか、どちらが良いのか」などの相談に応じたりもした。

以上、玉江浦の信仰は、遠洋漁業組織が生活組織を兼ねてその基盤を形作り、漁祈願を中心とする多様な性格を有しているといえる。

2）信仰をめぐる「漁村」の葛藤

遠洋漁業から沿岸漁業へ回帰すると信仰も大きく変化した。ここでは、高齢化した沿岸漁を背景とする沖止め慣行に対する意識とその変化、および、漁申しという祈願の変化を、1998 年という時代の文脈とともに整理したい。

玉江浦では、祭日を「沖止め」とし、漁業者は出漁しない慣行である。1998 年の 12 月に開かれた小船協議会の総会では、祭日と沖止めの合理化策が提案され、従来の慣行が大きく変更された。総会には小船協議会の 44 人、漁協から 3 人の計 47 人が出席し、小船協議会会長の開会挨拶、漁協組合長の挨拶に続いて宮総代から 3 つの議題、すなわち、①祭りと沖止めの回数を減らすこと、②祭日を直近の日曜日に変更すること、③祭日の際に支払われていた役員へ日当をなくし、経費を倹約すること、が提案された。この提案に対しては、賛成するという漁業者の発言に続き、役員から、「一月一日にオヒマチを入れて、三日のオヒマチを一日にみんなで参拝して貰えれば良いでないか」とする追加の提案も加えられ、「わー」という発声とともに拍手でもって承認された。

この提案と承認の背景を補足しよう。①の背景には、大船頭体制で担ってきた「漁村」の運営組織の変化があった。大船頭は、漁業協同組合の理事の 1 名を当てる形で継承されてきたが、1997 年に廃止され、行政的な町内組織の区分けを元にした新たな総代制度を設け、宮総代と分区総代を漁業者、および、町内の中から選出した。総代に選出される者は、しかし、依然として漁業者が中心であった。そのため、高齢化や役職に就くために自らの経済収入が減少するといった問題が直ぐに生じた。高齢の漁業者にとって、沿岸漁業の環境は厳しく、できるだ

表 9-2　沖止め慣行の変更（1997 年）

変更前			変更後		
月日	行事名	沖止	月日	行事名	沖止
1月1日	初参拝	○	1月1日	初参拝　御日待	
1月2日	豊漁祈願	○	1月2日	豊漁祈願　御日待	
1月5日	御日待　漁申し	○			
4月3日	玉江神社春祭		4月3日	玉江神社春祭　御日待	○1日
5月5日	御日待　漁申し	○			
6月第一日曜日	厳島神社祭礼	○	6月第一日曜日	厳島神社祭礼　御日待	○5日
6月第一月曜日	網代回り	○	6月第一月曜日	網代回り　御日待	
9月1日	八朔祭		9月1日	八朔祭　御日待	○1日
9月5日	御日待　漁申し	○			
10月25日	玉江神社秋祭	○	10月日曜日	玉江神社秋祭　御日待 天狗拍子	○1日
10月26日	天狗拍子	○			
12月2日3日	恵美須祭　漁申し	○	12月2日3日	恵美須祭　漁申し　御日待	○1日

け漁業活動を阻害しないこと、公平に誰もが役員を負担できるようその負担を軽減する必要があった。その結果、御日待を隣接の祭事と合併することで沖止めの日数を減らした（表 9-2）。

この会議におけるもう一つの提案は、玉江神社の秋祭りの民俗芸能、天狗拍子の存続についてであった。前提となる背景をあらかじめ記すと、天狗拍子は、若者が担う舞であったが、遠洋漁業が盛んになって祭礼期間中も不在となったため、1959 年以来、小学生の男子と女子が舞うものとなっていた（図 9-5）。また、萩市の民俗文化財に指定され（1964 年）、玉江浦の保存会が保持団体となっていた。次に提案の要点を３つに整理しよう。①民俗芸能の経費不足、②不足する天狗拍子の担い手、③天狗拍子自体の存続、である。③から見てみよう。この提案を行ったのは天狗拍子の芸能保存会の会長である。会長は、「踊りやったら漁がありますよって保存会が主催するから天狗

図 9-5　天狗拍子（1997 年）

拍子やるってことになってるけど、それはどうか」と発言し、存続の是非も問うた。②については、出席者から、玉江浦以外の他地区から広く子供の参加者を集める考えが示された。だが、保存会長は「そしたら何のための天狗拍子かの！」と一蹴し、漁業者の祭りである意義を強調した。この提案の結論は最後まで出なかった。結局、①に対しても名案は出なかったが、「正組合員一律」に年会費を拠出するという案を了承して総会は終了した。

以上、祭事をまとめる役職者と老年漁業者間に負担の差が生じていること、芸能を担う継承者（子ども）も不足していることがわかる。実のところ、これらは、新たな漁協の広域ガバナンスに向けて、既存の漁協内で継承されてきた慣行的祭事の問題を予め整理しておくべき課題でもあった。というのは、会議の過程で漁協組合長は、漁協広域合併を見据え、地域の者なりに「筋道付け」る必要があるとコメントしていたからである。外部者を拒否する保存会長の感情的ともいえる表現は、民俗文化財に指定されている行政的枠組みを遵守しながらも、漁業の信仰行事を、担い手が減少しているにも関わらず、存続させなければならない矛盾と窮状を浮き彫りにしている。加えて、ここには、民俗を地域活性化へ活用する文化政策の影響も及び始めていたのである。

3）厳島神社祭礼と和船競漕

天狗拍子は、民俗文化財という行政の枠組み下で、担い手を保存会組織に限って継承している。対して、和船競漕は、漁業者以外の担い手も含め、大規模イベント化している。民俗文化財に指定されていない和船競漕は、新たな時代に応じて大きく変化している。

厳島神社（通称弁天）の祭礼では、和船競漕が行われ、近郷に広く知られている。1789（寛政元）年に行われた記録が残される競漕行事の由来は２通り聞かれる。１つは毛利藩の連絡用の早舟、難破船救助の訓練等と言われるもの、もう１つは、和船競漕の翌日に行われている漁申しの神事（海上の定置網の網代で実施）と関わる。この祈願が、網代を決定する競漕的神事として和船競漕の始まりであるとするものだ。ここでは、和船競漕の民俗的性格を確認しながら、その変化に注目し、現在の信仰の様相を紹介したい。

和船競漕は、和船を櫓と櫂でもって押し比べて競漕するという意味で、オシクラゴウと呼ばれる。祭礼日には厳島神社へ参拝をし、4つの組から1隻ずつ乗り手を選出して海上の「津波瀬」から港へ向かって行われる。組の対抗競漕であり、勝敗に多大な関心が寄せられていた。船競漕の研究例からこの形態を整理する。船競漕の内容については、「神」を捉える民衆の心意を重視し、①神迎えの船競漕、②神送りの船競漕、③神を歓待する船競漕の3種の類型が整理されている（表9-3参照）［海野　(1980)］。玉江浦の例は、接岸時において水押しに乗り、女装した櫂かきが、拍子木で舷を叩きながら、幣を振り、沖合から陸を目指して競漕をする。海の神を若者が迎える性格が認められるのである。従って、①の神迎えの船競漕に位置づけられる。

表9-3　船競漕の類型　海野　(1980)

類型	民衆の心意	分布	神の性格
神迎えの船競漕	なるべく早く神を迎えることに重点	太平洋・日本海・東シナ海に面した海岸部	海から依り来る
神送りの船競漕	厄払いを主眼	太平洋岸	不幸をもたらす畏怖神
神を歓待する船競漕	神を歓待することを重視	瀬戸内に分布	霊威あらたかな勧請型
		長崎・沖縄	固有の在来神

競漕形式は大正年間に変化し、陸（港）から出発し、陸（港）側を終点とする往復競漕となった[7)]。その後、通称お祭り法（「地域伝統芸能等を活用した行事の実施による観光及び特定地域商工業の振興に関する法律」［1992年］）を背景とし、遠洋漁業組織の解散（1992年）が大きな影響を与えた。

青年協行会会長は、漁業組織を解散する決議をした総会でオシクラゴウも辞めることを一方的に宣言した。それに同意できない若手漁業者は、玉江浦青年団を結成し、署名を集め、船頭組織（イカ釣り船団）へ陳情し、財政的・人的支援を得て継続した。次に、漁協組合長は、和船競漕の選手不足を問題視し、「水産まつり」と題して、海水浴場で地区対抗競漕を行う等、イベント化を進めた。祭りを「萩市に持って行かれ」「寂しい」と捉えた玉江浦の漁業者は、自治会の協力を得て、和船競漕を「ふるさと祭り」の一環として行うこととし、会場を海上から橋本川

図 9-6　和船競漕

上写真：減少した漁師を中心に橋本川上で行っていた和船競漕。褌、晒しの半裸姿での若者が櫓と櫂で和船を推進させる (1998 年)。

下写真：2015 年現在の和船競漕。一般参加の男女混合チーム。仮装している漕ぎ手もいる。5 人で櫓を押し、漁業者 2 名が水押しと艫に同乗し、事故に備え、舵を取る。

に移し、4 隻であった競漕船を 3 隻に減らした。このようにして、以後の祭りは「玉江浦ふるさと祭り」として漁業者と自治会の共催による実行委員会で担われている。

2000 年代に入ると、この行事は、一般参加が可能なイベントへと更に変化している。変化を促したのは漁協、および市の広域合併である。藩祖の毛利輝元が萩城へ入った 1604（慶長 9）年から 400 年目に当たる 2004 年を記念し、萩市は「萩開府 400 年記念事業「おしくらごう」」を実施し、地区の対抗和船競漕が行われた。翌年、萩市の合併を記念する「新萩市の和船大競漕事業」が行われ、「地域間交流」を促進し、「伝統文化の継承及び観光振興」に寄与する目的が掲げられ、同様に実施された。この過程で地区外からの参加を得る形式が導入され、萩市水産課が協賛するようになった。（図 9-6）

一般から参加するチームは職場、趣味、スポーツ団体等であり、萩市役所水産課が公募する。萩市内の中学校からは男女別チームが参加する。初心者が和船を操作できるよう、櫓の簡易固定器具を導入し、事前に玉江浦の漁業者が練習を指導したり、漁業者も和船へ 2 人乗船し、舵操作を行い、事故に備えたりしている。一般の部は、男女混合で決勝戦まで行う。

注目できる点が 2 つある。1 つ目は、担い手が多様化し、従来にない形で相互に影響を与え合っていることだ。参加チームと漁業者の間では練習が繰り返され、たとえば、サーファーと漁業者との間においては、海という一致点を通じて、異なる経験をすり合わせ、共感が育まれている［中野　(2018)、pp.114 ～ 118.］。2点目は、競漕行事が入れ子型の構造をもっている点である。一般枠参加と玉江浦青年団とを分けながらも、常連で実力を蓄た一般参加のチームは、玉江浦の青年団で構成されるオシクラゴウのチームに組み入れられ、競漕できるのである。青年団チームには漁業者や、和船競漕の経験者が含まれている。オシクラゴウの対戦は、頂上決戦と称され、行事の新たな面白みを生み出しているのである。

厳島神社の祭礼は、漁業色の希薄な参加型イベントとなって一変した。ただし、形式的面での大きな変化にもかかわらず、漁業的な祭祀は「漁村」の者たちだけでひっそりと維持されてもいる。民俗は、担い手が多様化するのに対応し、重層的に営まれ、その意義も多様化しているわけである。

第5節　現代社会における「漁村」と民俗

今日、全国の漁業地においては広域的な合併が進み、行政的効率化が進展している。その例外ではなく、玉江浦にもはぎ漁業協同組合の支所が置かれている。立法化された漁業協同組合が存在し、それが機能していることに思いを馳せると、このような古い特徴が、近年まで継承されていた点は奇異なことかもしれない。しかし、生活や習俗の持続という点からみると、このような事実が現実の生活として、各地方に継承されているのである。

本稿では、生活と連関する多面的な側面に視野に入れるために生活組織に焦点を当て、「漁村」における民俗変化や創出のダイナミズムを捉えようとした。民俗的トピックの時間的な持続性を見てみると、遠洋漁業は100年以上、青年宿は60年前後、和船競漕は200年以上の歴史を有するが、これら民俗の担い手は「漁村」であった。これらの民俗慣行を長期にわたって支えた大きな条件の一つは、大船頭を頂点とし、平等主義的な船内組織とともに、若者を中核とするこの生産組織が、同時に、地縁的な生活組織と重複し、陸上生活と連続していたことにあったと考えられるのである。次に、本章では、遠洋漁業当時と、その以後の民俗を異なる2つの時点から捉えた。この2時点は、大船頭体制が崩れて次の体制を模索する時代、および、産業構造の転換に伴い、漁業においても、多面的な機能が求められる時代であった。ここでは、「漁村」の民俗を、それが具体的に運用される社会的文脈で捉えるとともに、歴史的文脈下に位置づける重要性を指摘した。たとえば、漁場の民俗知識は、個別的に経験される知識の積み重ねと密接な関係をもって存在していたが、戦後特有の歴史文脈、すなわち、進学率の上昇を背景とし、かつ、魚群探知機等の近代機器を導入することと平行して進展した漁船内労働の分業化に伴って質的に変化していた。同じような形式の持続であっても、部分的な変化が積み重ねられ、全く別種ともいえる内容になっている場合もある。また、民俗の担い手は多様化している。例えば、玉江浦では、数を減らしながらも祭祀自体を持続させている。大規模化した和船競漕の行事においても、厳島神社への参拝は、「漁村」の者たちだけで行われている。このような点に、フダマが良いこと、すなわち、多くの漁獲を希求したり、海上安全を願ったりする意識が未だに持続している点は確かに認められる。だが、担い手の多様化に伴って民俗自体が多様化している面も捉える必要がある。大規模イベントにおいて参加チームと漁業者の間で、新たな形式や意味づけが生み出されている。このような点は、新たな民俗が創出される過程として注目できるだろう。

本章は、「漁村」へアプローチし、長期にわたる時間枠組みの準拠点として、生活組織に共有される民俗の規範的な側面を捉えながら、漁場操業における個別的な経験、漁師の会合やイベントといった具体的な相互行為の場も取り上げ、民俗変化とその文脈を明らかにした。民俗の変化は、異なる地点においてはまた別の相貌を見せるだろう。各々の地域的な特色を捉えながら、ダイナミズムの全体像を明らかにし、そこに潜む普遍的な性格や、将来に向けてのヒントを得て行くことが重要である。民俗学研究は今後ともその役割を果たしていくことが求められている。

1) 漁村を研究対象として取り上げる研究は多い。隣接分野においては、社会学における重要な成果が知られる。中野卓（1996）、柿崎京一（1978）、武田尚子（2002）。本章は、武田が整理するモデル論との関係では、解体・闘争・統合モデルというよりは、生活習俗の変化と意識に焦点をあて「漁村」を捉える民俗学的観点に立っている。
2) 外務省記録の「在朝鮮臨時公使の朝鮮沿海漁業調査報告」に山口県、大分県、愛媛県、熊本県、島根県からの出漁漁村が記され、その筆頭に山口県阿武郡の出漁者、鶴江浦、玉江浦、三見浦が記されている。山口県（2003）。
3) 埋め立ては「漁業集落環境整備事業」によるものである（平成 13 年度から 5 年間で完工）。「漁業集落道、緑地場等」を整備することで「生活環境の改善」や「安全で快適な漁業集落」の形成を目的とするもので、緊急車両等の出入りの不自由さを改善することを謳っている。
4) 頭上運搬は、九州から瀬戸内海・紀伊半島などにかけてひろく分布する習俗である。玉江浦においては、漁家の婦人が行う頭上運搬と魚の行商をカネリといい、頭に布片で作ったカネサを乗せ、その上に、魚を入れたクツガタという楕円形の桶を乗せ、振り歩いた。この習俗は、羽様西崕が、幕末の 1853-1854(嘉永 6 ～ 7) 年にかけて描いた「萩両岸図」にも記されている (財団法人防府毛利報公会所蔵)。
5) 移住に関わる、出稼ぎや操業ネットワークについての研究も進められ、また、個人が民俗を内面化し、主体的に伝承する側面もライフヒストリーの手法を用いて議論されている。葉山茂（2013）、増崎勝敏（2019）、徳丸亜木（2020）。
6) 主観と共同性が関わる民俗的自然認識の問題においては、民俗学者高取正男の表現「フォークの論理」を手がかりに、文脈に依存する認知の重要性が議論されている。この点は、民俗知識の問題としても議論する必要があろう。川田牧人（2008）。
7) 和船競漕がヒノヒに行われるものであるという伝承もある。清水満幸（1996）。ヒノヒがどのような日にちであるのか、伝わっていない。明治期においては、旧暦 4 月 12 日頃にも行われており、祭日の変動は著しかったようである。なお、スポーツ社会学の観点から、新聞資料をもとに、おしくらごうの変遷 (主として明治から昭和初めまで) を整理した研究によれば、片道から往復へと変化し、競技性を増した背景の一つとして、中学校における体育行事との関係性が挙げられている。高津勝（2006）。

参考文献

卯田宗平「新・旧漁業技術の拮抗と融和―琵琶湖沖島のゴリ底曳き網漁におけるヤマアテと GPS―」『日本民俗学』226、(2001 年)
海野清「船競漕の民俗」『民俗学評論』18・19、(1980 年)
柿崎京一『近代漁業村落の研究 : 君津市内湾村落の消長』(御茶の水書房、1978 年)
川田牧人「フィールドでアニミズムとつきあうために」山泰幸他偏『環境民俗学　新しいフィールド学へ』(昭和堂、2008 年)
桜田勝徳「漁村」『社会学大系』2、(1948 年)
桜田勝徳「民俗―漁村民俗探求の経過とその将来―」『村落研究の成果と課題―村落社会研究会年

報』1、(1954年)
桜田勝徳『海の宗教』(淡交社、1970年)
篠原徹『海と山の民俗自然誌』(吉川弘文館、1995年)
清水満幸 「オシクラゴウを伝える青年宿のムラ、玉江浦」『ふるさとの人と知恵 山口(江戸時代人づくり風土記:35)』(農山漁村文化協会、1996年)
高桑守史『漁村民俗論の課題』(未来社、1983年)
高津勝「船競漕の社会史:玉江浦のおしくらごう」『社会学研究(一橋大学研究年報)』44、(2006年)
武田尚子『マニラへ渡った瀬戸内漁民:移民送出母村の変容』(御茶の水書房、2002年)
辻井善弥編『ある農漁民の歴史と生活』(三一書房、1980年)
徳丸亜木「変革の記憶と伝承としての継承―韓国巨文島での生活経験者の「語り」を事例として―」『史境』79・80、(2020年)
内国勧業博覧会事務局『第四回内国勧業博覧会出品審査報告』(『明治前期産業発達史資料(勧業博覧会資料)』104巻)、(明治文献資料刊行会、1974年(1896年))
中野卓『鰤網の村の四〇〇年:能登灘浦の社会学的研究』(刀水書房、1996年)
中野泰「漁民育成におけるカンダラの意義―玉江浦の遠洋漁業と漁獲物分配制度―」『日本民俗学』218、(1999年)
中野泰「シロバエ考―底延縄漁師の漁場認識とフォーク・モデルの意義―」『国立歴史民俗博物館研究報告』105、(2003年)
中野泰「遠洋漁業と越境の論理―近代における底延縄漁師の漁場認識の事例から―」、篠原徹編『越境(現代民俗誌の地平:2)』(朝倉書店、2003年)
中野泰『近代日本の青年宿―年齢と競争原理の民俗―』(吉川弘文館、2005年)
Nakano Yasushi, The Endurance and the Transformation of the Traditional Boats Race, in Bulian Giovanni and Nakano Yasushi (eds.), *Small-scale Fisheries in Japan: Environmental and Socio-cultural Perspectives,* Venezia: Edizioni Ca' Foscari., pp.101-127., 2018.
新川傳助『日本漁業における資本主義の発達』(東洋経済新報社、1958年)
野地恒有『移住漁民の民俗学的研究』(吉川弘文館、2001年)
萩市編纂委員会『萩市史』1巻、(萩市、1983年)
葉山茂『現代日本漁業誌:海と共に生きる人々の七十年』(昭和堂、2013年)
増﨑勝敏『現代漁業民俗論:漁業者の生活誌とライフヒストリー研究』(筑波書房、2019年)
明治大学政経学部「青年宿のムラ−山口県萩市玉江浦−」『社会学関係ゼミナール報告』、5、(1969年)
安室知「「水田漁撈」の提唱―新たな漁撈類型の設定にむけて」『国立歴史民俗博物館研究報告』87、(2001年)
山口県『山口県史 史料編 近代4』(山口県、2003年)

特論 10

漁業に関わる民俗文化財の現在と課題

1. はじめに

小論では、まず漁村の振興を目的として推進される政策的な動向を概観したのち、漁業に関わる民俗文化財を例として、担い手や地域社会にとってそれがもつ意義を検討する。また、文化財制度という枠組みのなかで自らの活動の価値づけを図る営みのなかで生じている課題をあげ、それに担い手がいかに対応しているかについてもふれてみたい。

2. 漁村の振興をめぐる近年の政策的動向

1）フィッシャリーナと海業

(1) フィッシャリーナ

水産庁が推進する政策のひとつに、フィッシャリーナの認定がある。フィッシャリーナとは、漁港区域内の遊漁船等と漁船を分離して収容する施設、利用者向けのサービス、安全施設を併せ持つ施設の総称で、「漁業の振興と漁港・漁村地域の活性化並びに漁港での安全な海洋性レクリエーションの発展」が見込まれた総合施設である[(1)]。漁村の活性化や漁業の振興をその目的に掲げた政策的な取り組みは、これまでの歴史のなかでも様々な形で行われてきた。ただし、近年みられる取り組みは、日本の漁業に未だのびしろがあった、かつての或る時期に行われていたものと、やや性格を異にしている。現代におけるそれらは、漁村の存立や漁家の経営を支えてきた漁業生産がそれのみでは立ち行かなくなってきたことを主な背景としている。またそれに関連して、既存の漁港施設を再整備し、漁港における秩序を再編する試みとして捉え得る。従来とは異なり、漁業生産のみならず、他産業ないしは何らかの文化的価値との組み合わせによって漁村の振興を図る時代になっているといえよう。

(2)「海業（うみぎょう）」の振興

「海業」とは、三崎マグロで知られる神奈川県三浦市が 1980 年代に打ち出した「水産業を核とした海から興るすべての生業（なりわい）を軸としたまちおこし」のための概念である[(2)]。全国有数のマグロ水揚げ漁港を持つ三浦市は、基幹産業である水産業と観光業を有機的に結びつけることで地域のさらなる活性化を図る目的でこの政策を推進した。そして30余年が経過した今日までの間に、「海業」は国の施策にも取り入れられるに至った。水産庁が設置した「漁村活性化のあり方検討委員会」による「中間とりまとめ」[(3)]では、「海業」は「国民の漁村を訪れる機会を増大させ、また、漁村における所得機会を増大させる手段として、遊漁、水産物の直売、漁家民宿、漁家レストラン等の漁業以外の関係産業を振興させる方策」等の取り組みを含め、「漁村の人々が、その居住する漁村を核として、海や漁村に関する地域資源を価値創造する取組」と定義され、漁村の活性化をめぐる政策に寄与することが期待されている。後述する民俗文化財の事例もまた、漁村の地域資源としての性格を多分に有するが、「文化経済戦略」（内閣官房・文化庁 2017）における「文化芸術資源」という表現に端的に示される如く、文化財が、単に守り続ける対象から、政策上の性格を変えてきているいま、生物資源のみならず、レジャーや文化といった広義の地域資源の活用（価値の創造）と保存（伝統の継承）の調和的な発展は、景観や住民のアイデンティティといった精神文化と強く結び付いている民俗文化財の場合、担い手たちにとって今後さらに重要な課題になってくることが予想される。

2）「未来に残したい漁業漁村の歴史文化財産百選」

漁村の文化的価値を創出するもうひとつの取り組みとして、水産庁による「未来に残したい漁業漁村の歴史文化財産百選」がある[(4)]。これは2005年9月から11月までの期間に一般から募集した候補地区から、都道府県による一次選定を行い、そこからさらに選定委員会を経て、最終的に「百選」が決定するという手順で進められた。この認定制度の趣旨には「全国の漁村に残る歴史的・文化的に価値の高い施設、貴重な工法や様式の施設などを『歴史文化財産百選』として認定することを通じ、これら施設の都市と漁村の交流の場や手段としての活用を促すとともに、国民の水産業や漁村に対する理解、関心を醸成することを目的とする」ことが謳われている。認定の対象は、伝統的な漁業にまつわる建造物や史跡、あるいはそれらを含む景観等である。認定を受けた地区を総覧すると、結果的には文化財保護法でいうところの有形のものが多数を占めるのだが、「漁村の歴史伝統文化」、「漁業史に残る出来事」、「漁業者とのゆかり」、「その他の故事に関連する物語やエピソード」のある施設が対象とされており、単に、漁村に残っているモノの価値だけでなく、そのモノにまつわる人々の生活の足跡や記憶までを加味して選定がなされたのは、この「百選」の特徴であった。

先の「海業」が漁村に既存する施設を再利用あるいは増設して漁村の地域資源としての価値を高めようとするものであったのに対し、「百選」は、その性格からして、対象そのものに何らかの人為的な手を加えることによる価値の創出は難しい。現状をできる限り維持することによりその価値が約束されるという点で、後者は民俗文化財と通ずるところがある。以下では、漁業と関わりの深い祭礼の担い手たちが、民俗文化財という枠組みのなかで価値を創り出そうとするさまを記述し、観察を通して見出し得たいくつかの課題について述べたい。

3. 漁業に関する民俗文化財の現在

1）祭礼の概要

ここで取り上げる「常陸大津の御船祭」（以下、御船祭）は、茨城県北茨城市大津町の佐波波地祇神社の例大祭で、氏子らによって毎年５月３日に行われる祭礼である。なかでも５年に１度の例大祭は、「本祭」と呼ばれ、担い手たちにとって特別な意味を持ち、豊漁と海上安全の祈りを込めてこの祭りが斎行される。本祭では、神輿を戴いた「神船」と称する船が陸上を渡御するのがこの祭礼の見所であり、この神船には、実際に漁撈に使った木造漁船が用いられてきたという点も大きな特徴である。また、船底に車輪等の装置は付いておらず、全て人力で曳かなければならない。2012年に北茨城市が行った調査によると、船を使う祭りは全国に少なくとも約300件あることが分かっているが、御船祭の形態と完全に一致する例はまだ見つかっていない(5)。これもまた担い手たちの誇りとなっている。曳き手となるのは、まき網漁船乗組員や小型船経営の漁業者をはじめとする若者で、彼らは白色の衣装を着用する。その際、ソロバン（シラ、またはヒラとも称される）という井桁状に組んだ木の道具を路面と船底の間に敷き、その上を船が滑走していく。勢いよく陸上を進む漁船と、オモテ方向へ先綱を曳きながら走る曳き手の様子は、さながら洋上を進む船舶と白波のようであり、両舷にとりつく若者の威勢の良さとともに「海の男の祭り」という印象付けを後押ししている。

2）文化財指定をめぐる担い手の熱意

御船祭は、1975年6月25日付で茨城県の無形民俗文化財に指定され、1979年12月7日には記録作成等の措置を講ずべき無形の民俗文化財に選択された。また、前述した「百選」にも「常陸大津の御船祭と祭事船」として認定されている。祭礼の執行にあたってその中心となるのは、氏子らによって構成される「常陸大津の御船祭保存会」（以下、保存会）である。保存会は御船祭が県の文化財指定を受けたのとほぼ同じ時期に発足した。今から40年ほど前のことである。そして、この保存会の人々にとって、永年持ち続けてきたのが、「御船祭を国指定の無形民俗文化財にしたい」という願いである。

発足からこれまでの間、計8回の本祭が開催され、携わるメンバーも数回の世代交代を経た。この間、保存会事務局を中心に独自に資料調査を進めながら、御船祭に関する歴史資料の収集を行い、またそれに並行して、行政にも積極的に働きかけ、本格的な記録作成を進めてもらうよう要請してきた。かかる努力が受け入れられ、2012年度からは国庫補助を受けて学術調査が行われ、2017年、一冊の報告書が刊行された。

保存会のメンバーの「国指定」に対する願いと思いの強さは、この調査に携わった一人として、多くの場面で筆者も身近に感ずるところであった。文字・写真資料の提供のみならず、聞き書き調査への協力者を町内各所から探して下さり、また、祭礼前ともなると保存会の会合が開かれる度に連絡をくれ、本来、出席が祭礼組織の役員に限られるような重要な会議に、部外者の筆者も同席できるよう便宜を図って頂いた。文化財指定に対する担い手たちの熱意に圧倒されるばかりであった。

3）震災により付加された象徴性

2014年の本祭は、担い手たちにとってまた格別の意味をもっていた。ほかでもなく、2011年の東日本大震災後、初めて船曳きが開催される年だったからである。上述した学術調査は、正確には震災以前から準備が進められていたため、震災が直接的な契機となったとまではいえないものの、御船祭の記録作成事業の推進を後押ししたことは事実であった。主催者である保存会の方々は、この年の本祭に、「復興祈願祭」というテーマを掲げた。当然のことだが、これは前回までにはなかった試みである。これにより、もとは漁業の振興を祈願する、いわば漁業者のためにあった祭礼が、震災を機に「地元」や「地域」あるいは「被災地」というより広い枠組みのなかで復興をアピールするシンボリックな存在として、新たに意味づけられることとなった。

「震災後初」の開催を無事に終えたいま、たとえば5年先の本祭に思いを巡らせてみるとき、担い手たちは震災という出来事によって得られた「付加価値」をどう受け継ぎ、あるいは意味づけなおしてゆくのだろうか。後代に伝えたいという担い手の思いが強いほど、対処しなければならない課題も多くなってゆく。

4. 漁業に関する民俗文化財の課題

1）漁業の消長と連動する祭礼の執行

もとより文字資料が残り難いといわれる漁村での祭りであることにくわえ、学術調査が開始されるつい直前に起こった東日本大震災により、御船祭に関する歴史資料の収集は困難を極めた。そのような状況の中で何とか流出を免れた明治期の文書と新聞記事等から、御船祭の過去の様子を僅かながら復元することができた。それによると、御船祭の神船となる木造船が籤によって決められていたこと、しかし、開催される年は不定期で、その時々の漁況により、神船を曳く祭礼の開催はまちまちであったことが明らかとなった。昭和に入ってからは1935年・1940年・1942年の3回行われており、『北茨城市史』所収の漁業関係資料からは、この前後はイワシの豊漁期であったことが知られる(6)。戦後の動向をみると、神船の登場する祭りは、一般的には日本経済が順境にあったとされる高度経済成長期には、わずか1回（1961年）である。次に神船曳きが行われたのは1974年で、これは第1次石油危機の翌年、日本の経済成長率が戦後初めてマイナスに転じた年に該当する。漁況以外の要素も考慮に入れる必要はあるが、時局とは必ずしも一致しない点がみとめられるのは、この祭りが漁業生産の本質的な性格と関わるところが大きかったことを示していよう。

2）「文化財志向」ゆえに生じる課題

上述した御船祭の歴史は、この祭礼がいかに漁業との深い関わりのなかで行われてきたかをうかがえると同時に、多くの担い手が依って立つ漁業がなくては、祭礼そのものが成立・維持し得ないことをよく表している。

このことは、対象地域における民俗文化が、その地域の漁業の消長を測るひとつの尺度になるという点で興味深い。しかし他方、担い手たちが文化財指定を志向している現状を考慮すればなおさらのこと、「文化財」という観点からすれば、特にこの祭礼の継続的な開催にとっては、ひとつの懸念材料ともなりかねない。しかし、担い手たちはこの点に対しても以前から自覚していたとみえる。というのも、今日の「本祭は5年に1度」というきまりは、1974年に13年ぶりに開催されることになった段階で、本祭に要する多額の費用を確保するために妥当な期間として協議のうえで設定されたものであった。漁業の動向に左右されることなく、地域をあげて祭礼を定期的に行っていく執行体制への転換が図られていたわけである。

3）祭りの中に生きる息づく、漁業に関わる技能

(1) 漁業者の手仕事

以上に記したような保存会の努力もあって、御船祭は大津町ならびに市を代表する祭礼のひとつとして今日まで継承されてきている。とはいえ、やはり漁業者の減少は、当該地域の経済はもとより、祭礼にとっても決して小さからぬ問題となっている。

1965年の統計で大津に200人いた小型船漁業を経営する漁業者は、2005年には約4分の1にまで減少している。大中型まき網漁業の経営体数は、1960年から今日までのあいだに半減した。1970年代後半から80年代にかけて2艘まきから1艘まきに切り替えられたことに伴い、まき網船乗組員も当時に比べ大幅に数を減らしている。

以上のような漁業者の減少という動向に関連して、さいごに、祭りの継承のために、より早急に果たされなければならないと考えられるもうひとつの課題について述べておこう。それは、漁業従事者のあいだで伝えてきた伝統的な技法や技能の継承に関する課題である。祭礼を準備段階から観察していると、綱の撚り方、神輿の飾り紐の掛け方など、実に多くの手作業によって祭礼が支えられていることがわかる。そして、見過ごしてしまいがちなこれらの技法は、いずれもこの祭りを要所で支えていることに気づく。やや大袈裟な言い方をすれば、これらの技法が次代に継承されなければ、祭りそのものの存立や安全性にも影響を与えかねない。「手仕事」といえば一般的には職人によって作られる工芸品によく用いられる表現であるが、御船祭の準備作業のなかで漁業従事者がいとも簡単に行っているロープワークの数々は、祭りの担い手全体からすれば、今や専門的職人しか持ち得ない技法となりつつあり、貴重な手仕事と呼ぶにふさわしい。

一例を挙げれば、船上に載せられる神輿の紐には「フナカタ（漁業者）にしかできない特別な結び方」がなされるという。技能の保持者である漁業者当人たちは、あま

りにも身近であるがゆえに、その重要性に気づき得ないのは当然のことといえるが、激しく震動する神船の安全な巡行を今後も維持していくためには、漁業者が持っているこれらの技能を、漁業者以外にも伝えていく試みがなされるべき時期に来ているのかもしれない。

(2) ソロバンという不用な道具の必用性

前述の通り、御船祭では、船を陸上で曳く際にソロバンと呼ばれる木製の道具を用いる。引揚船台等の設備がなかった往時は、船舶を海から陸上へ移動させるためにこれに類する道具を使っていたという。御船祭を継承していくうえで、いまひとつの大きな課題となっているのが、この道具の用い方である。先に挙げた手作業は、漁業者に限られているとはいえ、現在でも日常の生産行為のなかで実践される技法である。これに対し、ソロバンは、今日、漁業者でさえも馴染みの薄い道具となりつつある。

御船祭保存会では、事務局の提案により、若手のメンバーにこの道具の扱い方を一から教える機会を設けた。講習の場では、年配のメンバーが講師役となり、道具の担ぎ方や運び方といった基本的なものから、祭礼の途中で破損した場合の補修の仕方、実際の敷き並べ方や特殊な使用方法までが教え込まれた。祭礼直前の準備作業で多忙を極めるなかで、わざわざ時間を割いてこの講習会が開かれた。この道具が祭りにとっていかに重要と認識されているかをうかがい知ることができる。

以上に述べたソロバンの事例は、漁業に関する地域の伝統的な知識や技能が民俗文化財のなかに生きながらえた例といえる。民俗文化財としての祭礼を従来の形を守りながら伝えていくには、こうした生産や生活において存在価値の薄れた道具を使いこなすことも必要となる。地域の生業や生活で用いられてきた技能が、職人的・特殊技能化するような現象は、それが身近なものであればあるほど、今後ますます目にする機会が増えてくるのではないだろうか。

4. おわりに

以上、常陸大津の御船祭を例に、漁業に関わる民俗文化財の現状と課題について述べてきた。「海業」や「百選」に代表されるような漁村の振興をめぐる動きは近年ますます盛んになりつつある。漁村あるいは担い手個々の取り組みのいずれであるにしても、ブランド化あるいはオーソライズされることが担い手たちの原動力となっている場合、それだけで十分意義はあるだろう。だが同時に、それによって得られた価値は、皮肉にもそれが普及し他に認知されればされるほど、存立基盤であるところの稀少性を失っていく。このことに自覚的であることもまた重要といえよう。

1）http://www.gyokou.or.jp/fisharena/index.html（2015 年 7 月 27 日閲覧）。2019 年 10 月現在での認定数は 33 を数える。フィッシャリーナは，さらに所定の要件を満たせばマリンレジャーの拠点として国土交通省が推進する「海の駅」にも登録される。

2）久野隆作（1997）。

3）http://www.jfa.maff.go.jp/j/study/bosai/pdf/0708_07.pdf（2015 年 7 月 27 日閲覧）。

4）http://www.jfa.maff.go.jp/j/press/18/021701.pdf（2015 年 7 月 27 日閲覧）。

5）北茨城市教育委員会編（2013）。筆者は 2012 年 10 月から 2015 年 3 月までの間、この報告書作成のための調査と事務および編集業務に携わる機会を得た。小論で用いるデータは、その過程で筆者が見聞した内容に基づいている。なお、常陸大津の御船祭は、2017 年に国の重要無形民俗文化財に指定された。

6）北茨城市教育委員会編（2001）。

参考文献

北茨城市教育委員会編『常陸大津の御船祭総合調査報告書』（北茨城市教育委員会、2013 年）
北茨城市教育委員会編『北茨城市史（別巻 9）』（北茨城市、2001 年）
久野隆作「複合施設、フィッシャリーナウォーフ」『地域づくり』1997 年 7 月号（1997 年）
内閣官房・文化庁「文化経済戦略」（2017 年）

★★漁業史年表★★

西暦年号	和暦年号	重要事項	漁業関係事項
1603	慶長8	徳川家康、江戸幕府を開く	慶長年間、江戸日本橋に魚市場が開設される
1618	元和4		大坂の靭町・天満町の生魚商、上魚屋町に移る
1635	寛永12	幕府、鎖国令を発する	
1674	延宝2		延宝年間、紀州熊野で燻乾製のカツオ節が作られる
1677	延宝5		紀州太地で網掛け突き取り捕鯨が始まる
1692	元禄5		江戸浅草でノリの生産が始まる
1698	元禄11		清国向け輸出品として海産物(俵物)が指定される
1741	寛保1		幕府法令「律令要略」(山野海川入会)出される
1744	延享1		俵物の集荷が長崎町人の請負制となる
1780	安永9		九十九里浜の地曳網が隆盛となる
1785	天明5		長崎・大坂・箱館に俵物役所設置
1799	寛政11	幕府、千島を含む東蝦夷地を直轄とする	
1807	文化4	幕府、樺太を含む西蝦夷地を直轄とする	
1821	文政4	幕府、蝦夷地支配を松前に返還する	
1858	安政5	日米修好通商条約が締結され、開国に向かう	
1865	慶応1		幕府、俵物の自由貿易を認める
1867	3	樺太島仮規則が調印され、樺太は日露の雑居地とされる	
		大政奉還、王政復古の大号令が発せらる	
1871	明治4	廃藩置県が断行される	
1872	5	職業選択の自由が認められる	
1873	6	地租改正条例が成立する	
1875	8	樺太・千島交換条約が調印される	海面官有が宣言され、海面借区制が布告される

1876	9	日朝修好条規が調印される	海面借区制布告「但書」が取消される
			北海道開拓使、石狩川に缶詰試作場を設置する
			茨城県那珂川でサケ・マスの人工孵化が始まる
1877	10	西南戦争がおこる	内務省勧農局に水産係が設置される
1878	11		豪州への真珠貝採取出稼ぎが始まる
			滋賀県枝折村に養魚試験場が設置される
1879	12		服部倉次郎が東京府深川区でウナギ養殖を始める
			水族蕃殖保護の布達が出される
1881	14		農商務省農務局に水産課が設置される
			アメリカから巾着網が伝来する
1882	15		大日本水産会が設置される
1883	16		第1回水産博覧会が東京上野で開催される
1885	18		農商務省に水産局が設置される
1886	19		漁業組合準則が公布される
1888	21		千葉県の千本松喜助が改良揚繰網を考案する
1889	22	大日本帝国憲法が発布される	日本朝鮮両国通漁規則が成立する
			大日本水産会の水産伝習所が開設される
1890	23		宮崎県で日高亀市・栄三郎が大敷網を改良する
1891	24		紡績業、編網機の発達により綿糸網が普及する
1893	26		村田保、第5回帝国議会に漁業法案を提出する
1894	27	日清戦争始まる	愛知県水産試験場が設置される（最初の地方水産試験場）
1895	28	台湾が日本領となる	
1897	30		私立水産伝習所を継承して官立水産講習所が設置される
			遠洋漁業奨励法が制定される
			水産に初めて氷を使用する
1899	32	農会法が制定される	山口県仙崎に日本遠洋漁業株式会社（ノルウェー式捕鯨）が設立される
1900	33	産業組合法が制定される	日本朝鮮両国通漁規則が改訂される
1901	34		旧漁業法が公布される
1902	35		漁業組合規則が制定される
			外国領海水産組合法が公布される
1904	37	日露戦争始まる	
1905	38	ポーツマス条約が締結される（樺太南半分が日本領となり、関東州が日本の租借地となる）	遠洋漁業奨励法が全面改正される
			三重県で真円真珠の養殖に成功する
			林兼商店(大洋漁業の前身)が動力鮮魚運搬船を建造する
1906	39		静岡県水産試験場で石油発動機付漁船が建造される
1907	40		日露漁業協約が締結される
			堤商会(日魯漁業の前身)が創業する
1908	41		長崎の倉場富三郎が汽船トロール漁業を始める
1909	42		汽船トロール漁業取締規則が公布される
			有力な捕鯨会社が合併して東洋捕鯨株式会社が設立される

1910	43	韓国を併合する	改正漁業法が成立する
1911	44		田村汽船漁業部（共同漁業の前身）が創業する 朝鮮漁業令が公布される
1913	大正2		島根県、茨城県で機船底曳網漁業がおこる
1914	3	第一次世界大戦がおこる	日魯漁業株式会社が設立される 共同漁業株式会社（日本水産の前身）が設立される
1917	6	ロシア革命がおこる	
1919	8	米価が高騰して米騒動がおこる	
1921	10		水産会法が公布される 機船底曳網漁業取締規則が公布される
1922	11	南洋諸島が日本の国連委任統治領となる	帝国水産会が設立される
1923	12	関東大震災が発生する	工船蟹漁業取締規則が制定される 中央卸売市場法が公布される
1925	14		農商務省水産局から農林省水産局に編成替えとなる
1927	昭和2	金融恐慌がおこる	鹿児島県の原耕が南方カツオ漁業に乗り出す 京都市中央卸売市場が開場する（最初の中央卸売市場）
1928	3		日ソ漁業条約に調印する
1929	4	世界恐慌がおこる	新朝鮮漁業令が公布される 母船式鮭鱒漁業取締規則が制定される
1930	5		昭和恐慌で魚価が低落する
1931	6	満州事変がおこる	国際捕鯨条約が締結される
1932	7	満州国が成立する	日本合同工船株式会社が設立され、母船式カニ漁業を独占する 日魯漁業㈱が露領サケ・マス漁業を独占する
1933	8		漁業法が改正される
1934	9		南氷洋で母船式捕鯨が始まる
1935	10		東京市中央卸売市場（築地）が開場する 日魯漁業株式会社が母船式サケ・マス漁業を独占する
1936	11		戦前における最高の漁業生産量（432 万トン）を記録する
1937	12	日中戦争がおこる	共同漁業などが合併して日本水産株式会社となる
1938	13	国家総動員法が制定される	漁業法が改正される 全国漁業組合連合会が設立される
1939	14	価格等統制令がでる	
1940	15		水産物に公定価格が設定される
1941	16	物資統制令が制定される 太平洋戦争が始まる	鮮魚介配給統制規則が公布される
1942	17	食糧管理法が公布される	水産統制令が制定され、統制会社が設立される 水産物配給統制規則が制定される
1943	18		水産業団体法が公布され、漁業組合と水産会を整理統合する

1945	20	日本、敗戦、GHQ の占領支配下に置かれる	マッカーサー・ラインが設定される
		財閥解体が行われる	水産統制令が廃止される
1946	21	金融緊急措置令が公布される	水産物統制令が公布される
		農地改革が実施される	GHQ により漁船建造、漁区拡張、南氷洋捕鯨が許可される
1947	22	日本国憲法が施行される	
		復興金融公庫が発足する	
1948	23		水産庁が発足する
			水産業協同組合法が成立する
1949	24	ドッジ・ラインが実施される	新漁業法が成立する
		中華人民共和国が成立する	
1950	25	朝鮮戦争がおこる	水産物統制が全面解除される
1951	26	サンフランシスコ講和条約に調印する	GHQ が 5 ポイント計画を発表する
		日米安全保障条約に調印する	国際捕鯨取締条約に加入する
		日本、FAO に加入する	水産資源保護法が公布される
			化学繊維網の使用が広まる
1952	27	対日講和条約が発効する	マッカーサー・ラインが廃止され、韓国は李承晩ラインを宣言する
		日華平和条約に調印する	北洋漁業が再開される
			全国漁業協同組合連合会が設立される
			日米加漁業条約に調印する
1953	28	奄美群島が日本に復帰する	広島県でカキの垂下式筏養殖法が始まる
		農林漁業金融公庫が設立される	
1954	29		ビキニ水爆実験により、第五福竜丸が被爆する
1955	30	日本、ガットに加盟する	日中民間漁業協定に調印する
1956	31	日本、国際連合に加盟する	日ソ漁業条約に調印する
		水俣病が発生する	
1957	32		網を利用したノリ養殖方法が広がる
1958	33	第 1 次国連海洋法会議が開催される	西日本一帯にハマチ養殖が広がる
		スーパーマーケットが増加する 回転寿司店が登場する	
1960	35	国民所得倍増計画が発表される	南氷洋捕鯨が 7 船団となり、最盛期を迎える
		日米安全保障条約が調印される	漁業水域 12 カイリが世界の大勢となる
		第 2 次国連海洋法会議が開催される	
1961	36	農業基本法が成立する	
1962	37	貿易自由化が始まる	
1963	38		沿岸漁業等振興法が成立する
1964	39	日本、OECD に加盟する	
		東京オリンピックが開催される	
1965	40	日韓基本条約が調印される	日韓漁業協定が調印される（李承晩ライン問題が解消する）
		冷凍食品が普及し始める	
1967	42	公害対策基本法が制定される	日米漁業協定が調印される
			真珠の過剰生産で不況に陥る
1968	43	小笠原諸島が日本に復帰する	
1969	44		漁業近代化資金助成法が公布される

1970	45	大阪で万国博覧会が開催される	
1971	46	為替変動相場制へ移行する	卸売市場法が公布される
		コールドチェーン体系ができる	
1972	47	沖縄が日本に復帰する	赤潮により瀬戸内海の養殖ハマチが大きな被害を受ける
		日中国交が回復する	
1973	48	第1次石油ショックがおこる	
		為替相場が変動相場制へ移行する	
		第3次国連海洋法会議が開幕する	
1974	49		漁業経営安定のため緊急融資が決定する
1975	50	ベトナム戦争が終わる	日中漁業協定に調印する
1977	52		アメリカ、ソ連などが200カイリ漁業専管水域を実施する
			日本、200カイリ漁業水域を実施する
			日ソ漁業暫定協定・日ソ漁業協力協定が結ばれる
1978	53	日中平和友好条約が調印される	農林省が農林水産省となる
1979	54	第2次石油ショックがおこる	日本栽培漁業協会が設立される
1981	56		第1回豊かな海づくり大会が開かれる
1982	57	第3次国連海洋法会議で国連海洋法条約が採択される	国際捕鯨委員会（IWC）が商業捕鯨のモラトリアムを決議する
1984	59		史上最高の漁業生産量(1,280万トン)を記録する
1985	60	G5によりプラザ合意がなされる	マグロ養殖が始まる
1986	61	チェルノブイリ原子力発電所事故が発生する	北洋漁業緊急対策本部が設置される
1987	62	国鉄の分割民営化が行われる	南氷洋での商業捕鯨を終了し、調査捕鯨に切り換える
1988	63	青函トンネル・瀬戸大橋が開通する	アメリカ水域での対日漁獲割当量がゼロになる
1989	平成1	昭和天皇が崩御する	
1990	2	東西ドイツが統一する	水産団体が北洋さけます漁業危機突破全国大会を開催する
1990	2	バブル経済が崩壊する	
1991	3	ソ連が解体され、ロシア共和国が成立する	国連総会で公海上での流網禁止を決議する
1992	4	国連環境開発会議が開催され、アジェンダ21等を採択	
1993	5	マーストリヒト条約により、EUが発足する	
1994	6	製造物責任法（PL法）が成立する	国連海洋法条約が発効し、200カイリ経済水域制度が確立する
			みなみまぐろの保存のための条約が発効する
1995	7	地下鉄サリン事件がおこる	
		WTOが成立する	
		新食糧法が施行される（食糧管理法に代わる）	
		阪神淡路大震災がおこる	

1996	8		日本、国連海洋法条約を批准し、関連国内法を施行する
1997	9	地球温暖化防止京都会議が開かれる	漁獲可能量制度が実施される
		消費税制が導入される	
1999	11	EU がユーロを導入する	新日韓漁業協定が発効する
		食料・農業・農村基本法が制定される (農業基本法に代わる)	
2000	12		新日中漁業協定が発効する
2001	13	アメリカで同時多発テロ事件が発生する	水産基本法が成立する (沿岸漁業等振興法に代わる)
			国連公海漁業協定が発効する
			水産物輸入量がピークに達する (382 万トン)
			1 人あたり魚介類の消費量がピークとなり、以後減少に転じる
2002	14		水産基本計画が閣議決定される
2003	15	食品安全基本法が施行される	
2004	16		日本、中西部太平洋まぐろ類条約に加入する
2007	19	郵政民営化が実施される	マルハ (旧大洋漁業) とニチロ (旧日魯漁業) が経営統合する
2008	20	リーマン・ショックがおこり、金融不安が発生する	
2011	23	東日本大震災、福島で原発事故がおこる	漁業生産量が 500 万トンを下回る
			1 人あたり消費量は肉類が魚介類を上回る
2012	24	日本政府が尖閣諸島を国有化する	
2013	25		宮城県が水産特区制度の計画を国に申請する
			日台漁業取決めが調印される
2015	27	食品表示法が施行される	
2018	30		築地市場が豊洲市場に移転する
			改正漁業法が成立する
2019	令和 1	天皇が退位し、改元される	日本、IWC を脱退する EZZ 内での商業捕鯨を再開する

日本漁業の 200 年

2022 年 3 月 23 日初版発行

編著者　片岡千賀之
　　　　小岩　信竹
　　　　伊藤　康宏

発行者　山本　義樹
発行所　北 斗 書 房

〒132-0024 東京都江戸川区一之江８－３－２
電話 03-3674-5241　　FAX03-3674-5244
URL　htpp://www.gyokyo.co.jp

印刷・製本　　モリモト印刷
カバーデザイン　エヌケイクルー
ISDN 978-4-89290-061-7　C0062